"十三五"职业教育国家规划教材

U0748639

Photoshop CC
案例教程

崔建成　编著

电子工业出版社.

Publishing House of Electronics Industry

北京·BEIJING

内 容 简 介

本书的编写从满足经济发展对高素质劳动者和技能型人才的需要出发，在课程结构、教学内容、教学方法等方面进行了新的探索与改革创新，以利于学生更好地掌握本课程的内容，利于学生理论知识的掌握和实际操作技能的提高。

本书以任务引领教学内容，通过精彩、丰富的任务案例介绍了利用 Photoshop CC 软件创作的字体设计、标志设计、图案设计、招贴广告设计、贺卡设计、数码图像合成设计、装帧设计、网页设计、包装设计等内容。本书内容丰富，图文并茂，突出知识的系统性和连贯性，由浅入深，紧密结合实践，操作性强，既可提高相关行业读者的理论水平，又可提高读者的应用操作技能。

本书可作为中、高等院校平面设计专业、数字媒体艺术专业、动漫设计专业及其他相关专业师生的教学、自学参考用书。

图书在版编目（CIP）数据

Photoshop CC 案例教程 / 崔建成编著. —北京：电子工业出版社，2017.9

ISBN 978-7-121-30719-5

Ⅰ. ①P…　Ⅱ. ①崔…　Ⅲ. ①图象处理软件－教材　Ⅳ. ①TP391.413

中国版本图书馆 CIP 数据核字（2016）第 314489 号

责任编辑：徐　萍

印　　刷：天津千鹤文化传播有限公司

装　　订：天津千鹤文化传播有限公司

出版发行：电子工业出版社

　　　　　北京市海淀区万寿路 173 信箱　邮编　100036

开　　本：787×1 092　1/16　印张：16.75　字数：429 千字

版　　次：2017 年 9 月第 1 版

印　　次：2023 年 8 月第 15 次印刷

定　　价：48.00 元

凡所购买电子工业出版社图书有缺损问题，请向购买书店调换。若书店售缺，请与本社发行部联系，联系及邮购电话：（010）88254888。

质量投诉请发邮件至 zlts@phei.com.cn，盗版侵权举报请发邮件至 dbqq@phei.com.cn。

本书咨询联系方式：（010）88254617，Luomn@phei.com.cn。

前言

为适应职业院校技能型紧缺人才培养的需要，根据职业教育计算机课程改革的要求，从计算机平面设计技能培训的实际出发，结合当前平面设计和图像处理的最新版软件 Photoshop CC，我们组织编写了本书。本书的编写从满足经济发展对高素质劳动者和创新型人才的需要出发，在课程结构、教学内容、教学方法等方面进行了新的探索与改革创新，以利于学生更好地掌握本课程的内容，有助于学生理论知识的掌握和实际操作技能的提高。

本书按照"以服务为宗旨，以就业为导向"的职业教育办学指导思想，采用"行动导向，案例操作"的方法，以案例操作引领知识的学习，通过大量精彩实用的案例的具体操作，对相关知识点进行巩固练习，通过"案例分析""实例解析"和"范例操作"，引导学生在"学中做""做中学"，把枯燥的基础知识贯穿在每一个案例中，从具体的案例操作实践中对相关知识进行巩固和练习，从而培养学生的应用能力，并通过"知识卡片""常用小技巧""相关知识链接"等内容的延伸，进一步拓展学生的视野。

本书的典型案例均来自于具体工程案例和生活，不仅符合职业学校学生的理解能力和接受程度，同时能使学生更早地接触实际工程的工作流程和操作要求，很好地培养学生参与实际工程项目设计的能力。

本书针对当前火爆的平面设计行业，从实用角度出发，通过丰富、精美的平面设计案例，详细讲解了 Photoshop CC 在平面设计行业中的应用方法和操作技巧。

本书共分 10 章，各章主要内容如下：

第 1 章详细讲解了 Photoshop CC 中文版的基本操作，包括控制面板的显示与隐藏、新建文件、图像存储、图像缩放、屏幕显示模式等内容。

第 2 章通过超人标志、PURE 标志的设计实例，详细讲解了选框工具组、套索工具组、魔棒工具组、色彩范围等内容。

第 3 章通过@字体设计、肌理字效果两个实例，详细讲解了文本工具、图层等内容。

第 4 章通过锦鲤图案设计、抽象图案设计两个实例，详细讲解了画笔工具组、画笔面板、橡皮擦工具组、渐变工具组等内容。

第 5 章通过手表的招贴广告实例，详细讲解了钢笔路径工具、栅格化形状、文字与路径的转换、文字适配路径等内容。

第 6 章通过 2016 猴年贺卡设计实例，详细讲解了填充工具、矩形选框工具、变形组合命令、滤镜命令、图像变换、定义的相关内容。

第 7 章通过画册装帧设计实例，详细讲解了修复工具组、图章工具组、历史记录工具组、修饰工具组、明暗工具组等内容。

第 8 章通过影像合成的 3 个实例，详细讲解了动作、通道、蒙版、图层透明度的调整、图层模式等内容。

第 9 章通过网页设计实例，详细讲解了图像调节技术、图像清晰度调节、网格、填充、变换等内容。

第 10 章通过茶叶包装和 DVD 光盘封面制作两个实例，详细讲解了图层蒙版工具、图层混合模式、图层样式、多重滤镜、曲线调整等内容。

本书针对计算机平面设计相关岗位的案例操作全面、实用性强，既可提高学生的艺术鉴赏能力和创作能力，又可提高学生的应用操作技能。本书由崔建成编著，李洋、张喆仑、王文华参加编写。由于编者水平有限，加之时间仓促，本书不足之处在所难免，欢迎广大读者批评指正。

目录

第1章

Photoshop CC 中文版操作基础

本章描述了在安装完 Photoshop CC 之后用户使用它所需掌握的基本操作：打开、命名、存储和关闭文件。同时本章还对 Photoshop CC 界面进行了介绍，以便用户能够更多熟悉一些诸如属性栏、浮动面板、工具箱等对象。

1.1 浏览界面

打开 Photoshop CC 后进入如图 1-1 所示 Photoshop CC 默认的工作界面：可以使用各种元素（如面板、栏以及窗口）来创建和处理文档、文件。这些元素的任何排列方式都称为工作区。首次启动 Adobe Creative Suite 组件时，会看到默认工作区，可以针对在其中执行的任务对其进行自定义。有时为了获得较大的空间显示图像，可按 Tab 键将工具箱、属性栏和控制面板同时隐藏；再次按 Tab 键可重新显示出来。

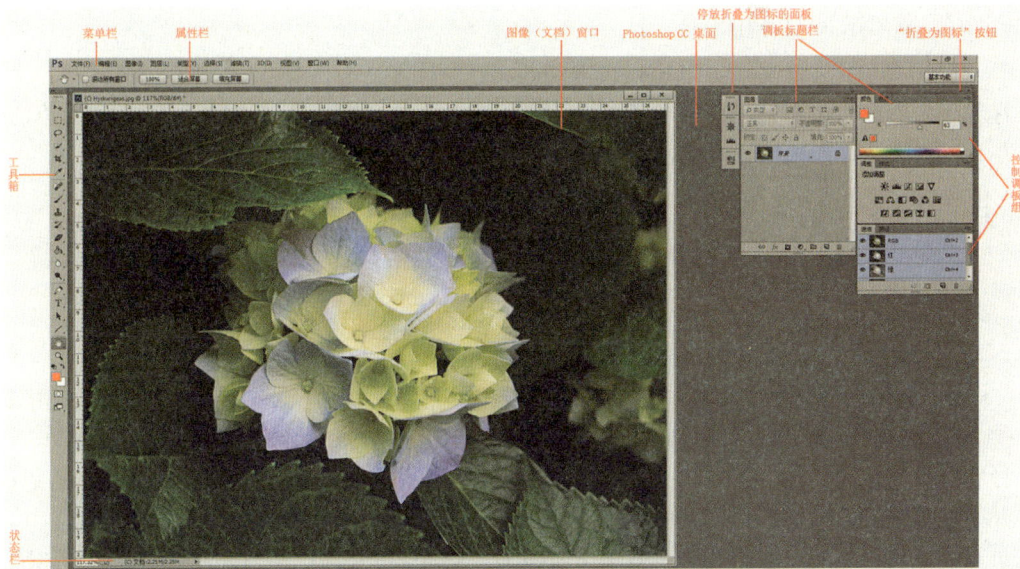

▶▶ 图 1-1　Photoshop CC 默认界面

1．图像（文档）窗口

图像窗口是表现和创作 Photoshop 作品的主要区域，图形的绘制和图像的处理都是在该区域内进行的，对图像窗口可进行放大、缩小和移动等操作。

2．Photoshop CC 桌面

Photoshop CC 默认工作区是一种典型的工作区，其中显示了工具箱、控制面板和图像（文档）窗口，还可以用鼠标左键双击该桌面打开图像文件。

3．停放折叠为图标的面板

单击其中的任何一个折叠图标都可以展开该面板。

4．调板标题栏

调板标题栏主要用于显示不同的浮动面板，以便于查找。

5．"折叠为图标"按钮

单击该按钮（左右各一个），可以迅速展开与关闭浮动面板，方便快捷。

6．控制调板（面板）

在 Photoshop CC 中共提供了 21 种控制面板，如图层面板、通道面板、色板面板、样式面板、路径面板、动作面板等一些常用的与非常用的面板，都可以通过选择"窗口"菜单中的任何面板来添加该面板。很多面板都具有菜单，其中包含特定于面板的选项。可以对面板进行编组、堆叠或停放。利用这些控制面板可以对当前图像的色彩、大小同时显示、样式以及相关的操作等进行设置和控制。

窗口右侧的小窗口称为浮动面板或控制面板，主要用于配合图像编辑和 Photoshop 的功能设置。

在许多时候可以将控制面板转换为"折叠为图标"按钮，便于使用与展开。

7．菜单栏

使用菜单栏中的菜单可以执行 Photoshop CC 的许多命令，在该菜单栏中共有11个菜单，在其下拉菜单中选择某一个命令即可执行相应操作。右上角的 3 个按钮从左到右依次为最小化、最大化、关闭按钮，分别用于缩小、放大、关闭应用程序窗口。

8．属性栏

属性栏是 Photoshop CC 中重要的参数设置项目。工具箱的每一个工具都一一对应着不同的属性栏，合理设置其中的参数是熟练掌握 Photoshop CC 的必要条件。

9．工具面板（调板）

"工具"调板显示在屏幕左侧。"工具"调板中的某些工具会在上下文相关选项栏中提供一些选项。通过这些工具，可以使用文字、选择、绘画、绘制、取样、编辑、移动、注释和查看图像等功能。其他工具可更改前景色/背景色，以及在不同的模式中工作。可以展开某些工具以查看它们后面的隐藏工具。工具图标右下角的小三角形表示存在隐藏工具。可以通过将鼠标指针放在任何工具上来查看有关该工具的信息。工具的名称将出现在指针下面的工具提示中。某些工具提示包含指向有关该工具的附加信息的链接，如图 1-2 所示。

1.2 Photoshop CC 的基本操作

1.2.1 控制面板的显示与隐藏

在正式使用 Photoshop CC 软件时首先应打开相应的选项。单击"窗口"菜单命令，在其弹出的下拉菜单中包含 Photoshop CC 的所有控制面板的名称，如图 1-3 所示。其中左侧带有"√"符号的命令表示该控制面板已经在工作区中，如工具面板、字符面板、选项面板、颜色面板等。选取带有"√"符号的命令可以隐藏相应的控制面板。左侧不带有"√"符号的命令表示该控制面板未在工作区中，如路径面板、色板、通道等。选取不带有"√"符号的命令可以使其在工作区中，同时该命令左侧将显示"√"符号。

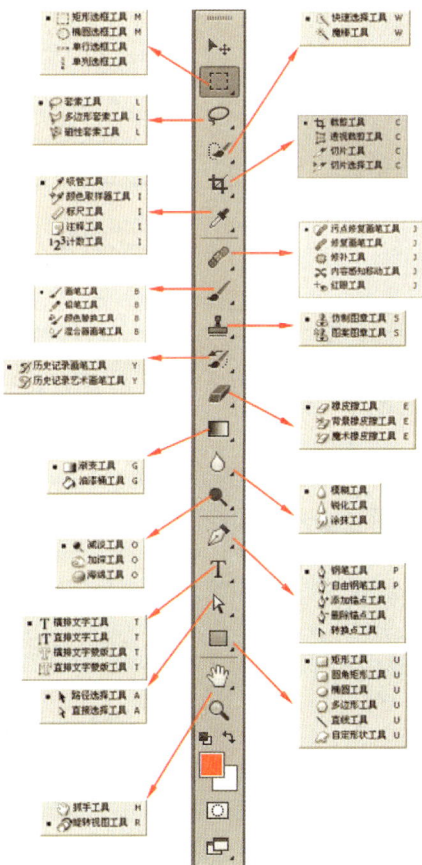

▶▶ 图 1-2 工具栏

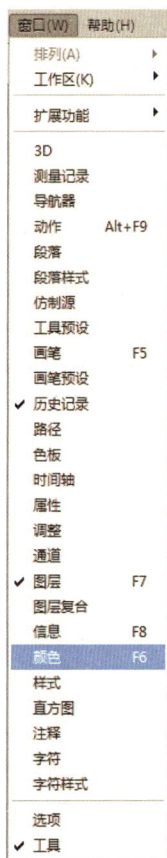

▶▶ 图 1-3 "窗口"下拉菜单

控制面板显示在工作区之后，每一组控制面板都有两个以上的选项卡。例如，"颜色"面板上包括"颜色"、"色板"和"样式"3 个选项卡，分别单击则可以显示各自的控制面板，这样可以快速地选择和应用需要的控制面板。反复按 Shift + Tab 组合键，可以将工作界面中的控制面板在显示和隐藏之间切换。

1.2.2 新建文件

单击菜单"文件"→"新建"命令，弹出"新建"对话框，如图1-4所示，其中各项说明如下。

1. 名称

首先应该正确设置文件名称，这样便于对文件进行管理与分配。

2. 预设

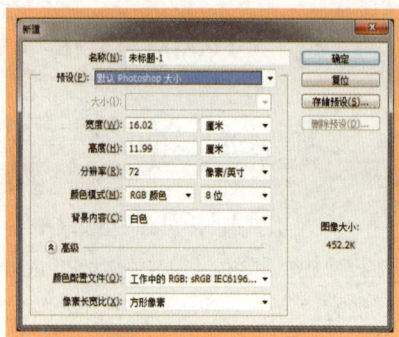

▶ 图1-4 "新建"对话框

一般情况下选择"默认 Photoshop 大小"，但通常用户会根据设计需要设置"自定义"选项，即对"宽度"、"高度"的尺寸进行设置。在确定二者尺寸时，首先要确定单位，即单击右侧的单位选项，选择单位，包括"像素"、"英寸"、"厘米"和"毫米"等。

3. 分辨率

用于设置新建文件的分辨率，其中单位有"像素/英寸"和"像素/厘米"。分辨率的大小决定文件的质量，建议初学者将分辨率设置为 72 像素/英寸即可。

4. 色彩模式

在色彩模式选项中包括多种形式的选项，在此仅简单介绍常用的几种形式。

（1）RGB 来源于光学的三原色：红（R）、绿（G）、蓝（B）。每一种颜色都包含 255 种颜色，它的色彩原理是相加的。

RGB 模式是一种色光表色模式。它广泛应用于我们的生活中，如电视机、计算机显示器上的图像显示，都是 RGB 颜色模式。印刷时的图像扫描，扫描仪在扫描时首先提取的就是原稿图像的 RGB 色光信息。如果图像的用途是用于电视机、计算机显示、网页、多媒体光盘等，一般均采用 RGB 模式。

（2）CMYK，即青（C）、洋红（M）、黄（Y）、黑（K），是四色印刷作业中所使用的四种油墨颜色。每一种颜色都包含 100 种颜色，它的色彩原理是相减的。

CMYK 模式实质指的是再现颜色时印刷的 C、M、Y、K 网点大小，其与印刷用的四个色版是对应的，CMYK 色彩空间对应着印刷的四色油墨。对设计人员来说，CMYK 色彩模式是最熟悉不过的，因为在进行彩色印刷品的设计时，有一道必做工序就是将其他色彩模式的图像转换成 CMYK 模式。如果图像的颜色模式未从 RGB 色彩模式转换成 CMYK 模式，就会导致彩色图像被印刷成黑白图像的错误。

（3）Gray 模式为灰度模式，它使用 256 级的灰度来表示白—灰—黑的层次变化，0 代表黑色，255 代表白色。Gray 模式没有其他颜色信息，只有亮度信息，即只有颜色的明暗变化。

在 Photoshop 软件中，图像从 RGB 或 CMYK 色彩模式转换成 Gray 模式，就丢失了图像的颜色信息，只剩下图像颜色间明暗的变化（系统会给出提示）。若再从 Gray 模式转换成 RGB 或 CMYK 模式，图像将无法恢复成原来的彩色图像。

（4）Bitmap 模式即黑白色彩模式，用二值（非黑即白）代表颜色，这种模式在计算机中只有 1bit（位）的深度，主要用于表示黑白文字及线条。

（5）Lab 是人视觉的颜色空间，它依照视觉唯一的原则，即在色空间内相同的移动量在眼睛看来造成色彩的改变感觉是一样的。Lab 空间是与设备无关的色空间，能产生与各种设备匹配的颜色，如显示器、印刷机、打印机等的颜色，并能作为中间色实现各种设备间的颜色转换。L 表示亮度，a 表示色调从红到绿的变化，b 表示色调从黄到蓝的变化。L 定为正值；a 为正值，表示颜色为红色，a 为负值，表示颜色为绿色；b 为正值，表示颜色为黄色，b 为负值，表示颜色为蓝色。计算机中 L 值的范围为 0～100，a 值的范围是-128～+127，b 值的范围是-128～+127。

1.3 图像存储

一幅优秀的作品创作完成或在创作过程中，需要将其保存，便于以后的加工或修改工作。如何正确地存储文件，是每个设计者必须掌握的操作。否则，将会影响自己的设计作品质量，甚至于给企业带来损失。

平面设计软件种类繁多，不同的软件既有通用的文件格式，也有自己独特的文件格式，但归纳起来主要有 3 类：位图图像格式、矢量图形格式、排版软件格式。下面就平面设计中常用的文件格式给出详细介绍。

1.3.1 位图图像格式

单击菜单"文件"→"另存为"命令，弹出如图 1-5 所示的对话框，其中包含许多文件格式，下面对常用的几种格式作简单介绍。

1．TIFF 格式

TIFF 格式是桌面出版系统中最常用、最重要的文件格式，同时也是通用性最强的位图图像格式，MAC 和 PC 系统的设计类软件都支持 TIFF 格式。在印刷品设计制作要求中，图像文件如果没有特殊要求，绝大多数均存储为 TIFF 格式。

在 Photoshop CC 中存储 TIFF 格式时，系统会提示是否对存储的图像进行压缩。用于印刷图像，则选择不压缩（NONE）或选 LZW 格式压缩。LZW 压缩方式能有效地降低图像的文件容量，而且对图像信息没有损失，还可以直接输入到其他软件中进行排版。当选择 TIFF 格式时，其选项如图 1-6 所示。

TIFF 格式是跨平台的通用图像格式，不同平台的软件均可对来自另一平台的 TIFF 文件进行编辑操作。如 PC 平台的 Photoshop CC 就可以直接打开 MAC 平台的 TIFF 文件进行编辑处理。

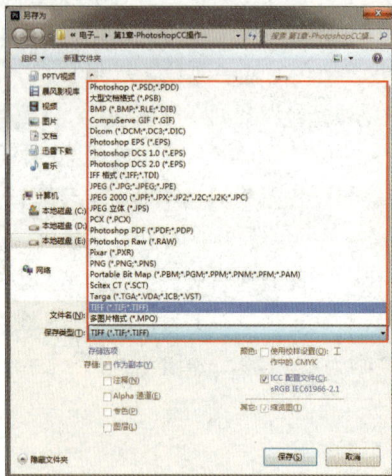

▶▶ 图 1-5　"另存为"对话框

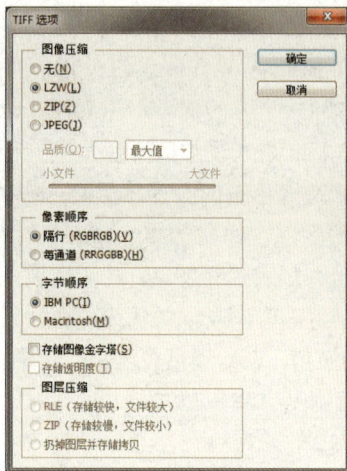

▶▶ 图 1-6　"TIFF 选项"对话框

2．JPEG 格式

JPEG 是一种图像压缩文件格式，也是目前应用最广泛的图像格式之一。JPEG 格式在存储过程中有多种压缩比供选择，当选择 JPEG 格式时，其选项如图 1-7 所示。

JPEG 格式是一种有损压缩格式，当压缩比太大时，文件质量损失较大，如细节处理模糊、颜色发生变化等。JPEG 格式的文件一般不用于印刷，很多排版软件也不支持 JPEG 文件的分色。但 JPEG 文件格式在网页制作方面被广泛应用。

3．PSD（PDD）格式

PSD（PDD）格式是 Photoshop 软件独有的文件格式，只有 Photoshop 才能打开使用（也可以跨平台使用）。其特点是可以包含图像的图层、通道、路径等信息，支持各种色彩模式和位深。缺点是文件量较大，不支持压缩。当选择 PSD（PDD）格式时，其选项如图 1-8 所示。

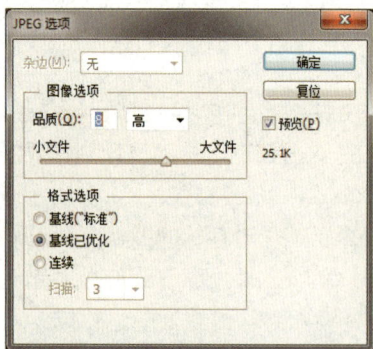

▶▶ 图 1-7　"JPEG 选项"对话框

▶▶ 图 1-8　PSD（PDD）选项对话框

4．EPS 格式

EPS 格式也是桌面出版过程中常用的文件格式之一，它比 TIFF 文件格式应用更广泛。TIFF 格式是单纯的图像格式，而 EPS 格式也可用于文字和矢量图形的编码。最重要的是 EPS 格式可包含挂网信息和色调传递曲线的调整信息。但在实际的操作过程中，一般不采用在图像软件中进行加网的操作，所以此处不作过多介绍。FreeHand、Illustrator 等图形软件可直接输出 EPS 格式文件，并置入到其他软件进行排版，如置入到 InDesign 软件中。Photoshop 可直接打开由图形软件输出的 EPS 文件，在打开时可根据设计需要重新设定图像的尺寸和分辨率。

此功能特别有用，尤其是有些只能在图形软件中完成的效果如文字绕曲线排列等，可通过此方式调入到 Photoshop 进行编辑。此外，EPS 文件的一个重要功能是包含路径信息，该功能可为图像去底，这是设计师经常会用到的功能，应熟练掌握。

5. GIF 格式

GIF 格式是主要用于互联网上的一种图像文件格式。GIF 通过 LZW 压缩，只有 8 位，表达 256 级色彩，在网页设计中具有文件量小、显示速度快等特点。但只支持 RGB 和 Index Color 色彩模式，不用于印刷品设计。

6. BMP 格式

BMP 格式是 PC 中 DOS 和 Windows 系统的标准文件格式，一般只用于屏幕显示，不用于印刷设计。

7. PICT 格式

PICT 格式是分辨率为 72dpi 的图像文件，一般用于屏幕显示或视频影像。

8. PDF 格式

PDF 格式是在 PostScript 的基础上发展而来的一种文件格式，它最大的优点是能独立于各软件、硬件及操作系统之上，便于用户交换文件与浏览。PDF 文件可包含矢量图形、点阵图像和文本，并且可以进行链接和超文本链接。PDF 文件能通过 Acrobat Reader 软件阅读。PDF 文件在桌面出版中是跨平台交换文件最好的格式，其可有效解决跨平台交换文件出现的字体不对应问题。目前桌面出版方面的应用软件均可存储或输出 PDF 格式的文件。PDF 文件格式是印刷品设计制作过程中应用最普遍的文件格式。

1.3.2 矢量图形文件格式

矢量图形文件格式主要有 FreeHand 软件存储的*.FH（软件版本号），Illustrator 软件存储的 *.AI 文件格式，CorelDraw 软件存储的*.cdr 文件格式等。FreeHand、Illustrator、CorelDraw 软件是目前平面设计领域的三个主流矢量设计软件，90%以上的平面设计师用上述三个软件从事着设计工作。这三种矢量格式均有相同的特点，只不过因软件不同文件格式名称不同而已。

1.3.3 排版软件格式

目前在平面设计领域应用的排版软件主要有 QuarkXpress、InDesign，文件格式主要有 QuarkXpress 和 InDesign 软件自身的文件格式。

1.4 图像的缩放

缩放工具可以将图像成比例地放大或缩小显示，以使用户方便细致地观察或处理图像的局部细节。激活该工具，其属性栏如图 1-9 所示，其中各项功能说明如下。

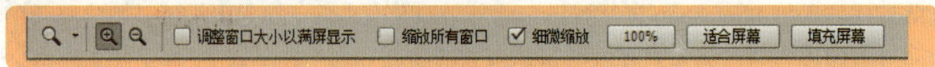

▶ 图 1-9 缩放工具属性栏

"放大"按钮：激活此按钮，在图像窗口中单击，可以将图像窗口中的画面放大显示，最高放大级别为 1600%。

"缩小"按钮：激活此按钮，在图像窗口中单击，可以将图像窗口中的画面缩小显示。

"调整窗口大小以满屏显示"：勾选此选项，则放大或缩小显示图像时，系统将自动调整图像窗口的大小，从而使图像窗口与缩放后图像的显示相匹配；如果不勾选此选项，则放大或缩小显示图像时，只改变图像的显示大小，而不改变窗口大小。

"缩放所有窗口"：当工作区中打开了多个图像窗口时，选择此选项，缩放操作可以影响到工作区中的所有图像窗口，即同时放大或缩小所有的文件。

"100%"按钮：单击此按钮，可以使图像以实际像素显示，即 100%显示效果。

"适合屏幕"按钮：单击此按钮，可以使图像适配至屏幕显示，即满屏显示效果。

"填充屏幕"按钮：单击此按钮，可以使图像缩放以适合屏幕。

1.5 屏幕显示模式

在 Photoshop CC 中提供了 3 种显示模式，如图 1-10 所示。单击工具栏底部按钮 将弹出这 3 种显示模式：标准屏幕模式、带有菜单栏的全屏模式和全屏模式。按 F 键可以在各种模式之间切换。在带有菜单栏的全屏模式和全屏模式下，按 Shift+F 键可以切换是否显示菜单栏。

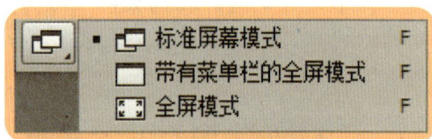

▶ 图 1-10 显示模式

❖ "标准屏幕模式"：系统默认的屏幕显示模式，即图像文件刚打开时的显示模式。

❖ "带有菜单栏的全屏模式"：单击此按钮可以切换到带有菜单栏的全屏模式，此时工作界面中的标题栏、状态栏以及除当前图像文件之外的其他图像窗口将全部隐藏，并且当前图像文件在工作区居中显示。

❖ "全屏模式"：单击此按钮可以切换到全屏模式，此时工作界面在隐藏标题栏、状态栏以及其他图像窗口的基础上，连菜单栏也一起隐藏。

第**2**章

标志设计——选择区域的应用

标志是具有识别和传达信息作用的象征性视觉符号。它以深刻的理念、优美的形象和完整的构图给人们留下深刻的印象和记忆，以达到传递某种信息、识别某种形象的目的。在当今的社会活动中，一个明确而独特、简洁而优美的标志作为识别形象是极为重要的。它不仅能提高人们的注意值，加深人们的记忆度，而且会获得巨大的社会效益与经济效益。强有力的商标标志能帮助产品建立信誉，增强知名度，如图 2-1 和图 2-2 所示。

▶ 图 2-1　华为标志

▶ 图 2-2　中国航天标志

标志的标准符号性质，决定了标志的主要功能是象征性、代表性。其目的主要是信息传达。理想的传达效果是信息传达者使其图形化的传达内容与信息接收者所理解和解释的意义相一致。所以，在设计标志时应突出标志的以下特点：

- ❖ 突出商品个性化特征；
- ❖ 保证质量信誉；
- ❖ 认牌购货的作用；
- ❖ 广告宣传；
- ❖ 美化产品；
- ❖ 国际交流；
- ❖ 安全引导；
- ❖ 具有的文化特点。

2.1 标志设计案例分析

1. 创意过程

标志的功能归纳起来有以下几点。

❖ 识别功能：通过本身所具有的视觉符号形象，产生识别作用，方便人们的认识和选择。靠这种功能增强各种社会活动与经济活动的识别能力，以树立有别于其他的形象。

❖ 象征功能：标志本身所具有的象征性图形代表了某一社会集团的形象，体现出权威性、信誉感。从某种意义上讲，作为象征性图形标志是与某一社会集团的命运息息相关的。

❖ 审美功能：标志由构思巧妙、图形完美的视觉图形符号所构成，体现出审美的要素，满足视觉上的美感享受。标志的第一要素即为美，离开了美的图形，也就失去了标志存在的意义。

❖ 凝聚功能：标志总是象征着某一社会团体，代表着某一社会团体的利益和形象。它在一定程度上强化着这一社会集团的凝聚力，使群体充满自信感和自豪感，并为之尽职尽责、尽心尽力。

▶▶图 2-3　金属质感的标志

金属质感的表现一直是 PS 最擅长的技能之一，运用 PS 的指令配合，可以制作出各种各样、丰富多彩的不同金属质感的形态，如图 2-3 所示。本标志运用了铜的金属质感，这一带有怀旧色彩的材质表现具有古典风格的标志是再合适不过的。

2. 所用知识点

上面的标志中，主要用到了 Photoshop CC 软件中的椭圆选框工具、渐变填充工具、图层样式命令、橡皮工具、滤镜命令、变形命令、图像调整命令。

3. 制作分析

标志的制作分为 4 个环节：

❖ 调研分析；

❖ 要素挖掘；

❖ 制作、调整；

❖ 定稿。

2.2 知识卡片

在 Photoshop 中处理图像或制作效果时，都要在一定的目标区域内完成，这个目标区域就是选区所控制的范围。当创建了选区后，可以将对象的处理范围限制在指定的区域内，选区外的图像将不受任何影响，如此可以有效地帮助人们处理图像的局部。取消选区，则操作就会对整个图像起作用。

在 Photoshop CC 中创建选区的工具组主要有选框工具组、套索工具组和魔棒工具组，根据选择对象不同，分别采用不同的工具。

2.2.1 选框工具应用

1．选框工具组

选框工具组是一组最基本的创建选区工具，包括矩形选框工具、椭圆选框工具、单行选框工具和单列选框工具。默认处于选区状态的是矩形选框工具，按住鼠标左键不放或单击右键，可以展开隐藏的工具组，如图 2-4 所示。

1）矩形选框工具

矩形选框工具 是基本的创建选区工具，主要用来创建各种矩形或正方形选区。激活矩形选框工具，在画面中单击并拖动鼠标即可创建矩形选区。

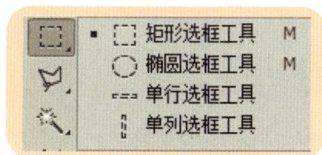

▶ 图 2-4　选框工具组

2）椭圆选框工具

椭圆选框工具 主要用于在画面中绘制各种圆形或椭圆形选区。激活椭圆选框工具，在画面中单击并拖动鼠标即可创建椭圆选区。

3）单行选框工具

单行选框工具 只能创建 1 像素的行选区。激活单行选框工具，在文件中单击鼠标即可创建高度为 1 像素的选区。

4）单列选框工具

单列选框工具 和单行选框工具的用法一样。单列选框工具和单行选框工具通常用来制作网格，按住 Shift 键即可创建多个选区。

小提示

激活"矩形选框工具"或"椭圆选框工具"绘制选区时，如果按住 Shift 键拖曳鼠标光标，可以绘制以按下鼠标左键位置为起点的正方形或圆形选区；如果按住 Alt 键拖曳鼠标光标，可以绘制以按下鼠标左键位置为中心的矩形或椭圆选区；如果按住 Shift+Alt 组合键拖曳鼠标光标，可以绘制以按下鼠标左键位置为中心的正方形或圆形选区。

2．选框工具属性栏

选框工具组中各工具的属性栏功能完全相同，激活矩形选框工具，其属性栏如图 2-5 所示。

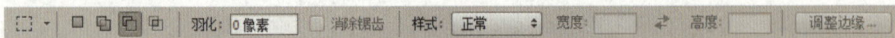

▶▶ 图 2-5   选框工具属性栏

（1）属性栏中包括四种按钮，分别为新选区▣、添加到选区▣、从选区减去▣、与选区交叉▣，主要是在绘制多个选区时采用它们。用户可以根据要求选择使用；同样，也可以采用组合键，按住 Shift 键表示添加到选区中，按住 Alt 键表示从选区中减去。

（2）羽化：用来设置选区的羽化程度，羽化值越高，羽化的范围越广。需要注意的是，此值必须小于选区的最小半径，否则将会弹出警告对话框，提示用户需要将选区创建得大一点，或将"羽化"值设置得小一点。通常情况下设置为 0，否则容易形成模糊的边缘效果。

（3）样式：用来设置选区的创建方法，包含"正常"、"固定比例"、"固定大小"三种样式。选择"正常"样式，可以通过拖动鼠标来创建任意大小的选区；选择"固定比例"样式，可以在右侧的"高度"和"宽度"文本框中输入数值，即可创建固定比例的选区，如要创建一个宽是高两倍的选区，可以输入宽度为 2、高度为 1；选择"固定大小"样式，可在"高度"和"宽度"文本框中输入相应的数值，然后在要绘制选区的地方单击鼠标。

（4）高度和宽度比例互换按钮⇄：单击该按钮，即可切换"高度"和"宽度"的数值。

（5） 调整边缘... ：单击该按钮，可以打开"调整边缘"对话框，可以对边缘选区进行平滑、羽化等处理，如图 2-6 所示。

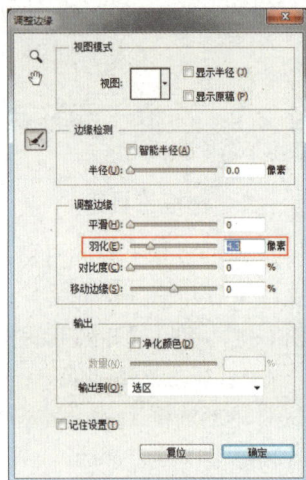

▶▶ 图 2-6   "调整边缘"对话框

范例操作 矩形选框应用

Step 01 单击菜单"文件"→"打开"命令，打开如图 2-7 所示素材。为了更好地突出花卉的效果，单击菜单"文件"→"图像"→"曲线"命令，在弹出的对话框中调整参数，如图 2-8 所示，单击"确定"按钮，效果如图 2-9 所示。

▶▶ 图 2-7   打开素材

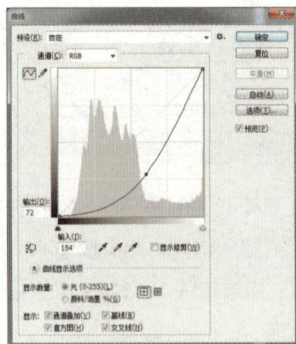

▶▶ 图 2-8   设置"曲线"参数

▶▶ 图 2-9   调整曲线效果

Step 02 激活矩形选框工具，绘制如图 2-10 所示选区。单击菜单"选择"→"反向"命令，此时选区效果如图 2-11 所示。

Step 03 单击菜单"文件"→"图像"→"色相与饱和度"命令，在弹出的""色相/饱和度"对话框中调整参数，如图 2-12 所示，单击"确定"按钮，效果如图 2-13 所示。

▶ 图 2-10　绘制选区　　　▶ 图 2-11　反向选区　　　▶ 图 2-12　设置"色相与饱和度"参数

Step 04 单击菜单"选择"→"反向"命令，将选区返回原来状态，效果如图 2-14 所示。

Step 05 单击菜单"编辑"→"描边"命令，在弹出的"描边"对话框中调整参数，如图 2-15 所示，单击"确定"按钮，效果如图 2-16 所示。

▶ 图 2-14　执行反选

▶ 图 2-15　"描边"对话框

▶ 图 2-13　调整后效果

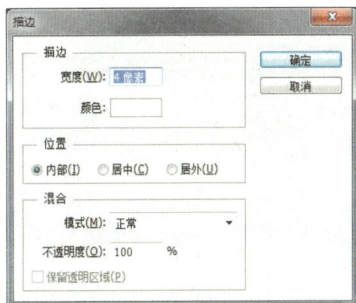

▶ 图 2-16　描边效果

范例操作　椭圆选框应用

Step 01　单击菜单"文件"→"打开"命令，打开如图 2-17 所示素材。新建"图层 1"，激活椭圆选框工具，
绘制如图 2-18 所示椭圆选区。

Step 02　激活矩形选框工具，击属性栏中的"添加到选区"按钮，沿椭圆选区的两端绘制矩形选区，效果如
图 2-19 所示。

▶▶图 2-17　打开素材　　　　▶▶图 2-18　绘制选区　　　　▶▶图 2-19　添加选区

Step 03　单击菜单"编辑"→"填充"命令，在弹出的对话框中，如图 2-20 所示设置参数，单击"确定"按
钮，效果如图 2-21 所示。

Step 04　单击 Ctrl+D 组合键取消选区。新建"图层 2"，激活椭圆选框工具，绘制如图 2-22 所示椭圆选区。
单击菜单"编辑"→"填充"命令，在弹出的对话框中，设置如图 2-23 所示参数，单击"确定"
按钮，效果如图 2-24 所示。

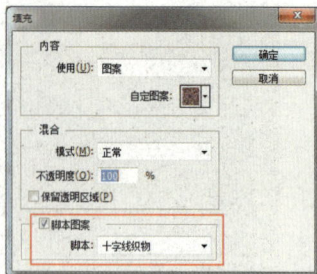

Step 05　保持选区的存在。单击菜单"编辑"→"描边"命令，在弹出的对话框中，如图 2-25 所示设置参数，
单击"确定"按钮，效果如图 2-26 所示。

▶▶图 2-20　设置"填充"参数　　　▶▶图 2-21　填充效果　　　　▶▶图 2-22　新建图层并绘制选区

▶▶图 2-23　设置"填充"参数　　　▶▶图 2-24　填充效果　　　　▶▶图 2-25　设置"描边"参数

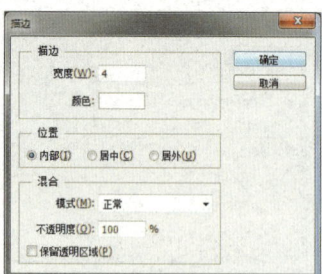

Step 06 单击菜单"选择"→"修改"→"收缩"命令，在弹出的对话框中，设置参数收缩 8 像素，单击"确定"按钮，效果如图 2-27 所示。

Step 07 单击菜单"编辑"→"描边"命令，设置描边宽度为 2 像素，单击"确定"按钮，效果如图 2-28 所示。

▶图 2-26　描边效果　　　　▶图 2-27　"收缩"效果　　　　▶图 2-28　设置描边宽度效果

Step 08 将"图层 1"与"图层 2"交换上下位置，效果如图 2-29 所示。

Step 09 将"图层 1"与"图层 2"合并为"图层 1"。单击菜单"编辑"→"自由变换"命令，调整帽子的大小与角度，效果如图 2-30 所示，一顶休闲装饰帽完成。

▶图 2-29　调换图层位置　　　　▶图 2-30　调整角度与大小

2.2.2　套索工具组

　　以上主要讲解的是规则几何图形的选区的创建方法，但是日常生活中不规则的图形还是非常多的。套索工具组是一组使用灵活、形状自由的绘制选区工具，包括套索工具 🄿、多边形套索工具 🄿 和磁性套索工具 🄿，如图 2-31 所示。

　　使用套索工具、多边形套索工具时，在其属性栏中可设定是否"消除锯齿"和"羽化"效果两个参数，如图 2-32 所示。锯齿主要是在绘制斜线或圆弧时产生。如果选择"消除锯齿"文本框，则 Photoshop 会自动在锯齿间加入选区边缘与背景之间的中间色调，使其看起来更加圆滑。"消除锯齿"和"羽化"两个选项必须在创建选择区域之前设定。

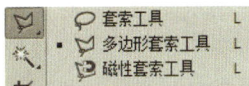

▶图 2-31　套索工具组　　　　　　　▶图 2-32　套索工具属性栏

1．套索工具

单击（自由）套索工具🔲，在图像中拖动光标，可绘制出不规则选择区，若按住 Alt 键使用自由套索工具，效果与多边形套索工具相同。一般情况下，对图像的边缘要求并不苛刻时使用该命令。

小提示

如果在拖动鼠标时放开鼠标，则起点与终点之间将会自动用直线连接。

在绘制过程中按住 Alt 键，放开鼠标左键即可切换为多边形套索工具，此时在画面中可绘制直线；放开 Alt 键即可恢复为套索工具并继续绘制选区。

2．多边形套索工具

用多边形套索工具🔲可在图像中选择点，点与点之间自动连成直线，在终止点双击鼠标，则起点与终点自动闭合，形成选择区域。一般情况下，该命令用来选择多边形区域或轮廓比较清楚的区域。

3．磁性套索工具

磁性套索工具🔲可自动根据选择点的色调及对比度定位下一个节点，从而精确定位选择区，使选择轮廓变得十分方便。如果找出的节点有误，按 Delete 键可消除该节点。同样，可以根据图像的边缘清晰度和选取要求的精细程度，来设置磁性套索工具属性栏中的各项参数，如图 2-33 所示。此工具一般用于被选择对象的轮廓线比较清楚的情况。

▶▶图 2-33　磁性套索工具属性栏

在其属性栏中，可设置以下参数。

宽度：用于设置选取时能够检测到的边缘宽度。磁性套索工具只检测从指针开始指定距离以内的边缘；要更改套索指针以使其指明套索宽度，请按 Caps Lock 键，可以在已选定工具但未使用时更改指针。

对比度：要指定套索对图像边缘的灵敏度，应在对比度中输入一个介于1%和100%之间的值。较高的数值将只检测与其周边对比鲜明的边缘，较低的数值将检测低对比度边缘。

频率：若要指定套索以什么频度设置紧固点，应在"频率"栏输入 0～100 之间的数值。较高的数值会更快地固定选区边框。在边缘精确定义的图像上，可以试用更大的宽度和更高的边对比度，然后大致地跟踪边缘。在边缘较柔和的图像上，尝试使用较小的宽度和较低的边对比度，然后更精确地跟踪边框。

光笔压力🔲：如果正在使用光笔绘图板，请选择或取消选择"光笔压力"选项。选中该选项时，增大光笔压力将导致边缘宽度减小。在创建选区时，按右方括号键（]）可将磁性套索边缘宽度增大 1 像素；按左方括号键（[）可将宽度减小 1 像素。使用磁性套索工具时，在图像轮廓边缘单击，设置绘制起点，然后沿图像边缘拖曳鼠标光标，选区会自动吸附在图像中对比最强烈的边缘，如果选区的边缘没有吸附在需要的图像边缘，可以通过单击添加一个紧固点来确定要吸附的位置，再拖曳光标直到鼠标光标与最初设置的起点重合时，单击即可创建选区。

2.2.3 魔棒工具组

Photoshop CC 的魔棒工具组中提供了两种工具，一种是快速选择工具 ，一种是魔棒工具 ，利用这两个工具可以快速选择色彩变化大且色调相近的区域。

1. 快速选择工具

快速选择工具是一种非常直观、灵活和快捷的选择工具，适合选择图像中较大的单色区域。使用时在需要添加选区的图像位置按下鼠标左键拖移，鼠标经过的区域及与其颜色相近的区域自动添加进选区。如图 2-34 所示为快速选择工具的属性栏。

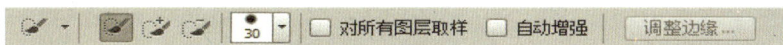

▶图 2-34 快速选择工具的属性栏

❖ 选区运算按钮：按下新选区按钮 ，可创建一个新选区；按下添加到选区按钮 ，可在原有选区的基础上添加一个选区；按下从选区减去按钮 ，可在原选区的基础上减去当前绘制的选区。

快速选择工具利用可通过调整的圆形画笔笔尖快速"绘制"选区。拖动时，选区会向外扩展并自动查找和跟随图像中定义的边缘。

要更改快速选择工具的画笔笔尖大小，如图 2-35 所示，可单击属性栏中的"画笔"选项并输入像素大小或移动"直径"滑块。使用"大小"弹出菜单选项，使画笔笔尖大小随钢笔压力或光笔轮而变化；在建立

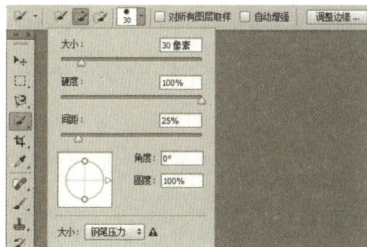

▶图 2-35 设置"快速选择工具"参数

选区时，按右方括号键（]）可增大快速选择工具画笔笔尖的大小，按左方括号键（[）可减小快速选择工具画笔笔尖的大小。

范例操作 快速选择工具应用

Step 01 打开如图 2-36 所示素材，如果要对画面中的一朵郁金香添加选区，则利用该工具最为恰当。

Step 02 首先设定笔头大小，在花蕾主要部分添加选区，效果如图 2-37 所示。然后将笔头直径缩小，单击"添加到选区"按钮，图像放大后将细节部分一起添加至选区，即可完成目标选择，效果如图 2-38 所示。

▶图 2-36 打开素材

▶图 2-37 局部选择

▶图 2-38 细节选择

Step 03 单击属性栏中的"调整边缘"按钮,在弹出的对话框中设置如图 2-39 所示参数,单击"确定"按钮即可。

Step 04 单击菜单"图像"→"调整"→"色相/饱和度"命令,在弹出的对话框中设置如图 2-40 所示参数,单击"确定"按钮,效果如图 2-41 所示。

❖ 自动增强:减小选区边界的粗糙度和块效应。"自动增强"选项自动将选区向图像边缘进一步流动并应用一些边缘调整;也可以在"调整边缘"对话框中,如图 2-39 所示,通过"平滑"、"对比度"和"半径"选项手动应用这些边缘调整。

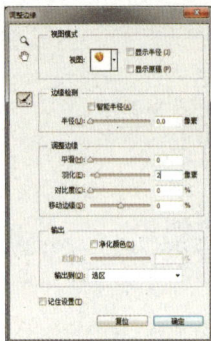

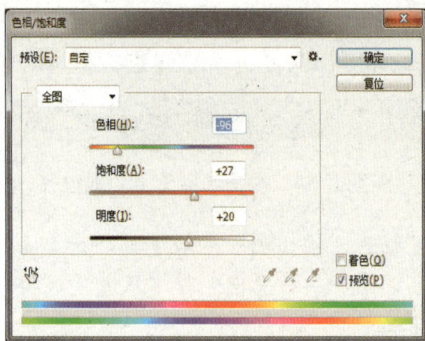

▶ 图 2-39 设置"调整边缘"参数   ▶ 图 2-40 设置"色相/饱和度"参数   ▶ 图 2-41 调整效果

① 半径:决定选区边界周围的区域大小,将在此区域中进行边缘调整。增加半径可以在包含柔化过渡或细节的区域中创建更加精确的选区边界,如短的毛发中的边界,或模糊边界。

② 对比度:锐化选区边缘并去除模糊的不自然感。增加对比度可以移去由于"半径"设置过高而导致在选区边缘附近产生的过多杂色。

③ 平滑:减少选区边界中的不规则区域("山峰"和"低谷"),创建更加平滑的轮廓。输入一个值或将滑块在 0~100 之间移动。

④ 羽化:在选区及其周围像素之间创建柔化边缘过渡。输入一个值或移动滑块以定义羽化边缘的宽度(0~250 像素)。

⑤ 移动边缘:用于收缩或扩展选区边界。输入一个值或移动滑块设置一个介于 0~100%之间的数以进行扩展,或设置一个介于 0~-100% 之间的数以进行收缩。这对柔化边缘选区进行微调很有用。收缩选区有助于从选区边缘移去不需要的背景色。

2. 魔棒工具

魔棒工具可以选择光标周围颜色相同或相近的区域,在实际图像处理中,一般用来选择成片的色域。该工具属性栏中较为重要的参数是"容差"数字框,如图 2-42 所示,其值越大,选择颜色区域越广;值越小,颜色区域选择得越精确。选中"消除锯齿"选项有利于使选择区域边缘平滑;"连续"选项,表示仅选取与单击点颜色相同且与之相连的区域;"对所有图层取样"选项,表示对于拥有多个图层的图像,选中此选项,会对所有图层发生作用,否则只对当前图层发生作用。

▶ 图 2-42 魔棒工具属性栏

但是在许多时候要选择的区域的色彩通常是不连续或差别较小的，此时仅使用以上的工具不会有满意的效果。因此在菜单"选择"中的三个命令"反选（向）"、"扩大选取"和"选取相似"便显得极其重要。"扩大选取"和"选取相似"命令，二者最大的区别在于"扩大选取"命令要求所选择的区域必须是相互有联系的且具有连续性，而"选取相似"命令则不论所选择的区域是否联系，只要是像素相近即可全部选择。因此用户只需用魔术棒工具单击部分选取区域，然后利用"扩大选取"和"选取相似"中的某个命令即可完成选择。

范例操作 **魔棒工具应用**

Step 01 打开素材，如图 2-43 所示，要将画面中的郁金香全部选择出来，首先激活魔术棒工具，在背景白色区域单击，效果如图 2-44 所示。由于白色之间并没有形成连续性，因此有部分没有添加进选区。

Step 02 单击菜单"选择"→"选取相似"命令，效果如图 2-45 所示。此时可以发现画面中花蕾局部也自动添加了选区。激活套索工具，按住 Alt 键将其减掉即可，效果如图 2-46 所示。

▶图 2-43　打开素材　　　　▶图 2-44　选择白色区域　　　　▶图 2-45　执行"选取相似"命令

Step 03 单击菜单"选择"→"反向"命令，即可将花全部选择，效果如图 2-47 所示。单击菜单"图像"→"调整"→"色彩平衡"命令，效果如图 2-48 所示。

▶图 2-46　删除部分选区　　　　▶图 2-47　执行"反向"命令　　　　▶图 2-48　色彩平衡效果

2.2.4　色彩范围

单击菜单"选择"→"色彩范围"命令，弹出如图 2-49 所示对话框。该命令与魔术棒的功能相似，同样可以根据容差值与选择的颜色样本创建选区，其主要优势在于它可以根据图像中色彩的变化情况设定选择程度的变化，从而使选择操作更加灵活、准确。该对话框中的参数如下。

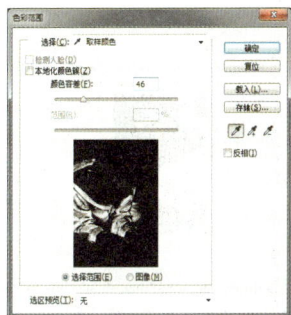

▶图 2-49　"色彩范围"对话框

❖ 选择（范围）：在预览窗口中可以预览建立的选区。其中白色区域表示选择的范围，黑色区域表示未选择的范围，灰色区域则根据图像的灰度产生具有羽化性质的选区。

❖ 图像：在预览窗口中显示整个图像。

❖ 吸管工具 🖊：激活此按钮，在图像窗口或预览窗口中单击，可以选取一种颜色样本，即制定要选择的颜色范围。

❖ 增加到取样工具 🖊：激活此按钮，在图像窗口或预览窗口中单击，可以增加选区的范围。

❖ 从取样中减去工具 🖊：激活此按钮，在图像窗口或预览窗口中单击，可以减小选区的范围。

❖ 颜色容差：用于设定选区范围的大小。

范例操作　色彩范围命令应用

Step 01 打开素材图像，如图 2-50 所示，目的是将人物身上的服装色彩进行新的调整。

Step 02 确认"色彩范围"对话框中的吸管工具 🖊 按钮与"选择范围"处于选择状态，将光标指向要选取的颜色（中间色调）位置单击，从而获取色样，如图 2-51 所示。此时图中白色部分并没有满足要求。单击"增加到取样工具"按钮，如图 2-52 所示，分别单击同一色调中的暗部和亮部，可以发现白色部分逐渐增多，此时调整"颜色容差"数值，效果如图 2-53 所示。

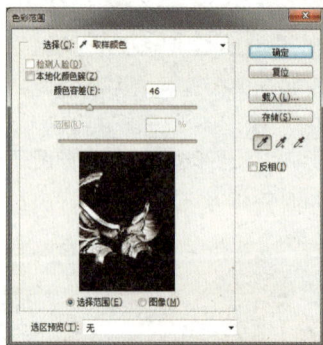

▶ 图 2-50　打开素材　　　▶ 图 2-51　中间色调　　　▶ 图 2-52　单击"增加到取样工具"按钮

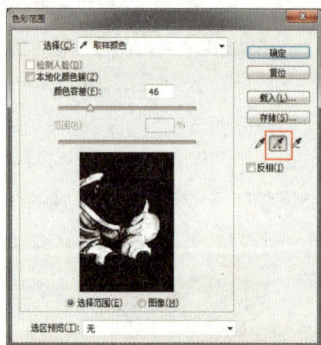

Step 03 单击"确定"按钮，效果如图 2-54 所示。此时基本达到选择色彩要求，对于局部细节，可通过激活套索工具，按住 Shift 键，如图 2-55 所示添加其他选区。

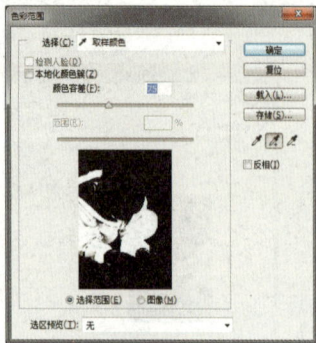

▶ 图 2-53　调整"颜色容差"数值　　　▶ 图 2-54　选择区域效果　　　▶ 图 2-55　添加选区

Step 04 单击菜单"选择"→"修改"→"扩展"命令，在弹出的对话框中，设置如图 2-56 所示参数，单击
"确定"按钮，将选区向外扩展，保证变换色彩后服装的边缘与环境相吻合。

Step 05 按 Ctrl+H 组合键，将选区隐藏，如此便于观察颜色调整时的效果。

Step 06 单击菜单"图像"→"调整"→"色相/饱和度"命令，在弹出的对话框中设置如图 2-57 所示参数，
单击"确定"按钮，效果如图 2-58 所示。

▶ 图 2-56　"扩展选区"对话框　　▶ 图 2-57　设置"色相/饱和度"参数　　▶ 图 2-58　最终效果

2.2.5　裁剪工具组

　　利用裁剪工具组的工具可以快速将图像中保留的部分进行
裁剪，在处理数码照片时经常用到。Photoshop CC 在该工具组
有了很大变化，其主要包括裁剪工具、透视裁剪工具、切片工
具和切片选择工具，如图 2-59 所示。下面主要对裁剪工具、透
视裁剪工具加以详述。

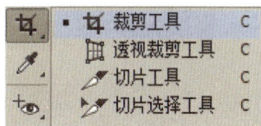

▶ 图 2-59　裁剪工具组

1．裁剪工具

　　裁剪工具是用来裁剪图像、重新定义画布大小的常用工具。通常在画面中拖出一个矩
形框（裁剪框）定义要保留的内容，其大小和位置根据构图需要进行调整：将鼠标光标放
置到裁剪框的控制点上拖动，可以调整裁剪框的大小；将鼠标光标放置在裁剪框内按下并
拖动，将移动画布的位置而非裁剪框的位置；将鼠标光标放置于四角，将旋转画布的位置。
确定后按 Enter 键或在裁剪框内双击鼠标，即可将矩形框外的图像裁剪掉。

　　激活裁剪工具，其属性栏如图 2-60 所示，如果对裁剪对象的要求比较严格，则可以通
过先设置属性栏参数，再进行裁剪。

▶ 图 2-60　裁剪工具属性栏

　　打开素材图像，如图 2-61 所示，下面将以此图为例一一解释相关命令。单击"比例"
按钮，弹出如图 2-62 所示下拉菜单。

　　1）比例

　　❖ 比例：在该选项右侧的文本框中输入相应的比例数值即可执行裁剪，如图 2-63
　　　　所示。

❖ 宽×高×分辨率：可在该选项右侧的文本框中输入相应的比例数值确定裁剪后图像的
   大小，如图 2-64 所示。

▶▶图 2-61　打开素材

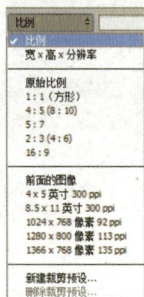

▶▶图 2-62　"比例"下拉菜单

▶▶图 2-63　设定比例

▶▶图 2-64　设定宽×高×分辨率

❖ 原始比例组选项：该选项组表示预设的常见的几种比例，用户只需选择使用即可。
❖ 前面的图像组：单击"前面的图像"按钮，属性栏中的各文本框显示当前图像的大
   小和分辨率。其他数值尺寸和预设的尺寸，一般情况下不会采用。

2）清除

在宽度、高度和分辨率选项中输入数值后，Photoshop 会将其保留下来，按"清除"按
钮后，可以删除这些数值，恢复默认状态。

3）拉直

单击"拉直"按钮后可以给裁剪的对象设定一个标准并以此找到平衡，如图 2-65 所示，
沿塔的边缘绘制直线后，则塔自动形成垂直效果，如图 2-66 所示。调整裁剪框的大小，双
击鼠标左键即可完成。

▶▶图 2-65　绘制拉直标注

▶▶图 2-66　松开鼠标效果

4）等分

单击"等分"按钮，弹出如图 2-67 所示下拉菜单，该菜单项是预设的几种比例选项，用户选择某选项后即可裁剪。

5）裁剪模式

单击"裁剪模式"按钮，弹出如图 2-68 所示下拉菜单，该菜单项是预设的裁剪显示形式，如果是老用户可以选择使用经典模式，保持以前版本的习惯。

▶ 图 2-67　等分下拉菜单

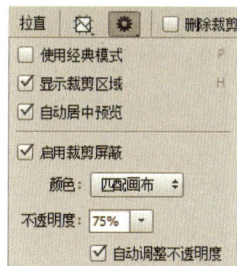

▶ 图 2-68　裁剪模式下拉菜单

2. 透视裁剪工具

透视裁剪工具的属性栏设定更为简单，使用时只需按住鼠标左键拖移裁剪框，然后再调整透视角度即可，如图 2-69、图 2-70 所示。

▶ 图 2-69　设定裁剪角度

▶ 图 2-70　裁切效果

2.2.6　颜色填充工具组

颜色填充工具组的主要作用是为图像文件填充设定的颜色、软件自带的图案或设定的图案，主要包括渐变工具 ■、油漆桶填充工具 🖌 和 3D 材质拖放工具 🖐。

1. 渐变工具

1）渐变工具属性栏

使用渐变工具可以创建一种颜色向另一种颜色或多种颜色逐渐过渡的效果，它包括线性渐变 ■、径向渐变 ■、角度渐变 ■、对称渐变 ■、菱形渐变 ■ 五种方式。激活该工具，其属性栏如图 2-71 所示。

▶ 图 2-71　渐变工具属性栏

❖ 渐变编辑按钮：单击渐变色条，将弹出"渐变编辑器"对话框，如图 2-72 所示，主要用于编辑渐变色；单击右侧的倒三角按钮，将弹出"渐变选项"面板，用于选择已有的渐变选项。如果这些渐变形式还不满足要求，可单击下拉列表框右侧的圆形按钮，从 11 种选项中任意选择即可，如图 2-73 所示。

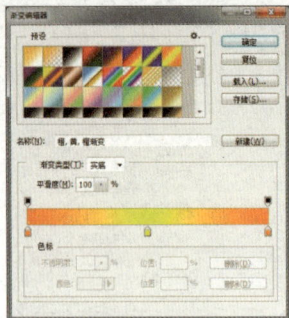

▶▶图 2-72　"渐变编辑器"对话框　　　　▶▶图 2-73　预设渐变色

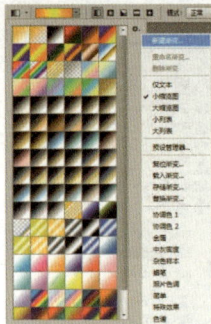

❖ 线性渐变工具：可以在画面中填充由鼠标光标的起点至终点的线性渐变效果。
❖ 径向渐变工具：可以在画面中填充以鼠标光标的起点为中心，鼠标拖曳距离为半径的环形渐变效果。
❖ 角度渐变工具：可以在画面中填充以鼠标光标的起点为中心，自鼠标拖曳方向旋转一周的锥形渐变效果。
❖ 对称渐变工具：可以产生自光标起点至终点的线性渐变效果，且以经过光标起点与拖曳方向垂直的直线为对称轴的轴对称直线渐变效果。
❖ 菱形渐变工具：可以在画面中填充以鼠标光标的起点为中心，鼠标拖曳距离为半径的菱形渐变效果。

如图 2-74 所示，为使用 3 种颜色、同样参数所作渐变填充后的 5 种渐变效果对比。

▶▶图 2-74　渐变效果对比

❖ 模式：用于设置填充颜色或图案与原图像所产生的混合效果。
❖ 不透明度：用于设置填充颜色或图案的不透明度。
❖ 反向：选中该复选框，在填充渐变色时会颠倒填充的渐变色的排列顺序。
❖ 仿色：选中该复选框，可以使渐变色之间的过渡更加柔和。
❖ 透明区域：选中该复选框，在渐变编辑器中渐变选项的不透明度才会生效，否则将不支持渐变选项中的透明效果。

2）渐变编辑器

在实际设计中，有时需要创建一些必要的立体效果，而软件本身提供的渐变色往往不能满足需求，因此需要自己重新设定多种颜色之间的渐变形式。单击属性栏中的渐变色带，打开如图 2-75 所示的对话框，在该对话框中设定自己想要的渐变颜色。如果设定颜色时需要添加其他颜色，则只需在色带的下边单击鼠标即可；反之，用鼠标按住多余按钮向下拖移即可将其删除。两个色标按钮之间的菱形滑块表示相邻颜色之间的过渡比例。

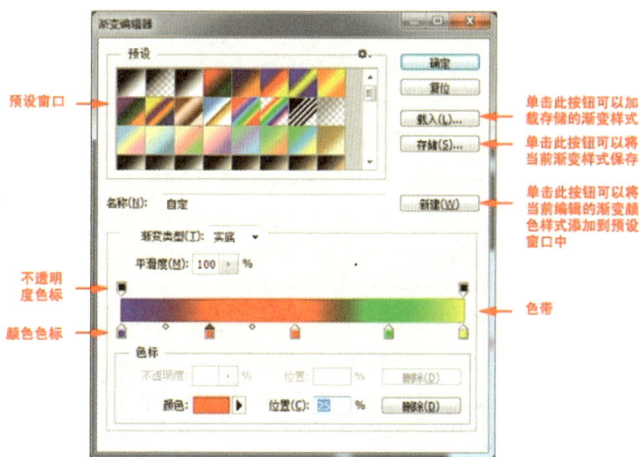

▶▶图 2-75　"渐变编辑器"对话框

❖ 预设：在其中提供了多种渐变样式，单击缩略图即可选择。

❖ 渐变类型：该下拉列表框中提供了两种渐变类型，分别为"实底"和"杂色"。通常情况下采用"实底"类型。如果采用"杂色"类型，要注意该窗口中的"随机"选项的使用。

❖ 平滑度：用于设置渐变颜色过渡的平滑程度。

❖ "不透明度色标"按钮：用于调整该位置的颜色透明度大小，当色带完全不透明时，色标显示为黑色；当色带完全透明时，色标显示为白色；否则为灰度。

❖ "颜色色标"按钮：当显示为🔲时，表示此颜色为前景色；当按钮显示为🔲时，表示此颜色为背景色；当按钮显示为其他图案时，表示此颜色为自定义颜色。在编辑过程中可以任意添加或删除按钮，添加时只需在相应位置双击鼠标左键即可。

❖ 颜色：当选择一个颜色色标后，其色块显示的是当前使用的颜色，单击该色块或在色标上双击，可在弹出的"拾色器"对话框中设置色标的颜色；单击旁边的三角按钮▶可将色标设置为前景色、背景色或用户颜色。在编辑过程中可以任意添加或删除按钮，添加时只需在相应位置双击鼠标左键即可。

❖ 位置：可以设置色标按钮在整个色带上的百分比位置。

❖ "删除"按钮：单击此按钮可以删除当前选择的色标。

范例操作 渐变工具应用

Step 01 新建文件，其参数设置如图 2-76 所示。打开图层面板，新建图层 1。

Step 02 激活"椭圆选框"工具，按住 Shift 键绘制圆形选区，效果如图 2-77 所示。

Step 03 激活渐变填充工具，然后单击属性栏上的渐变色条，在弹出的渐变对话框中，如图 2-78 所示，选取"前景到背景"渐变样式。

Step 04 单击色带下方左侧的色标，如图 2-79 所示，然后单击"颜色"色块，在弹出的"拾色器"对话框中，如图 2-80 所示，设置颜色为深绿色（R58、G71、B33）。

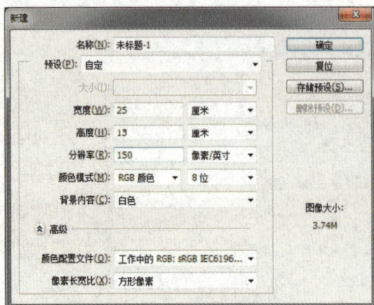
▶图 2-76　新建文件

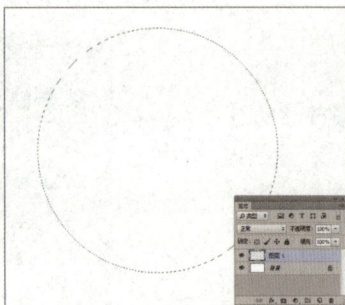
▶图 2-77　绘制选区

▶图 2-78　选取渐变样式

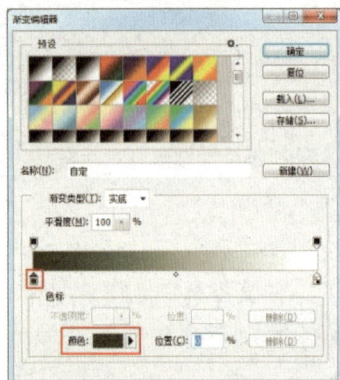
▶图 2-79　选择色标

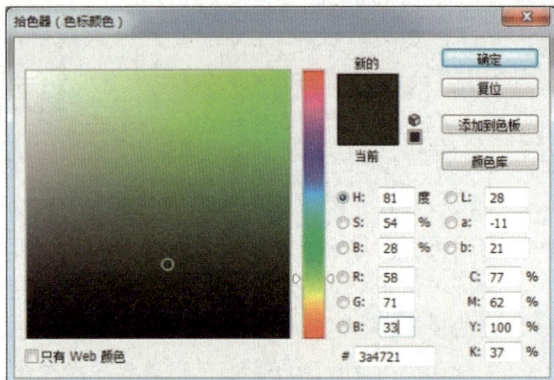
▶图 2-80　设定颜色

Step 05 单击色带下方右侧的色标，设置颜色为绿色（R100、G140、B30），效果如图 2-81 所示。

Step 06 在色带的下方单击鼠标左键，添加一个色标，如图 2-82 所示设置"位置"参数，设置颜色为浅绿色（R150、G216、B30）。然后，用同样的方法依次在 15%、30%、75%的位置添加色标，颜色依次设置为 R130、G182、B30，R190、G230、B110，R60、G125、B6，效果如图 2-83 所示。

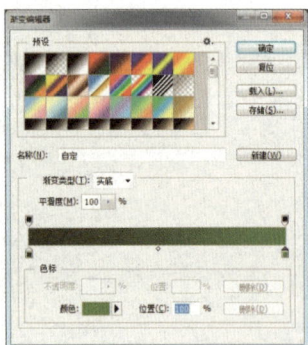
▶图 2-81　颜色效果

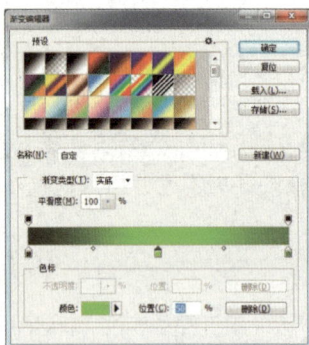
▶图 2-82　添加色标

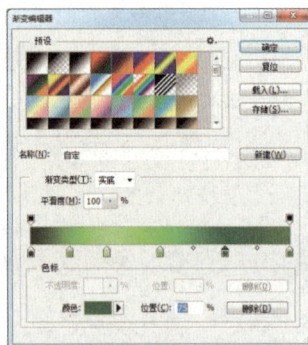
▶图 2-83　设置完成颜色效果

Step 07 激活渐变填充工具，在属性栏中设置如图 2-84 所示参数，按住鼠标左键自左上角向右下角拖移，效果如图 2-85 所示，苹果外形形成。

Step 08 新建图层 2。取消选区，激活"多边形套索"工具，绘制如图 2-86 所示选区。激活渐变填充工具，在属性栏中设置线性渐变形式，按住鼠标左键自上向下拖移，效果如图 2-87 所示。

▶图 2-84　拖曳鼠标　　▶图 2-85　填充渐变色　　▶图 2-86　绘制选区　　▶图 2-87　填充选区

Step 09 单击菜单"选择"→"反向"命令，将选区反选，然后单击菜单"选择"→"调整边缘"命令，在弹出的对话框中设置如图 2-88 所示参数，单击"确定"按钮即可。按 Delete 键，删除填充过程中产生的棱角，效果如图 2-89 所示。

Step 10 新建图层 3 并将其置于图层 1 下方。激活椭圆选框工具，绘制如图 2-90 所示选区。

▶图 2-88　"调整边缘"对话框　　▶图 2-89　删除效果　　▶图 2-90　绘制选区

Step 11 激活渐变填充工具，如图 2-91 所示，设置渐变填充色由深灰色至浅灰色。

Step 12 如图 2-92 所示，按住鼠标左键填充线性渐变色，效果如图 2-93 所示。

Step 13 单击菜单"滤镜"→"模糊"→"高斯模糊"命令，在弹出的对话框中设置如图 2-94 所示参数，单击"确定"按钮，效果如图 2-95 所示，苹果及阴影效果完成。

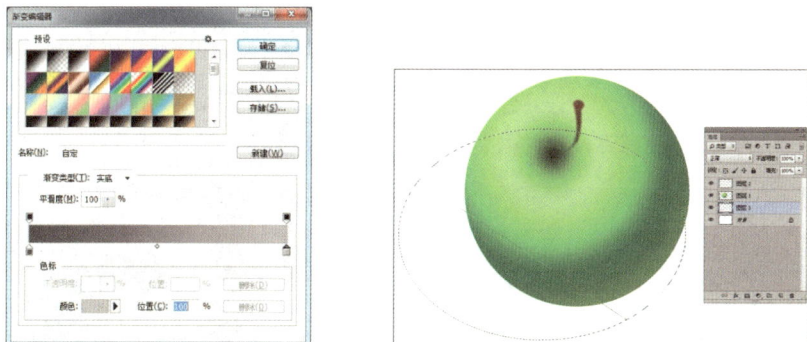

▶图 2-91　设定渐变色　　　　▶图 2-92　填充角度

▶▶图 2-93　填充效果　　　　▶▶图 2-94　"高斯模糊"对话框　　　　▶▶图 2-95　阴影效果

2．油漆桶工具

使用该工具可以填充前景色和图案，激活该工具，打开属性栏，如图 2-96 所示。

▶▶图 2-96　油漆桶工具属性栏

"设置填充区域的源"下拉列表框 前景 ：用于设置向画面或选区中填充的内容，包括"前景"和"图案"两个选项。当选择"前景"选项时，填充的色彩为前景色；当选择"图案"选项时，在其右侧的窗口中会显示图案内容，当然也可以选择其他图案内容。

容差：控制图像中填充颜色或图案的范围，数值越大则填充的范围越大。

连续的：选中此复选框，填充时只能填充与鼠标单击处颜色相近且相连的区域；反之，则填充与鼠标单击处颜色相近的所有区域。

所有图层：选中此复选框，填充的范围是图像文件中的所有图层。

3．3D 材质拖放工具

在 Photoshop CC 中，对模型设置灯光、材质、渲染等方面都得到了增强。结合这些功能，在 Photoshop 中可以绘制透视精确的三维效果图，也可以辅助三维软件创建模型的材质贴图。这些功能大大拓展了 Photoshop 的应用范围。

范例操作　3D 材质拖放工具应用

Step 01　根据设计需要新建文件并输入如图 2-97 所示文字。

Step 02　单击菜单"图层"→"栅格化"→"文字"命令。

Step 03　单击菜单"3D"→"从所选图形新建 3D 模型"命令，效果如图 2-98 所示。激活移动工具，单击属性栏中的按钮，将其旋转一定角度，效果如图 2-99 所示。

▶▶图 2-97　输入文字　　　　▶▶图 2-98　新建 3D 模型　　　　▶▶图 2-99　调整角度效果

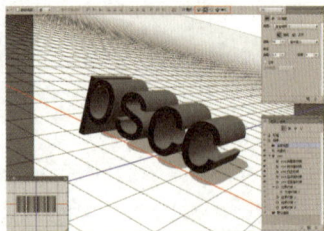

Step 04 如果对调整的效果不满意，可以在图 2-100 所示的浮动面板中调整相应的参数（单击菜单"窗口"
→ "属性"命令，即可打开属性的浮动面板），效果如图 2-101 所示。

Step 05 激活"3D 材质拖放工具"，在如图 2-102 所示的属性栏中选择恰当材质，然后将鼠标指向填充
对象，效果如图 2-103 所示。

Step 06 用同样的方法填充透视部分，并调整相应参数，效果如图 2-104 所示。

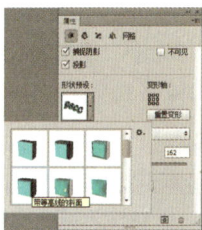

▶ 图 2-100 3D 形状预设

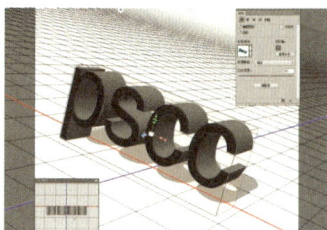

▶ 图 2-101 预设效果

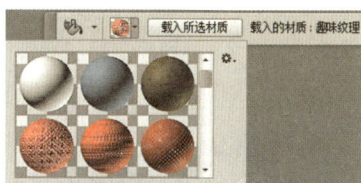

▶ 图 2-102 选择材质

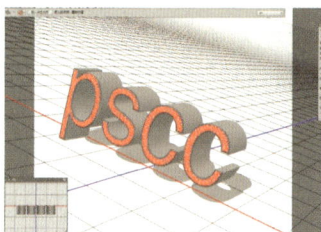

▶ 图 2-103 贴图效果

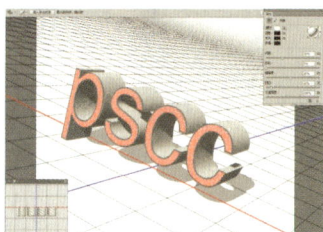

▶ 图 2-104 填充透视部分效果

Step 07 如果想对每一个字单独赋予材质或调整角度和位置，则需单击菜单"3D"→"拆分凸出"命令，弹
出如图 2-105 所示对话框，单击"确定"按钮，效果如图 2-106 所示。

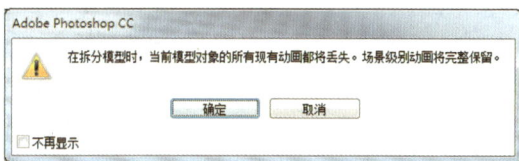

▶ 图 2-105 "拆分凸出"命令对话框

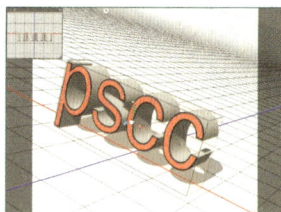

▶ 图 2-106 拆分效果

Step 08 激活移动工具，单击某个文字即可调整文字大小、角度与位置，效果如图 2-107 所示。激活"3D
材质拖放工具"，分别填充不同材质，最终效果如图 2-108 所示。

Step 09 改变浮动面板中的参数，效果如图 2-109 和图 2-110 所示。

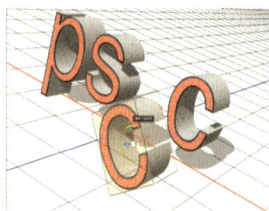

▶ 图 2-107 调整局部

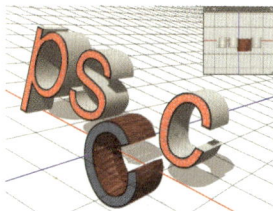

▶ 图 2-108 局部填充材质

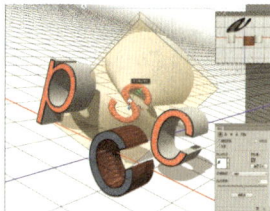

▶ 图 2-109 局部效果(1)

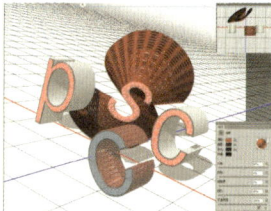

▶ 图 2-110 局部效果(2)

范例操作 填充工具应用

Step 01 打开素材图像，如图 2-111 所示。按 Ctrl+A 组合键将其全选，然后执行 Ctrl+X、Ctrl+V 命令，将其重新粘贴，形成"图层 1"。

Step 02 按 Ctrl+T 组合键，按住 Shift+Alt 组合键将图像向中心缩小，缩小的距离依据设计需要，即画框的宽度而决定，效果如图 2-112 所示。

Step 03 以"图层 1"为当前层，按住 Ctrl 键单击缩略图载入选区，然后单击菜单"选择"→"反选"命令。

Step 04 新建"图层 2"。单击菜单"编辑"→"填充"命令，在弹出的对话框中，如图 2-113 所示设置参数，单击"确定"按钮，效果如图 2-114 所示。

▶ 图 2-111 打开素材　　▶ 图 2-112 缩小尺寸　　▶ 图 2-113 设置"填充"参数

Step 05 取消选区，以"图层 2"为当前层，单击菜单"图层"→"图层样式"→"描边"命令，在弹出的对话框中，设置如图 2-115 所示参数，单击"确定"按钮，效果如图 2-116 所示。

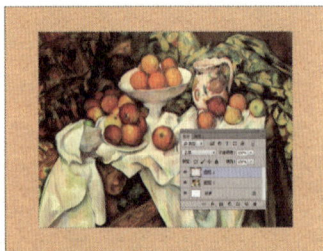

▶ 图 2-114 填充效果　　▶ 图 2-115 设置描边参数　　▶ 图 2-116 描边效果

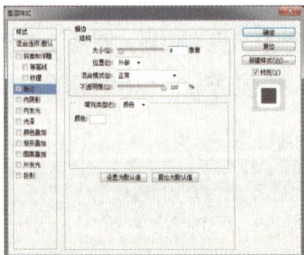

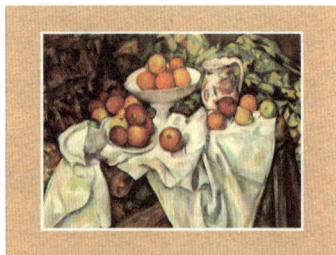

Step 06 单击菜单"图像"→"画布大小"命令，在弹出的对话框中，设置如图 2-117 所示参数，注意应保持上下放大的边缘一样宽，单击"确定"按钮，效果如图 2-118 所示。

Step 07 单击菜单"图像"→"图像大小"命令，在弹出的对话框中，如图 2-119 所示，可以观察到改变尺寸后的图像尺寸。激活矩形选框工具，在其属性栏中，设置如图 2-120 所示参数并绘制选区。

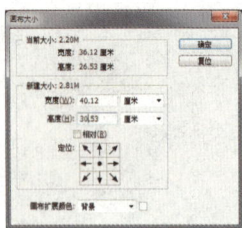

▶ 图 2-117 设置"画布大小"参数　　▶ 图 2-118 改变画布大小　　▶ 图 2-119 "图像大小"对话框

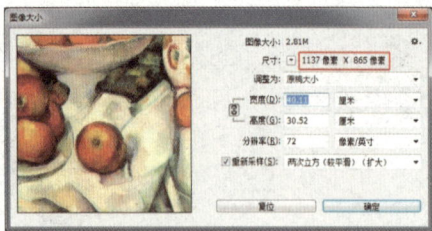

Step 08 新建"图层 3"。激活"渐变填充"工具,设置渐变色如图 2-121 所示。按住鼠标左键自上而下拖移,效果如图 2-122 所示。

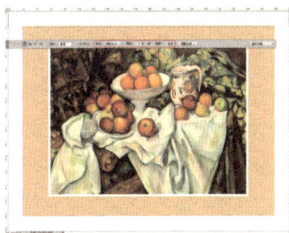

▶▶图 2-120　绘制选区　　　▶▶图 2-121　设置渐变色　　　▶▶图 2-122　填充渐变色

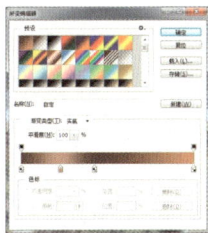

Step 09 新建"图层 4"。用同样的方法设置竖向选区并填充相同渐变色,效果如图 2-123 所示。

Step 10 激活"多边形套索"工具,如图 2-124 所示,沿对角线方向绘制选区,然后按 Delete 键删除(注意当前层),效果如图 2-125 所示。

Step 11 取消选区,将"图层 3"与"图层 4"合并为"图层 3"。激活"矩形选框"工具,绘制如图 2-126 所示选区。

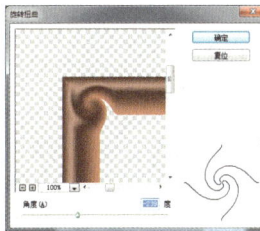

Step 12 单击菜单"滤镜"→"扭曲"→"旋转扭曲"命令,在弹出的对话框中,设置如图 2-127 所示参数,单击"确定"按钮即可。用同样的方法在横向的 1/3 处再次执行该命令,效果如图 2-128 所示。

▶▶图 2-123　竖向填充渐变色　　　▶▶图 2-124　绘制选区　　　▶▶图 2-125　删除效果

▶▶图 2-126　绘制选区　　　▶▶图 2-127　设置旋转扭曲参数　　　▶▶图 2-128　旋转扭曲效果

Step 13 复制"图层 3",然后单击菜单"编辑"→"变换"→"水平镜像、垂直镜像"命令,仔细调整位置后合并图层,同样执行"旋转扭曲"命令,改变参数,效果如图 2-129 所示。

▶▶图 2-129　完整效果

2.3 金属效果标志实例解析

2.3.1 钻石标志设计

（1）新建文件，设置如图 2-130 所示参数，单击"确定"按钮。

（2）激活工具箱中的"钢笔工具"绘制钻石标志，绘制过程中通过使用"直接选择工具"调整锚点，完善标志形态，使曲线自然流畅，效果如图 2-131 所示（路径使用方法详见第 5 章）。

（3）在"路径"面板中，如图 2-132 所示，存储绘制的超人标志路径。

（4）在"路径"面板中，如图 2-133 所示，单击面板下部的"将路径作为选区载入"按钮，使得标志路径转换为选区。

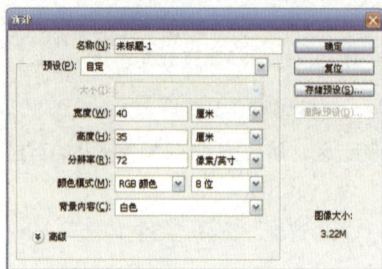

▶图 2-130 新建文件

▶图 2-131 绘制路径

▶图 2-132 存储路径

▶图 2-133 载入选区

（5）如图 2-134 所示，将路径转换为选区并存储选区。

（6）打开素材"金属"图片，如图 2-135 所示。

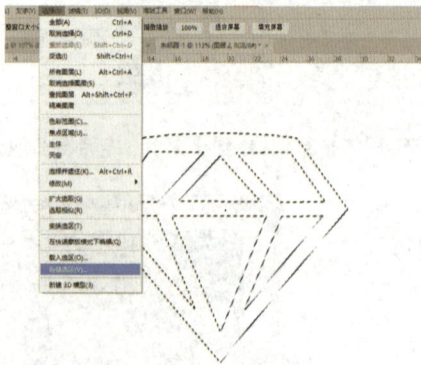

▶图 2-134 存储选区

▶图 2-135 打开素材

（7）将"金属"图片复制到"标志"文件中。单击菜单"选择"→"载入选区"命令，在弹出的对话框中，如图 2-136 所示，在通道选项中选择"Alpha1"通道。单击"确定"按钮，效果如图 2-137 所示。

（8）单击菜单"选择"→"反向"命令，使得选区反转。然后按 Delete 键删除，效果如图 2-138 所示。

（9）单击菜单"滤镜"→"锐化"→"锐化"命令，可以重复这一指令 2～3 次，加强锐化，效果如图 2-139 所示。

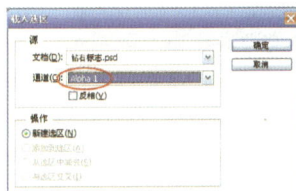

▶▶图 2-136　选择通道　　▶▶图 2-137　载入选区　　▶▶图 2-138　删除背景　　▶▶图 2-139　锐化效果

（10）在图层面板中，如图 2-140 所示，单击下面的"添加图层样式"按钮，在弹出的下拉菜单中，如图 2-141 所示，设置"斜面和浮雕"参数，单击"确定"按钮，效果如图 2-142 所示。

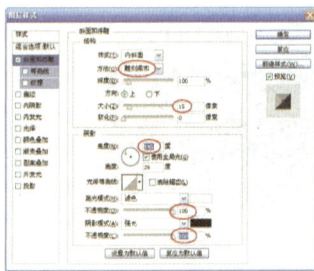

▶▶图 2-140　"添加图层样式"按钮　　▶▶图 2-141　"图层样式"对话框　　▶▶图 2-142　"斜面和浮雕"效果

（11）在"图层样式"对话框中，继续添加"投影"效果，设置如图 2-143 所示参数，单击"确定"按钮，效果如图 2-144 所示。

（12）打开素材"金属网"图片，如图 2-145 所示。

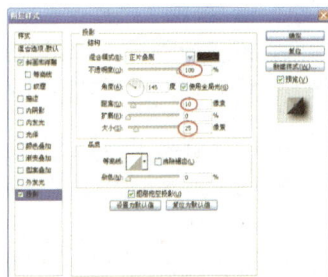

▶▶图 2-143　设置投影参数　　▶▶图 2-144　投影效果　　▶▶图 2-145　打开素材

（13）将"金属网"图片复制到"标志"文件中，调整至如图 2-146 所示位置。

（14）单击菜单"图像"→"调整"→"色相/饱和度"命令，在弹出的对话框中设置参数，如图 2-147 所示，单击"确定"按钮，效果如图 2-148 所示。

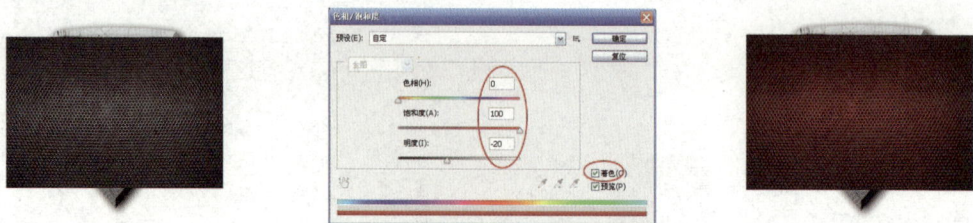

▶图 2-146　复制文件并调整位置　　▶图 2-147　"色相/饱和度"对话框　　▶图 2-148　调整色相/饱和度效果

（15）在图层面板中，如图 2-149 所示，将"图层 2"安置在"图层 1"下面，并以"图层 2"为当前选择层。

（16）仍以"图层 2"为当前层，激活"多边形套索"工具，沿如图 2-150 所示红线绘制选区。

（17）单击菜单"选择"→"反向"命令，将选区反转，然后按 Delete 键删除，效果如图 2-151 所示。

▶图 2-149　调整图层　　▶图 2-150　绘制选区　　▶图 2-151　删除选区内容

（18）打开素材"生锈金属"图片，如图 2-152 所示。

（19）将"金属网"图片复制到标志文件中。在图层面板中，如图 2-153 所示，将"图层 3"安置在"图层 2"下面。

（20）以"图层 3"为当前层，单击菜单"图像"→"调整"→"色相/饱和度"命令，在弹出的对话框中设置参数，如图 2-154 所示，单击"确定"按钮，效果如图 2-155 所示。

▶图 2-152　打开素材　　▶图 2-153　调整图层　　▶图 2-154　"色相/饱和度"对话框

（21）单击菜单"滤镜"→"锐化"→"锐化"命令，可以重复这一指令 3～4 次，加强锐化，效果如图 2-156 所示，此时图层面板如图 2-157 所示。

▶ 图 2-155　调整色相/饱和度效果

▶ 图 2-156　锐化效果

▶ 图 2-157　图层面板

2.3.2　DREAM 标志设计

（1）新建文件，色彩模式为 RGB，背景为白色，其他参数大小如图 2-158 所示。

（2）单击菜单"窗口"→"图层"命令，打开图层面板，单击面板底边的"新建图层"按钮，如图 2-159 所示，在图层面板中新建"图层 1"。

（3）激活工具箱中的"椭圆选框"工具，如图 2-160 所示，绘制一个椭圆形选区。

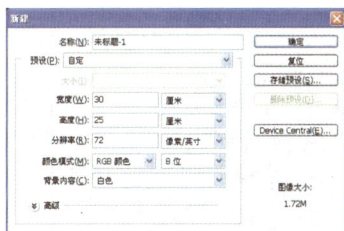
▶ 图 2-158　新建文件对话框

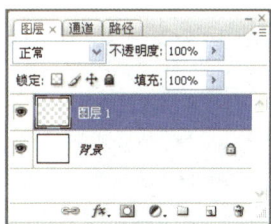
▶ 图 2-159　图层面板

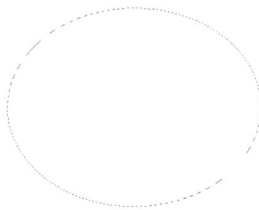
▶ 图 2-160　绘制一个椭圆形选区

（4）激活工具箱中的"渐变填充"工具，单击属性栏中的渐变色条，在弹出的"渐变编辑器"中创建如图 2-161 所示渐变色。

（5）按住鼠标左键，从选区左上到右下拖移，渐变填充效果如图 2-162 所示。

（6）在图层面板中，将"图层 1"拖至图层面板底部的"新建图层"按钮中复制为"图层 1 副本"，此时图层面板如图 2-163 所示。

▶ 图 2-161　"渐变编辑器"对话框

▶ 图 2-162　渐变填充效果

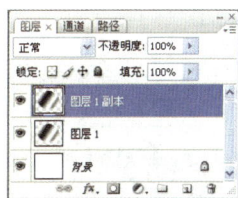
▶ 图 2-163　图层面板

（7）以"图层 1 副本"为当前层，按 Ctrl+T 组合键，调出"自由变换"缩放框，按住 Shift+Alt 组合键拖动边角向内收缩一定距离，如图 2-164 所示。调整好后双击鼠标左键确认。

（8）同理，在图层面板中，如图 2-165 所示，复制"图层 1 副本"为"图层 1 副本 2"。

（9）重复上述步骤，将"图层 1 副本 2"的椭圆缩小到如图 2-166 所示大小。

▶▶图 2-164 填充效果　　　▶▶图 2-165 图层面板　　　▶▶图 2-166 缩小选区

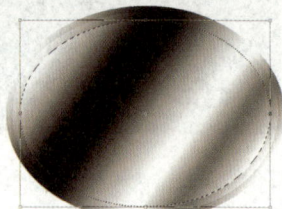

（10）在图层面板中，以"图层 1 副本"为当前选择层，此时图层面板如图 2-167 所示。

（11）单击菜单"选择"→"载入选区"命令，弹出如图 2-168 所示对话框，在"通道"选项中选择"图层 1 副本透明"。

（12）如图 2-169 所示，以"图层 1"为当前选择层，按 Delete 键删除选区内的部分。

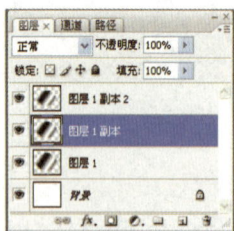

▶▶图 2-167 选定当前层　　　▶▶图 2-168 载入选区　　　▶▶图 2-169 删除选区内容

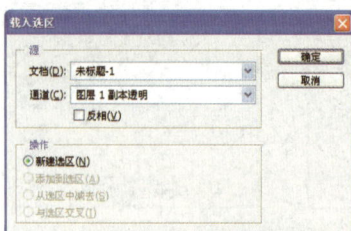

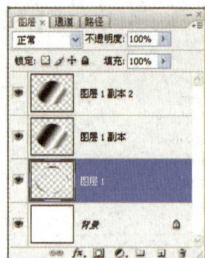

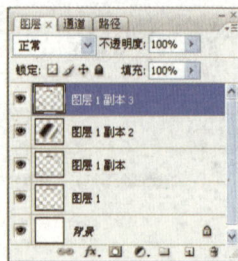

（13）在图层面板中，如图 2-170 所示，以"图层 1 副本 2"为当前选择层，执行"载入选区"命令。

（14）以"图层 1 副本"为当前选择层，如图 2-171 所示，按 Delete 键删除选区内的部分。

（15）复制"图层 1 副本"为"图层 1 副本 3"，并将"图层 1 副本 3"置于最顶层。此时图层面板如图 2-172 所示。

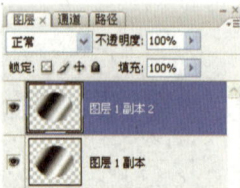

▶▶图 2-170 选定当前层　　　▶▶图 2-171 删除选区内容　　　▶▶图 2-172 调整图层位置

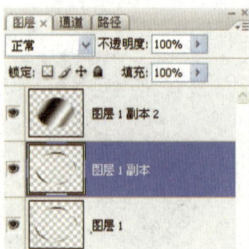

（16）重复上述步骤，将图形缩小至如图 2-173 所示大小。

（17）在图层面板中，单击底部的"添加图层样式"按钮。如图 2-174 所示，在"图层样式"对话框中设置"斜面和浮雕"效果，其中"样式"为"内斜面"，"大小"为 20 像素。

（18）单击"确定"按钮，效果如图 2-175 所示。

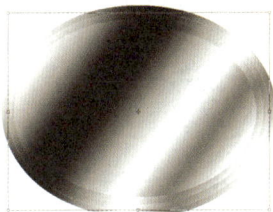

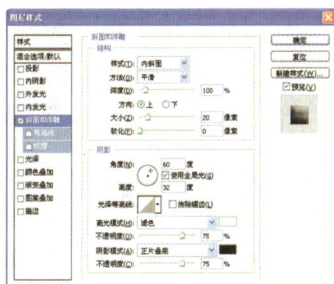

▶▶图 2-173　缩小选区　　　▶▶图 2-174　"图层样式"对话框　　　▶▶图 2-175　斜面和浮雕效果

（19）如图 2-176 所示，激活工具箱中的"橡皮"工具，在其属性栏中，设置画笔大小为 7 像素。

（20）在椭圆环图形上进行一定间隔的涂擦，涂擦后的效果如图 2-177 所示。初次使用时可将画面放大。

（21）在图层面板中，单击"添加图层样式"按钮，如图 2-178 所示，设置投影效果，其中"角度"设置为 60 度，大小为 10 像素。单击"确定"按钮。

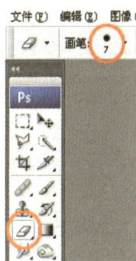

▶▶图 2-176　设置画笔　　　▶▶图 2-177　涂擦的效果　　　▶▶图 2-178　设置投影效果

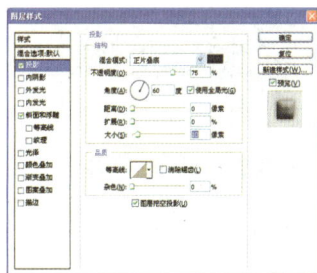

（22）在图层面板中，如图 2-179 所示，以"图层 1 副本 2"为当前选择层。

（23）单击"添加图层样式"按钮，如图 2-180 所示，设置"内阴影"效果，其中"阻塞"为 15%，"大小"为 50 像素。单击"确定"按钮，效果如图 2-181 所示。

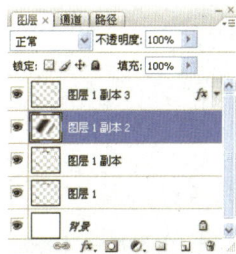

▶▶图 2-179　选定当前层　　　▶▶图 2-180　设置内阴影效果　　　▶▶图 2-181　内阴影效果

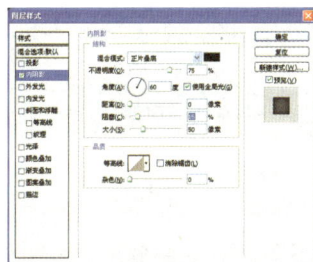

（24）在图层面板中，如图 2-182 所示，以"图层 1 副本"为当前选择层。

（25）单击"添加图层样式"按钮，选择"斜面和浮雕"选项，其参数设置如图 2-183 所示。

（26）单击"确定"按钮，效果如图 2-184 所示。

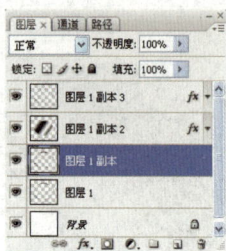

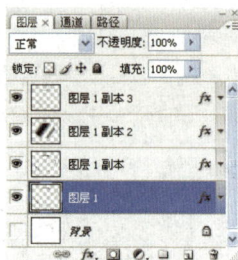

▶图 2-182　选定当前层　　　▶图 2-183　设置斜面和浮雕　　　▶图 2-184　斜面和浮雕效果

（27）在图层面板中，如图 2-185 所示，以"图层 1"为当前选择层。

（28）重复步骤（25），效果如图 2-186 所示。

（29）如图 2-187 所示，关闭"背景"层的眼睛，然后以"图层 1"为当前层。

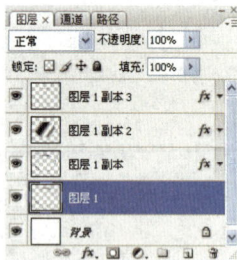

▶图 2-185　选定当前层　　　▶图 2-186　重复设置效果　　　▶图 2-187　选定当前层

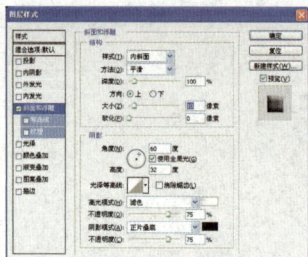

（30）单击菜单"图层"→"合并可见图层"命令，此时图层面板如图 2-188 所示。

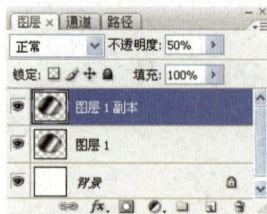

（31）如图 2-189 所示，复制"图层 1"为"图层 1 副本"，并调整"图层 1 副本"的"不透明度"为 50%。

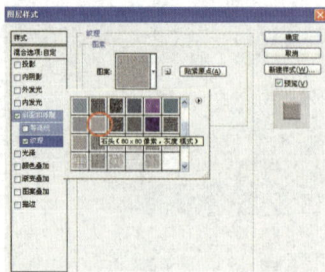

（32）单击"添加图层样式"按钮，如图 2-190 所示，制作"纹理"样式，其中图案选择"石头"纹理。单击"确定"按钮，效果如图 2-191 所示。

▶图 2-188　合并图层　　　▶图 2-189　复制图层　　　▶图 2-190　制作"纹理"样式

（33）单击菜单"滤镜"→"滤镜库"→"扭曲"→"玻璃"命令，如图 2-192 所示，在"玻璃"对话框中选择"纹理"为"磨砂"、"扭曲度"和"平滑度"都为 1。单击"确定"按钮，效果如图 2-193 所示。

▶图 2-191　纹理效果　　　　▶图 2-192　"玻璃"对话框　　　　▶图 2-193　玻璃效果

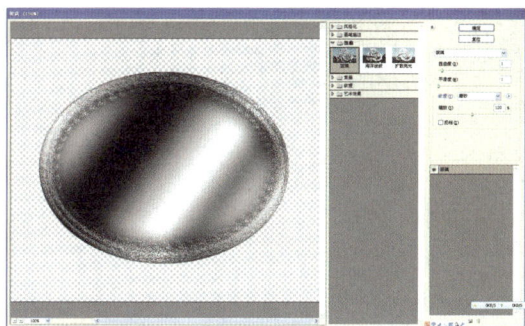

（34）单击菜单"图像"→"亮度/对比度"命令，设置如图 2-194 所示参数。单击"确定"按钮，效果如图 2-195 所示。

（35）激活工具箱中的"横排文字"工具，输入如图 2-196 所示文字。

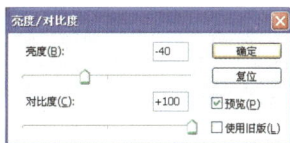

▶图 2-194　"亮度/对比度"对话框　▶图 2-195　亮度/对比度效果　▶图 2-196　输入文字

（36）单击菜单"图层"→"栅格化"→"文字"命令，如图 2-197 所示，将文字层转化为普通层。

（37）单击菜单"编辑"→"变换"→"缩放"命令，如图 2-198 所示，调整对象长宽比例，双击鼠标左键完成变换。

▶图 2-197　栅格化文字　　　　　　▶图 2-198　缩放文字

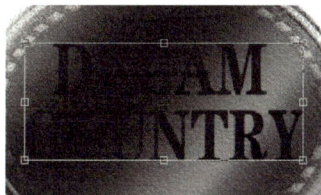

（38）激活工具箱中的"矩形选框"工具，如图 2-199 所示，将第二行文字部分选取。

（39）单击菜单"编辑"→"变换"→"变形"命令，如图 2-200 所示，调整对象透视效果，双击鼠标左键完成变形。调整后文字效果如图 2-201 所示。

▶图 2-199 选取文字

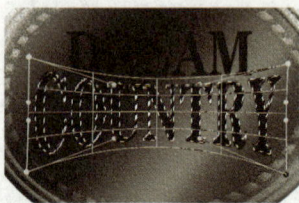
▶图 2-200 变形文字

▶图 2-201 变形效果

（40）如图 2-202 所示，新建"图层 2"。

（41）激活工具箱中的"自定形状工具"，在其相应的属性栏中单击"填充像素"选项，并在形状选项中选择如图 2-203 所示的形状。

（42）如图 2-204 所示，按住鼠标左键，在文字的下方绘制图形，注意让图形居中显示。

▶图 2-202 新建图层

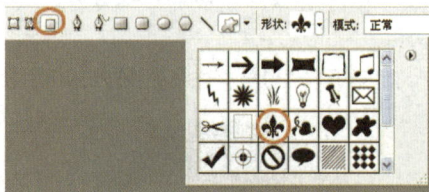
▶图 2-203 选择形状

▶图 2-204 绘制图形

（43）为了便于观察，将除文字层和新建图形以外的所有图层的眼睛关掉，并在文字的上方绘制一个如图 2-205 所示的五边形。

（44）在图层面板中，按住 Shift 键选择刚绘制的图形和文字层，然后合并为一个图层，如图 2-206 所示。

（45）单击图层面板底部的"添加图层样式"按钮，选择"投影"选项，如图 2-207 所示，设置角度和大小等参数。

▶图 2-205 关闭图层并绘制五边形

▶图 2-206 合并图层

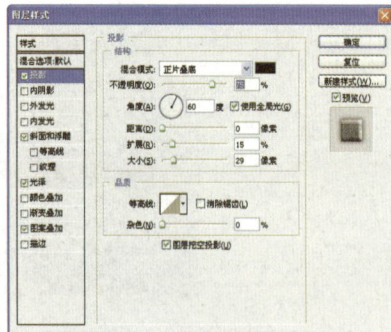
▶图 2-207 "图层样式"对话框

（46）在选择"图案叠加"选项时，图案选择"花岗岩"图案（图案窗口如果只显示两排图案，可以通过单击旁边的三角形按钮追加更多种类的图案），如图 2-208 所示。

（47）选择"光泽"选项，设置距离和大小，如图 2-209 所示。

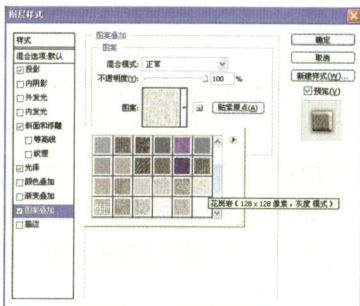
▶图 2-208 "图案叠加"选项

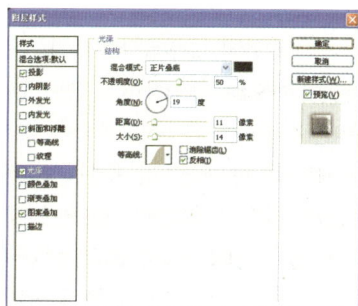
▶图 2-209 "光泽"选项

（48）设置以上各项参数后，单击"确定"按钮，效果如图 2-210 所示。

（49）在图层面板中，单击底部的"创建新的填充或调整图层"按钮，如图 2-211 所示，在弹出的下拉菜单中选择"色相/饱和度"选项。

（50）在"色相/饱和度"选项中设置如图 2-212 所示参数，并勾选右下角的"着色"选项。

▶图 2-210 设置图案、光泽效果

▶图 2-211 单击选项

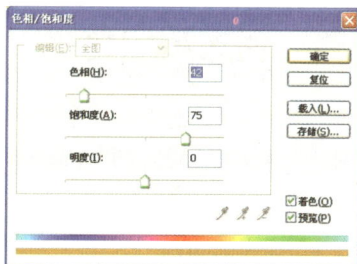
▶图 2-212 "色相/饱和度"选项

（51）单击菜单"图像"→"调整"→"亮度/对比度"命令，设置如图 2-213 所示参数，单击"确定"按钮，效果如图 2-214 所示。

（52）将背景层填充为黑色。金属标志制作完成，此时图层面板如图 2-215 所示。

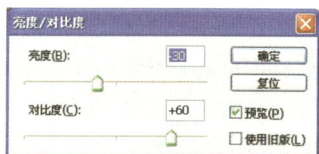
▶图 2-213 "亮度/对比度"选项

▶图 2-214 金属标志效果

▶图 2-215 图层面板

2.4 常用小技巧

（1）在使用矩形选框工具时，按下 Alt 键拖动鼠标将以单击点为中心向外创建选区；按下 Shift 键拖动鼠标可以创建正方形选区；同时按下 Alt 键和 Shift 键则可以从中心点向外创建正方形选区。

（2）在使用椭圆选框工具时，按下 Shift 键单击并拖动鼠标将创建圆形选区；按下 Alt 键拖动鼠标将以单击点为中心向外创建选区；同时按下 Alt 键和 Shift 键则可以从中心点向外创建圆形选区。同时按下 Shift 键和 M 键可进行椭圆选框工具和矩形选框工具的切换。

（3）在使用套索工具绘制选区的过程中，按下 Alt 键后松开鼠标左键，可切换为多边形套索工具，移动鼠标至其他区域单击可以绘制直线，放开 Alt 键可以恢复为套索工具。

（4）在使用多边形套索工具绘制选区的过程中，按下 Shift 键可以锁定水平、垂直、以45°角为增量进行绘制。如果起点和终点没有重合，此时双击鼠标可结束绘制并在起点和终点处连接一条直线封闭选区。在绘制过程中，按下 Alt 键单击并拖动鼠标，可切换为套索工具，放开 Alt 键可以恢复为多边形套索工具

2.5 相关知识链接

2.5.1 标志的类别与特点

1．标志的类别

标志具有十分强烈的个性形象色彩，因此它的分类与特点也十分明显，大致可以分为以下几种类型。

1）地域标志

国徽、市徽、区徽及校徽、班徽等都属于这一类别。它的最大特点是带有鲜明的区域特点，故称其为地域标志。该类型的标志在不同的方面反映出该地区的社会政治、经济、军事、文化、民族、历史及人文等方面的特点。表现形式构思立意一般采用象征性手法，以点代面，强化和突出该地区特色。我国的国徽就是一个很成功的地域性标志。

2）社会集团标志

这一类标志是指某一社会集团机构所使用的标志，包括机构标志、企业标志、会议标志、专业标志。机构标志的最大特点是根据自身的需要和特点用固定的标志作为本机构的识别形象。从内容到形式要体现机构的特色、职能范围、服务对象和规模。会议标志是指某些会议或会议组织结合会议的特质、规模等所使用的标志图形，分为长期和短期使用两种。会议标志一般在会议结束后，该标志即完成使命，因此会议标志相对具有某些灵活性和时间性。企业标志是企业进行商品活动的符号，是企业信誉、质量效益的视觉化形象。

在当今的商业社会中企业标志的作用越来越显得重要，它与商标在经济活动中共同发挥巨大的催化剂作用。专业标志是指社会各专业机构的图形象征，有极强的专业特色，如出版、航空、铁路、海关、公安、医院等机构，其标志在立意和表现形式上各有专业特点。突出专业特色是专业标志的最大特点。

3）社会公益标志

社会公益标志包括交通标志、安全标志、公益活动标志、公益记忆符号等，它主要是为社会公益活动而使用的一类识别图形。此类标志关系着社会活动与规范，它是一种无国籍的标志，如交通标志是为车辆和行人的方便与安全而设计的识别图形，安全标志是警示人们在特定场合下的安全与防护。公益活动标志用于各类广泛丰富的公益活动，其设计呈现出形式多样、五彩缤纷的局面，并带有活动的特色，它有利于活动的开展，也便于活动的宣传。

4）商品标志

商品标志简称商标，它是企业产品的特定标志。通过这种标志可以辨明商品、劳务和企业，树立商品的质量信誉。商标与企业标志有必然的联系，但又有着明显的区别。企业标志可以与商标同用一个视觉形象，如美国的"可口可乐"，它既是企业标志又是商标。商标与标志可分别独立使用，商标的特点在于其商业化的特点和盈利目的。商标在相当程度上维系着企业的生存与发展，它象征着企业的质量与信誉，它是产、供、销三者的必然纽带。商标所带来的"无形资产"能为企业产生巨大的社会和经济效益。

根据形式的不同，商标可分为：图形标志，包括抽象图形标志、具象图形标志；以文字为创意核心的标志；综合创意标志及系列标志。

2．标志的特点

（1）功用性：标志的本质在于它的功用性。经过艺术设计的标志虽然具有观赏价值，但标志主要不是为了供人观赏，而是为了实用。标志是人们进行生产活动、社会活动必不可少的直观工具。

（2）识别性：标志最突出的特点是各具独特面貌，易于识别，显示事物自身特征。标志事物间不同的意义、区别与归属是标志的主要功能。

（3）显著性：显著是标志的又一重要特点，除隐形标志外，绝大多数标志的设置就是要引起人们注意。

（4）多样性：标志种类繁多、用途广泛，无论从其应用形式、构成形式还是表现手法来看，都有着极其丰富的多样性。

（5）艺术性：凡经过设计的非自然标志都具有某种程度的艺术性。既符合实用要求，又符合美学原则，给人以美感，是对其艺术性的基本要求。一般来说，艺术性强的标志更能吸引和感染人，给人以强烈和深刻的印象。

（6）准确性：标志无论要说明什么、指示什么，无论是寓意还是象征，其含义必须准确。首先要易懂，符合人们的认识心理和认识能力；其次要准确，避免意料之外的多解或误解，尤其应注意禁忌。

（7）持久性：标志与广告或其他宣传品不同，一般都具有长期使用价值，不轻易改动。

2.5.2　标志的设计构思

标志设计作为一项独立的具有独特构思思维的设计活动，它有着自身的规律和遵循的原则，在方寸之间它要体现出多方位的设计理念。

成功的标志设计可归纳为以下的几个方面：强、美、独、象征。方寸之间的标志形象决定了它在形式上必须鲜明强烈，使人过目不忘。

强：即强烈的视觉感受，具有视觉的冲击力和"团块"效应。

美：即符合美的规律的优美造型和优美的寓意。

独：即独特的创意，举世无双。

象征：有最洗练、简洁的象征之意，无任何牵强附会之感。

较之其他艺术形式，标志有更加集中表达主题的本领。造型因素和表现方法的单纯，使标志图形要像闪电般强烈，诗句般凝练，信号灯般醒目。

2.5.3　标志设计的基本原则

标志设计的基本原则是简练、概括、完美，即要成功到几乎找不到更好的替代方案，其难度比其他一般艺术设计要大得多。因此，标志设计应遵循以下的原则：

（1）设计应在详尽明了设计对象的使用目的、适用范畴及有关法规等情况和深刻领会其功能性要求的前提下进行。

（2）设计须充分考虑其实现的可行性，针对其应用形式、材料和制作条件采取相应的设计手段。同时还要顾及应用于其他视觉传播方式，如印刷、广告、映像等。或放大、缩小时的视觉效果。

（3）设计要符合作用对象的直观接受能力、审美意识、社会心理和禁忌。

（4）构思须慎重，力求深刻、巧妙、新颖、独特，表意准确，能经受住时间的考验。

（5）构图要精练、美观、适形。

（6）图形、符号既要简练、概括，又要讲究艺术性。

（7）色彩要单纯、强烈、醒目。

（8）遵循标志艺术规律，创造性地探求合适的艺术表现形式和手法。

第**3**章

字体设计——文本与图层的应用

文字是一种特殊的设计符号。文字设计的主旨在于如何按照设计规律进行整体的精心安排。文字设计是随着人类生产和实践的产生而产生的，它随着人类文明的进步而逐渐成熟。世界很多民族都有自己的文字。在世界多文字发展的历史进程中，最终形成了代表当今世界文字体系的两大重要系统，一是代表东方文明的汉字，二是代表西方文明的拉丁字母文字。这两大字体系统都起源于图形符号，经过了几千年的漫长进化后最终形成各具特色的完整系统，如图 3-1 和图 3-2 所示。

▶ 图 3-1　拉丁字母文字

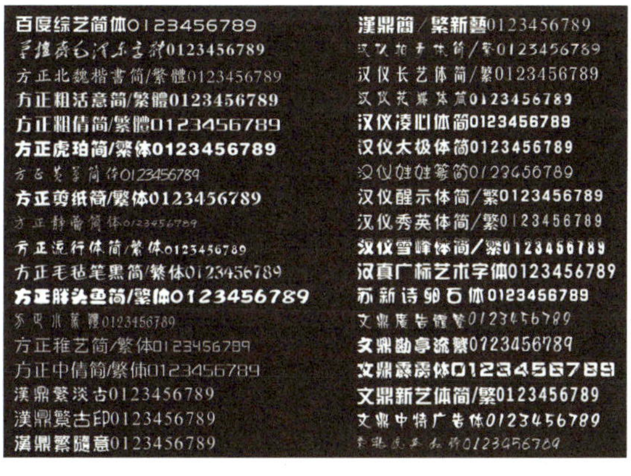

▶ 图 3-2　汉字

汉字又称为方块字，其笔画上的变化使其具有多变的意义，汉字的每个字体都具有一个或者多个意义。因此在汉字的设计上可以参考笔画和字体本身的意义进行艺术创作。

相对于汉字来说，拉丁字母的每个字母本身是不具备意义的，而是通过对字母的组合而形成单词，这样 26 个简单的拉丁字母可以变化出无数种组合形式，不同的组合形式所具有的排列美感是其设计突破口，这也正是一种组合的独特优势之所在。

字体设计则是运用装饰性手法美化文字的一种书写艺术和艺术造型活动。对文字进行完美的视觉感受设计，大大增强了文字的形象魅力，在现代视觉传达设计中被广泛地应用，强烈的视觉冲击效果引起人们的关注，如图 3-3 和图 3-4 所示。

　　字体设计是现代平面设计的重要组成部分，其设计的优劣与设计者的艺术修养、学识经验等因素有关。通过不同的途径扩大艺术视野，充分发挥设计者的艺术想象力，以达到较完美的设计艺术视觉效果。

　　可读性、艺术性、思想性是字体设计的三条主要原则，艺术性较强的字体应该既不失易读性，又要突出内容性。因此，在设计字体时应该注意文字的可读性，要赋予文字个性，在视觉上应给人以美感，在设计上要富于创造性、思想性，如图 3-5 和图 3-6 所示。

▶图 3-3　装饰字体（1）　　▶图 3-4　装饰字体（2）　　▶图 3-5　个性化字体　　▶图 3-6　思想性字体

3.1　字体设计案例分析

1．创意定位

　　在计算机普及的现代设计领域，文字的设计工作很大一部分由计算机代替人脑完成了。但设计作品所面对的观众始终是人脑而不是计算机，因此，当涉及如创意、审美之类人的思维方面的问题时，计算机是始终不可替代人脑的。

　　同时，文字是记录语言的符号，是视觉传达情感的媒体。文字是以"形"的方式表达意思，传达感情的。文字利用其形，通过音来表达意义。意美以感心，音美以感耳，形美以感目。字体设计既要体现出字意，又要富于艺术魅力。下面通过一组字体设计加以说明，如图 3-7 和图 3-8 所示。

▶图 3-7　@字体设计　　　　　　　　　　　▶图 3-8　肌理字设计

2．所用知识点

　　在字体设计中，我们使用了 Photoshop 中的文字工具，图层及图层样式中的内阴影、内发光、斜面和浮雕、渐变叠加、光泽等高线和滤镜中的光照效果、高斯模糊等命令。

3．制作分析

❖　利用文本工具确定制作主体。

❖ 利用图层样式命令制造立体效果。

❖ 使用定义图案、渐变填充、路径等命令。

❖ 利用图像调整命令改变材质。

3.2 知识卡片

3.2.1 图层的认识

图层是 Photoshop 中最重要、最基本的概念之一。图层就如同堆叠在一起的透明纸，在着色之前，永远都是透明的。Photoshop 的图层功能给用户在进行图像合成时提供了很大的方便，透过图层的透明区域可看到下面的图层。可以通过移动图层来定位图层上的内容，也可以更改图层的不透明度以使内容部分透明。Photoshop 本身对开设层的数量没有限制，但开设的层数受计算机内存大小的限制，内存小的计算机，若开设的层数太多，有可能会死机。一般情况下图层的操作可在"图层"面板上进行。

1. 图层的特点

每一个图层都有自己的位置，因此可以对每层上的图像单独编辑而不影响其他层上的图像。上层的图像部分将遮盖下层的图像。图层可以打开或关闭，关闭后的图层不可见。

图层可以进行复制和移动，或改变上下位置；无用的图层应扔进垃圾筒，即进行删除，否则将会占用硬盘空间。在"图层"面板中单击某一图层，该图层会变成蓝色条，即成为当前层；通常只能在当前层上编辑图像与文档。

打开一个图像文件，位于底层的图层称作背景层，底层的图像一般不能移动位置和删除。在"图层"面板中，背景图层右侧有一个锁定标记，如图 3-9 所示。双击背景层，在弹出的对话框中对它更名后，如图 3-10 所示，既可移动它的位置，也可将背景层变成普通图层，这时该层与其他层的性质一样。

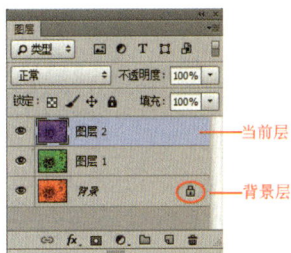

▶▶ 图 3-9　图层面板　　　　　　　　▶▶ 图 3-10　改变图层名称对话框

2. 图层调板

单击菜单"窗口"→"图层"命令，可以打开"图层"浮动面板，用户可利用"图层"面板来完成创建和删除图层、移动和编辑图层中的对象、重新安排图层等一系列操作。同时，"图层"面板列出了图像中的所有图层、图层组和图层效果。可以使用

▶▶图 3-11　图层调板

"图层"调板来显示和隐藏图层、创建新图层以及处理图层组。也可以在"图层"面板菜单中访问其他命令和选项。打开如图 3-11 所示文件，在其图层面板中可以看到在创作此图像时涉及不同图层及每个图层的效果。

依据设计作品的效果不同，图层元素会有所不同，有些图像或多或少地使用不同图层效果，在此仅是为介绍图层面板而选择该图像。

（1）"图层面板菜单"按钮■：单击此按钮，可以弹出图层面板的下拉菜单，包括新建图层、删除图层、图层样式等命令。

（2）图层混合模式 正常：用于设置当前图层中的图像与下面图层中的图像以何种模式进行混合。

（3）不透明度：用于设置当前图层中图像的不透明度。数值越小，图像越透明；反之则图像越不透明。

（4）"锁定透明像素"按钮■：单击此按钮，可以使当前图层中的透明区域保持透明。

（5）"锁定图像像素"按钮■：单击此按钮，在当前图层中不能进行图形、图像绘制及其他命令操作。

（6）"锁定位置"按钮■：单击此按钮，可以将当前图层中的图像锁定而不被移动。

（7）"锁定全部"按钮■：单击此按钮，在当前图层中不能进行任何编辑修改操作。

（8）填充：用于设置图层中图形填充颜色的不透明度。

（9）"显示/隐藏图层"图标■：单击此图标，图标中的眼睛将被关闭，表示此图层处于不可见状态；反之为可见图层。

（10）图层缩略图：图层中用于显示本图层内容的缩略图，它随着该图层中图像的变化而同步更新，以便用户查找和在进行图层处理时参考。

（11）图层组：图层组是图层的组合，其作用相当于我们常说的文件夹，主要用于组织和管理图层。移动或复制图层组时，其中的内容可以同时被操作。

在图层面板的底部有 7 个按钮，其作用分别如下。

（1）"链接图层"按钮■：通过链接两个或多个图层，可以一起移动链接图层中的内容，也可以对链接图层执行对齐与分布以及合并图层等操作。

（2）"添加图层样式"按钮■：可以对当前图层中的对象添加各种效果。

（3）"添加图层蒙版"按钮■：可以给当前图层添加蒙版。如果先在图像中创建了适当的选区，再单击此按钮，可以根据选区范围在当前图层上建立适当的图层蒙版。

（4）"创建新的填充或调整图层"按钮■：可在当前图层上添加一个调整图层，对当前图层下面的图层进行色调、明暗等颜色效果调整。

（5）"创建新组"按钮 ：可以在图层面板中创建一个新的序列，序列类似于文件夹，方便图层的管理和查询。

（6）"创建新图层"按钮 ：可在当前图层上方创建新图层。

（7）"删除图层"按钮 ：可将当前图层删除。

3．图层模式简介

图层面板中的模式设置非常重要，合理的设置有利于图层之间效果的展示。如图 3-12 所示，图层模式具体有以下几种形式。

❖ "正常"模式：利用该模式，将直接用目标图层的像素代替其下一图层的像素。如果将"不透明"值设为 100%，则完全代替；如"不透明"值小于 100%，则底层图层的部分像素将会显露出来。

❖ "溶解"模式：利用该模式能使活动图层上柔化区域的像素随机地分布，图像中羽化区域和消除锯齿边的部分将 100% 溶解，而不透明部分将完全不溶解。

❖ "变暗"模式：采用该模式可将像素色相值高的图层加深。

❖ "正片叠底"模式：该模式是把图层按颜色的深浅，对应不同的透明度，然后重叠起来。它可将当前图层的值与该图层或其下面图层的像素值叠加在一起，在效果上使它们色彩加深。

❖ "颜色加深"模式：使用该模式可以产生一种完全暗化的效果，从而得到高对比度的压印效果。

❖ "线性加深"模式：使用该模式可以产生一种以背景色的主色调为主，使图像颜色加深的渐变效果。

❖ "深色"模式：使用该模式可以产生一种以背景色中较深的色调替换图像中相对应的浅色调的效果。

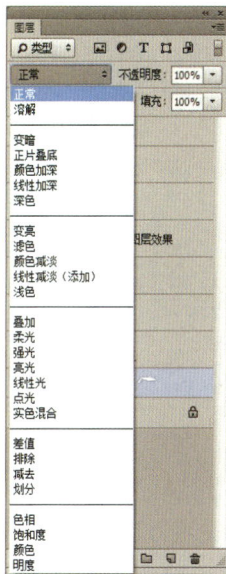

▶▶ 图 3-12 图层模式

❖ "变亮"模式：该模式将两图层对应位置的像素色相值进行比较，如果底层图层的像素色相值低，则加亮，与"变暗"模式相反。

❖ "滤色"模式：采用该模式能够产生一幅比较亮的图像，即将当前层的像素值加到它下面图层的像素值上。

❖ "颜色减淡"模式：采用该模式可以使图像上每种颜色的亮度都倍增。

❖ "线性减淡"模式：使用该模式可以产生一种与"线性加深"模式相反的效果。

❖ "浅色"模式：使用该模式可以产生一种以背景色中较浅的色调替换图像中相对应的深色调的效果。

❖ "叠加"模式：在"叠加"模式下，上面图层中较亮的区域与下面图层中较亮的区域一起被漂白，而较暗的区域被重叠。

❖ "柔光"模式：采用"柔光"模式将使黑色更黑，使白色更白。

❖ "强光"模式：采用"强光"模式将根据强光图层的颜色重叠较暗的区域，漂白较亮的区域。

"叠加"、"柔光"、"强光"这三种模式都是将图层中的暗调颜色加倍变暗。但它们的侧重点不同，"叠加"倾向于合成像素，而"强光"偏向于分层的像素，"柔光"则只是相对而言，可呈现对比度较低的效果。

❖ "亮光"模式：采用该模式能够使画面中的暗部和亮部形成鲜明的对比。

❖ "线性光"模式：采用该模式产生的效果比"亮光"模式更强烈。

❖ "点光"模式：采用该模式产生的效果比"线性光"模式更强烈，使图层达到近似透明的效果。

❖ "实色混合"模式：实色混合模式对于一个图像本身是具有不确定性的。当采用该模式后，当前图层图像的颜色会和下一层图层图像中的颜色进行混合。通常情况下，混合两个图层以后的结果是：亮色更加亮了，暗色更加暗了。降低填充不透明度能使混合结果变得柔和。

❖ "差值"模式：该模式取决于活动图层像素值的大小，活动图层为白色时将完全反相背景色，活动图层为黑色时则完全不反相背景色，处于中间的颜色则按不同程度反相。

❖ "排除"模式：该模式将活动图层的色泽和饱和度与底图层的亮度结合起来。"排除"模式经常用于灰阶图像的彩色化。

❖ "减去"模式：基色的数值减去混合色，与"差值"模式类似，如果混合色与基色相同，那么结果色为黑色。在"差值"模式下，如果混合色为白色则结果色为黑色，如果混合色为黑色则结果色为基色不变。

❖ "划分"模式：基色分割混合色，颜色对比度较强。我们直接用几个特殊的颜色举例：在"划分"模式下，如果混合色与基色相同则结果色为白色，如果混合色为白色则结果色为基色不变，如果混合色为黑色则结果色为白色。

❖ "色相"模式：采用"色相"模式则保持两个图层的明暗度与饱和度不变，仅影响它们的色调。

❖ "饱和度"模式：采用"饱和度"模式，上面图层的饱和度将替代下面图层的饱和度。

❖ "颜色"模式：在"颜色"模式下，明暗度将保持不变，而下面图层的色调与饱和度受上面图层颜色的影响。

❖ "明度"模式：在"明度"模式下，将保持下面图层的色调与饱和度不变，同时根据上面图层的明暗度影响下面的图层。

范例操作 图层模式表现

Step 01 打开如图 3-13 所示图像，打开图层面板，将背景层拖至"创建新图层"按钮 🔲 上，形成复制层，如图 3-14 所示。

Step 02 执行菜单"图像"→"调整"→"反相"命令，效果如图 3-15 所示。下面将依次展现常用的几种图层模式效果，如图 3-16 至图 3-18 所示。

▶图 3-13　打开素材

▶图 3-14　复制图层

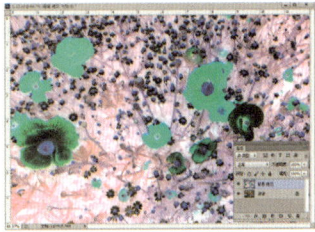

▶图 3-15　正常模式效果

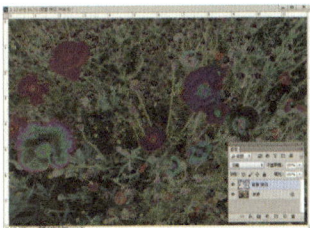

▶图 3-16　变暗模式效果

▶图 3-17　色相模式效果

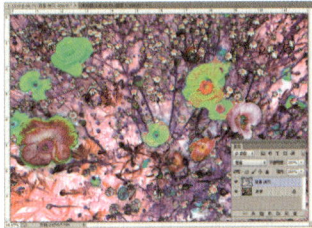

▶图 3-18　差值模式效果

3.2.2　图层的创建方式

1. 利用菜单命令创建图层

执行菜单"图层"→"新建"命令，弹出如图 3-19 所示菜单，其中：

（1）选择"图层"命令，系统将弹出如图 3-20 所示"新建图层"对话框，可以对新建图层的颜色、模式和不透明度进行设置。

（2）选择"背景图层"命令，可以将背景图层（通常背景层被锁定）改为普通层，此时"背景图层"变为"图层背景"命令，反之则二者互换名称。

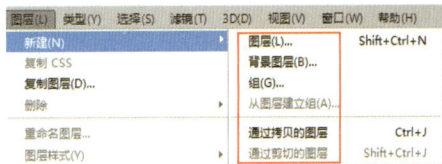

▶图 3-19　新建图层菜单

（3）选择"组"命令，将弹出如图 3-21 所示对话框，在此对话框中可以新建一个图层组。

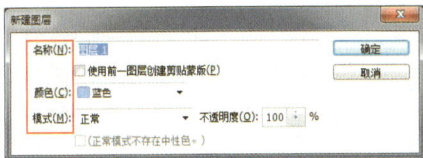

▶图 3-20　"新建图层"对话框

▶图 3-21　"新建组"对话框

（4）选择"从图层建立组"命令，则弹出同样的对话框，而选择的图层或当前层及连接层自动生成图层组。

（5）选择"通过拷贝的图层"命令，可以将当前画面选区中的图像通过复制生成一个新的图层，而原画面不被破坏。

（6）选择"通过剪切的图层"命令，可以将当前画面选区中的图像通过剪切生成一个新的图层，而原画面被破坏。

2．利用快捷方式创建图层

单击图层面板下方的"新建图层或者新建图层组"按钮，可直接生成新的图层。

3．其他形式生成新图层

（1）执行"复制"→"粘贴"命令，可生成新的图层。

（2）执行菜单"文件"→"置入"命令，可以将选择的图像作为"智能对象"置入当前文件中，且生成一个新的图层。

4．复制/删除图层

若要复制某个图层，可在"图层"调板中右击该图层，在其下拉菜单中选择"复制图层或者删除图层"选项，在打开的对话框中设置参数即可；或者将其拖移至图层面板底部的"创建新图层"或"删除图层"按钮中，同样可以完成上述操作。

图层复制可以在当前文件中进行，也可以在不同文件之间执行。单击要复制的图层，按住鼠标左键将其拖移至目标文件中，松开鼠标左键即可完成复制并生成新的图层。

如果将图层复制到另外的文件中，两个文件的分辨率不同时，则复制的图层视觉效果也会不同。

3.2.3　图层的排序

图层的堆砌顺序对作品的效果有着直接的影响，因此在作品创作过程中，必须合理调整图层之间的叠放顺序，其方法有两种。

调整某个图层的顺序，只需将鼠标移至图层调板中该图层所在位置，然后按住鼠标左键将其拖移至另一图层的上面或下面位置即可。

如果选择多个图层，可按住 Shift 键单击首尾图层，或按住 Ctrl 键依次单击要选择的图层，然后再调整上下关系。

3.2.4　链接图层/取消链接图层

选择两个或两个以上的图层时，如图 3-22 所示，执行菜单"图层"→"链接图层"命令，或单击"图层"面板底部的链接图标，可将选择的图层链接；如果同时选择"链接图层"的所有图层，执行"图层"→"取消链接图层"命令，或单击"图层"面板底部的链接图标，将取消图层的链接设置。

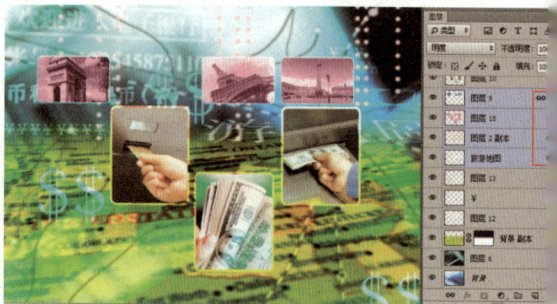
▶▶图 3-22　链接图层

如果要解除"链接图层"中的某一层，单击"图层"面板底部的链接图标，即可达到目的。

与同时选定的多个图层不同，链接的图层将保持关联，直至取消它们的链接为止。可以对链接图层进行移动或应用变换。

3.2.5 合并图层/合并可见图层

在进行设计的时候,许多图形分布在不同的图层上,对于一部分已经完成且不需要修改的图像,可以把它们合并在一起,这样有利于对图层的管理,也减少了文件的信息量。合并后的图层中所有透明区域的重叠部分仍保持透明。由于所选择图层不同,菜单中的合并命令会有变化,如图 3-23 所示。

▶▶ 图 3-23 合并图层命令

（1）如果合并全部图层,可执行菜单中的"拼合图像"命令。

（2）如果合并其中几个图层,则可以执行"合并图层"命令。

（3）如果将不需要合并的图层隐藏,则可执行菜单中的"合并可见图层"命令。

（4）如果要将当前层与下面图层合并,则只需选择当前层,然后执行菜单中的"向下合并"命令。

3.2.6 排列、对齐与分布图层

单击菜单中的"图层"命令,在其下拉菜单中包含"排列"、"对齐"、"分布"命令。该组命令适用于以当前层为依据,将与当前层同时选取的或链接的图层进行排列、对齐与分布（同时也可以是选区对象与图层之间的关系调整）。

"排列":主要作用是将图层顺序进行合理调整,包括"置为顶层"、"前移一层"、"后移一层"、"置为底层"、"反向"命令。

图层的对齐:当图层面板中至少有两个图层被同时选择,且背景层不处于链接状态时,图层的"对齐"命令方可使用。单击菜单"图层"→"对齐"命令,在其弹出的下拉菜单中选择要执行的命令即可,如图 3-24 所示。

图层的分布:当图层面板中至少有 3 个图层被同时选择,且背景层不处于链接状态时,图层的"分布"命令方可使用。单击菜单"图层"→"分布"命令,在其弹出的下拉菜单中选择要执行的命令,如图 3-25 所示。

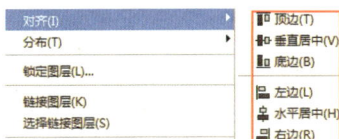

▶▶ 图 3-24 对齐菜单

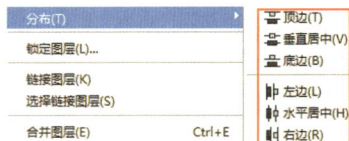

▶▶ 图 3-25 分布菜单

3.2.7　图层样式

单击菜单"图层"→"图层样式"→"混合选项"命令，打开如图 3-26 所示"图层样式"对话框，其中包含"投影"、"内阴影"、"外发光"、"内发光"、"斜面和浮雕"、"等高线"、"纹理"、"光泽"、"颜色叠加"、"渐变叠加"、"图案叠加"、"描边"等。这些图层样式可以独立使用，也可以混合使用。合理搭配使用这些样式可以创造出千变万化的效果。

1．斜面和浮雕

通过该选项的设置可以为工作层中的图像或文字产生各种样式的斜面浮雕效果。

▶▶图 3-26　"图层样式"对话框

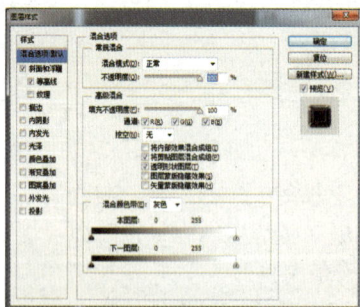

同时选择"纹理"选项，然后在"图案"选项面板中选择应用于浮雕效果的图案，可以使图形产生各种纹理效果，如图 3-27 和图 3-28 所示为选项设置和对比效果。

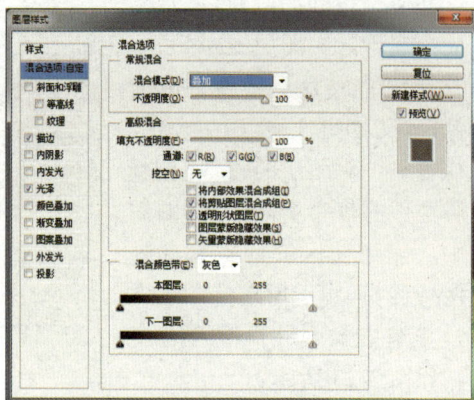

▶▶图 3-27　斜面浮雕选项设置　　　　▶▶图 3-28　斜面浮雕效果对比

2．描边

通过该选项的设置可以为工作层中的内容添加描边效果，描边的边缘可以是一种颜色、渐变色或图案，如图 3-29 和图 3-30 所示为选项设置和对比效果。

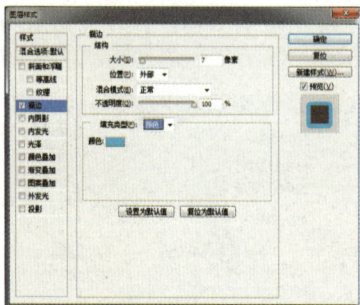

▶▶图 3-29　描边选项设置　　　　▶▶图 3-30　描边效果对比

3．内阴影

通过该选项的设置可以为工作层中的图像边缘向内添加阴影，从而使图像产生凹陷的效果。可在参数设置区中设置阴影的颜色、混合模式、不透明度、光源照射角度、阴影的距离和大小等参数，如图 3-31 和图 3-32 所示为选项设置和对比效果。

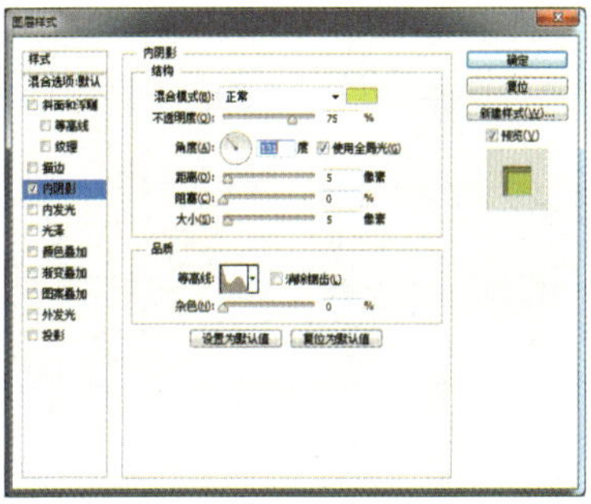

▶ 图 3-31　内阴影选项设置

▶ 图 3-32　内阴影对比效果

4．内发光

此选项的功能与"外发光"选项相似，只是此选项可以在图像边缘的内部产生发光效果，如图 3-33 和图 3-34 所示为选项设置和对比效果。

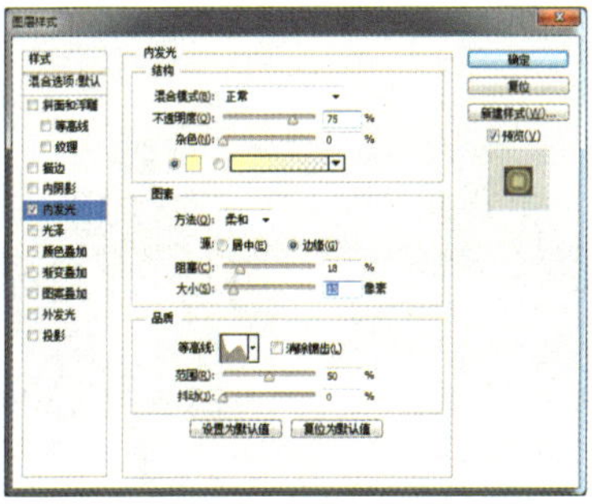

▶ 图 3-33　内发光选项设置

▶ 图 3-34　内发光对比效果

5．光泽

通过该选项的设置可以根据工作层中图像的形状应用各种光影效果，从而使图像产生平滑过渡的光泽效果。可在参数设置区中设置光泽的颜色、混合模式、不透明度、光线角度、距离和大小等参数，如图 3-35 和图 3-36 所示为选项设置和对比效果。

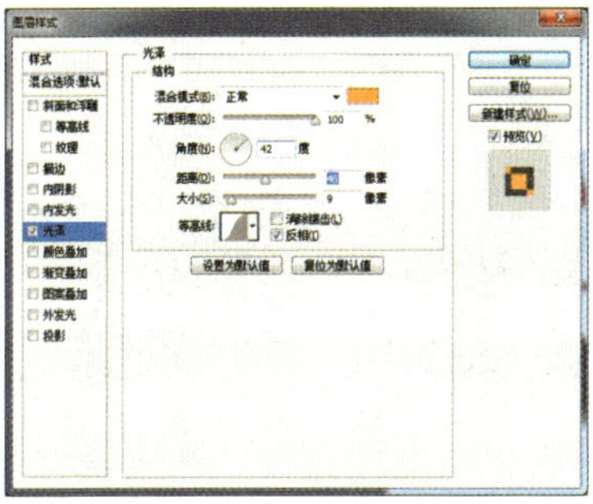

▶ 图 3-35　光泽选项设置

▶ 图 3-36　光泽对比效果

6．颜色叠加

该选项可以在工作层上方覆盖一种颜色，并通过设置不同的颜色、混合模式和不透明度使图像产生类似于纯色填充层的特殊效果，如图 3-37 和图 3-38 所示为选项设置和对比效果。

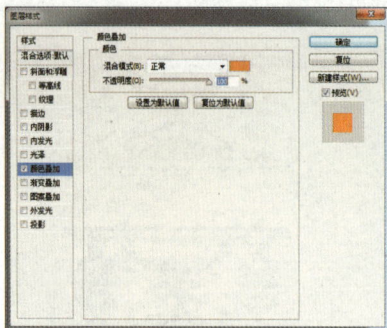

▶▶图 3-37　颜色叠加选项设置　　　　　　　▶▶图 3-38　颜色叠加对比效果

7．渐变叠加

该选项可以在工作层上方覆盖一种渐变叠加颜色，使图像产生渐变填充层的效果，如图 3-39 和图 3-40 所示为选项设置和对比效果。

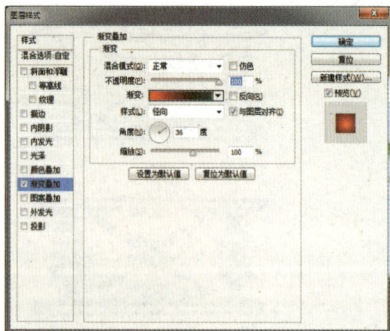

▶▶图 3-39　渐变叠加选项设置　　　　　　　▶▶图 3-40　渐变叠加对比效果

8．图案叠加

该选项可以在工作层上方覆盖不同的图案效果，从而使工作层中的图像产生填充层的特殊效果，如图 3-41 和图 3-42 所示为选项设置和对比效果。

▶▶图 3-41　图案叠加选项设置　　　　　　　▶▶图 3-42　图案叠加对比效果

9．外发光

通过该选项的设置可以为工作层中的图像外边缘添加发光效果。可在参数设置区中设置发光的混合模式、不透明度、添加的杂色数量、发光颜色（或渐变色）、外发光的扩展程度、大小和品质等，如图 3-43 和图 3-44 所示为选项设置和对比效果。

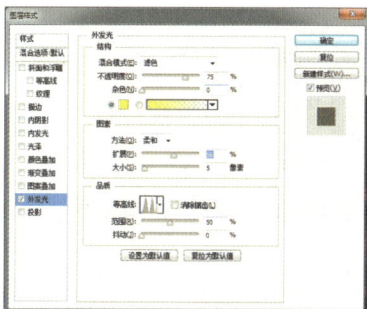

▶ 图 3-43　外发光选项设置

▶ 图 3-44　外发光对比效果

10．投影

通过该选项的设置可以为工作层中的图像添加投影效果，可以在参数设置区中设置投影颜色、与上下层图像的混合模式、不透明度、是否使用全局光、光线的投影角度、投影与图像的距离、投影的扩散程度和投影大小等，并可以设置投影的等高线样式和杂色数量，如图 3-45 和图 3-46 所示为选项设置和对比效果。

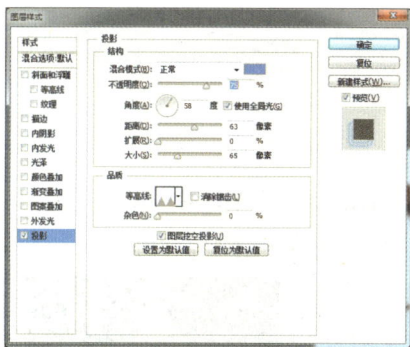

▶ 图 3-45　投影选项设置

▶ 图 3-46　投影对比效果

"预览"复选框也是十分重要的，请用户在使用时要注意打开，便于一边调整参数值，一边观察效果。

11．复制和删除图层样式

为图层添加了图层样式后，生成的效果层会自动与图层内容链接，移动或编辑图层内容时，图层效果也随着变化。同样，可以将图像中已有的图层样式复制到其他图层中，或删除已有的图层样式。

1）复制图层样式

在图层面板中选择要复制图层样式的图层，然后执行菜单"图层"→"图层样式"→

"拷贝图层样式"命令。在选择要粘贴图层样式的图层中，执行菜单"图层"→"图层样式"→"粘贴图层样式"命令即可。或在要复制图层样式的图层单击鼠标右键，在弹出的菜单中选择相应命令。

2）删除图层样式

在图层面板中选择要删除图层样式的图层，执行菜单"图层"→"图层样式"→"清除图层样式"命令即可。或在要删除图层样式的图层单击鼠标右键，在弹出的菜单中选择相应命令即可。

12．将图层样式转换为图层

选择要转换的图层，执行菜单"图层"→"图层样式"→"创建图层"命令，即可将图层样式分离出来并以普通层的形式独立存在。

13．缩放图层样式效果

对应用了图层样式的图像改变文件大小后，其图层样式设置的参数不会因为图像大小的变化而改变，这样很容易使制作后的图像样式失去理想效果。而利用"缩放效果"命令可以对其进行修正。

选择要实施缩放的图层，执行菜单"图层"→"图层样式"→"缩放效果"命令，在弹出的对话框中设置缩放参数即可，如图 3-47 所示为缩放对比效果。

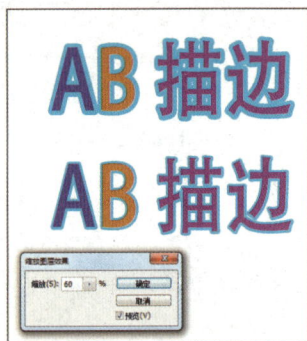

▶图 3-47　缩放效果

范例操作　图层应用

Step 01　打开素材荷花图片，如图 3-48 所示。

Step 02　执行菜单"图像"→"调整"→"亮度/对比度"命令，在弹出的对话框中设置如图 3-49 所示参数。单击"确定"按钮，效果如图 3-50 所示。

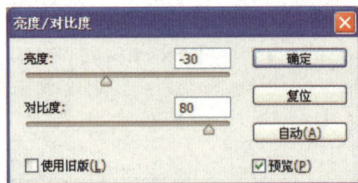

▶图 3-48　打开素材　　▶图 3-49　"亮度/对比度"对话框　　▶图 3-50　调整后效果

Step 03　在图层面板中，如图 3-51 所示，复制"背景"层为"背景副本"。

Step 04　执行菜单"滤镜"→"滤镜库"，选择"艺术效果"中的"水彩"，设置如图 3-52 所示参数，单击"确定"按钮，效果如图 3-53 所示。

▶图 3-51　复制图层　　　▶图 3-52　设置"水彩"参数　　　▶图 3-53　"水彩"效果

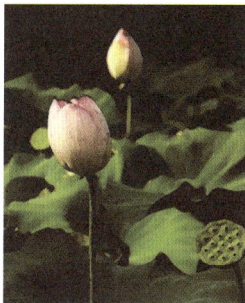

Step 05 在图层面板中，如图 3-54 所示，复制"背景副本"层为"背景副本 2"。

Step 06 执行菜单"滤镜"→"风格化"→"查找边缘"命令，效果如图 3-55 所示。

Step 07 在图层面板中，如图 3-56 所示，复制"背景副本"层为"背景副本 3"，隐藏"背景副本 2"，以"背景副本 3"为当前选择层。

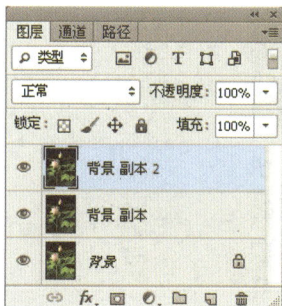

▶图 3-54　复制图层 2　　　▶图 3-55　查找边缘效果　　　▶图 3-56　关闭图层

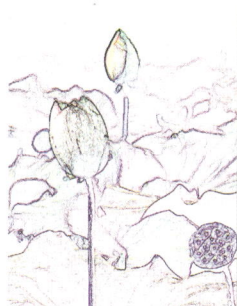

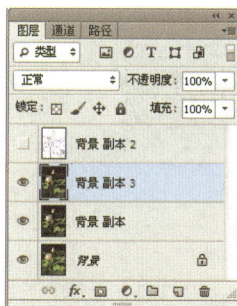

Step 08 执行菜单"图像"→"调整"→"去色"命令，效果如图 3-57 所示。

Step 09 执行菜单"图像"→"调整"→"曲线"命令，在弹出的对话框中调整曲线，如图 3-58 所示，单击"确定"按钮，效果如图 3-59 所示。

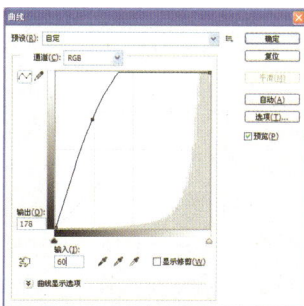

▶图 3-57　"去色"效果　　　▶图 3-58　调整"曲线"参数　　　▶图 3-59　"曲线"效果

Step 10 在图层面板中，如图 3-60 所示，调整"不透明度"为"50%"。

Step 11 以"背景副本 2"为当前选择层打开眼睛，如图 3-61 所示，选择"图层混合模式"为"叠加"，效果如图 3-62 所示。

▶图 3-60　调整"不透明度"参数　▶图 3-61　改变"图层混合模式"　▶图 3-62　"叠加"效果

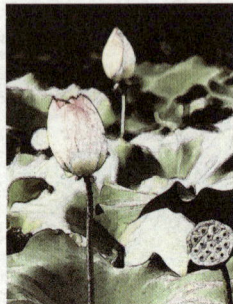

Step 12 激活工具箱中的"橡皮工具",如图 3-63 所示,在其相应的属性栏中设置笔头大小为"50","不透明度"为"20%"。在画面的两个荷花的花头位置反复擦拭(分图层擦拭,分别擦拭"背景副本 2"和"背景副本 3"两个图层),直到露出自然的粉红色为止。荷花的水墨淡彩效果制作完成,如图 3-64 所示。此时图层面板如图 3-65 所示。

▶图 3-63　设置属性栏参数　　▶图 3-64　橡皮工具擦除效果　　▶图 3-65　图层面板

3.2.8　智能对象

使用"置入"命令置入的图像,会出现在当前图像文件中央位置,并且保持其原始长宽比例;如果图片比当前图像大,将被重新调整到合适的尺寸。另外,在确认置入的图像前,还可以对其进行移动、缩放、旋转或倾斜操作,以满足设计需要。

智能对象实际上是一个嵌入在另一个文件中的文件,当在图层面板中将一个或多个图层创建为智能对象时,实际上创建了一个嵌入在当前文件中的新文件。

通过"置入"命令置入图像生成的图层为智能图层,即允许用户编辑其源文件。单击菜单"图层"→"智能对象"→"编辑内容"命令,源文件将会在 Photoshop(如果源文件是位图图像)或 Illustrator(如果源文件为矢量 PDF 或 EPS 数据)中打开,更新并存储源文件后,编辑结果将会显示在当前的图像文件中。另外,当执行菜单"图层"→"智能对象"→"转换到图层"命令后,智能对象将转换为普通层,此时将不能直接对图像的源文件进行编辑。

1．创建"智能图层"方法

(1)在图层面板中选取某个图层,执行菜单"图层"→"智能对象"→"转换为智能对象"命令，在图层面板中智能对象图层的缩览图上会显示。如果同时选取了多个图层，执行"转换为智能对象"命令，这些图层即被打包到一个智能图层中。

（2）将图片从 Adobe Illustrator 复制并粘贴到 Photoshop 文件中。使用此方法要注意在 Adobe Illustrator 中执行菜单"编辑"→"参数设置"→"文件和剪贴板"，在其对话框中，要勾选"PDF"和"AICB"两个选项，否则将图片粘贴到 Photoshop 中时会将其自动栅格化。

（3）将图片从 Adobe Illustrator 中直接拖到 Photoshop 文件中。

对智能对象可以应用变换、图层样式、滤镜、不透明度和混合模式等任意的命令操作，当编辑了智能对象的源数据后，可以将这些编辑操作更新到智能对象图层中。如果当前智能对象是一个包含多个图层的复合智能对象，这些编辑可以更新到智能对象的每一个图层中。

2. 导出内容

执行"图层"→"智能对象"→"导出内容"命令，可以将智能对象的内容完全按照源图片所具有的属性进行存储，其存储的格式有"psb"、"pdf"和"jpg"等。注意，源图像的性质不同，执行此命令弹出的保存格式也不相同。

3. 替换内容

单击菜单"图层"→"智能对象"→"替换内容"命令，可以将当前选择的智能对象中的内容替换成新的内容。

确认转换为智能对象的"图层"为当前层，单击"图层"→"智能对象"→"替换内容"命令（单击鼠标右键也可），在弹出的"置入"对话框中选择替换文件，单击"确定"按钮，即可替换智能对象图层中的图像。按 Ctrl+T 组合键，可利用"自由变换"命令调整图像的大小。

3.2.9 文本工具

文字的运用是平面设计中非常重要的表达形式。在许多设计作品中往往需要文字说明来表达主题，并将文字加以变形从而丰富版面、突出创作主题，其应用范围涉猎多个领域：广告设计、印刷设计、包装装潢设计、多媒体及网页设计等。

文本工具组共有 4 种文字工具：横排文字工具，直排文字工具，横排文字蒙版工具和直排文字蒙版工具，分别用于输入水平与垂直文字和水平与垂直的文字选区。

利用文字工具输入的文字具有两种属性：艺术字和段落文本。艺术字适合在文字数量较少的画面中使用，或需要制作特殊效果的文字；当作品中需要大量的文字时，应该利用段落文本输入文字。

1. 文字输入

1）输入艺术文字

利用文字工具输入艺术文字时，输入的文字独立成行，行的长度随着文字的不断输入而增长，只有在单击 Enter 键强制回车时，才能切换到下一行输入文字。

激活"文字"工具，选择横排或直排，在文件中单击，鼠标光标显示为插入符，然后

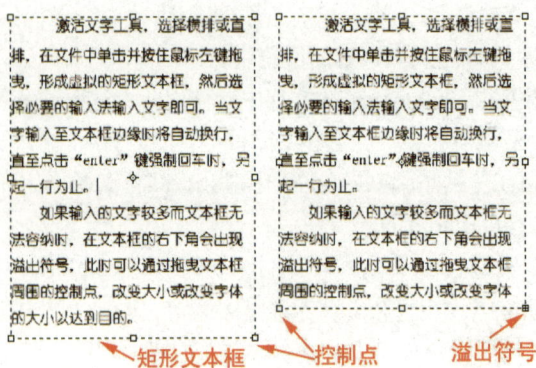

矩形文本框　　　控制点　　　溢出符号

▶▶图 3-66　段落文本

选择必要的输入法输入文字即可。

2）输入段落文本

激活"文字"工具，选择横排或直排，在文件中单击并按住鼠标左键拖曳，形成虚拟的矩形文本框，然后选择必要的输入法，输入文字即可。当文字输入至文本框边缘时将自动换行，直至单击 Enter 键强制回车时，另起一行。

当输入的文字较多而文本框无法容纳时，在文本框的右下角会出现溢出符号，此时可以通过拖曳文本框周围的控制点，改变文本框的大小或改变字体的大小以达到目的，如图 3-66 所示。

3）创建文字选区

激活"横排文字蒙版"工具或"直排文字蒙版"工具即可创建"选区"文字，其输入方式与点文字和段落文本一致，所不同的是：单击鼠标左键时画面会出现红褐色蒙版；输入文字时应先建立新的图层，然后再输入必要的文字选区。

2．文字工具属性栏

激活文字工具，其属性栏如图 3-67 所示。

▶▶图 3-67　文字工具属性栏

（1）"改变文本方向"按钮：单击此按钮，可以将输入的水平或垂直方向的文本互换。

（2）"设置字体系列"：此下拉列表中的字体用于设置输入文字的字体；也可以将输入的字体选择后在此重新设置。

（3）"设置字体样式"：此下拉列表中的选项用于决定输入文字的字体样式，包括 Regular（规则）、Italic（斜体）、Bold（粗体）、Bold Italic（粗斜体）4 种字型。此列表只有在选择英文字体时才可使用。

（4）"设置字体大小"：用于设置或改变字号大小。

（5）"设置消除锯齿的方法"：决定文字边缘消除锯齿的方式，包括"无"、"锐利"、"犀利"、"浑厚"、"平滑"5 种方式。

（6）"对齐方式"按钮：当使用"横排文字"工具输入文字时，对齐方式显示为，分别表示"左对齐"、"水平居中对齐"、"右对齐"；当使用"直排文字"工具输入文字时，对齐方式显示为，分别表示"顶对齐"、"垂直居中对齐"、"底对齐"。

（7）"设置文本颜色"色块：单击此色块，在弹出的对话框中可以选择必要的颜色。

（8）"创建文字变形"按钮：单击此按钮，在弹出的对话框中可以设置文字的变形效果，如图 3-68 所示。

（9）"切换字符和段落面板"按钮█：单击此按钮，可显示或隐藏"字符"和"段落"面板。

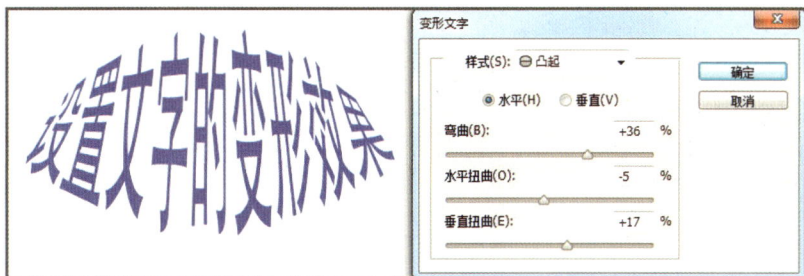

▶▶ 图 3-68　变形文字

3．字符面板

单击菜单"窗口"→"字符"命令或单击文字属性栏中的█按钮，弹出如图 3-69 所示"字符"面板。

在该面板中，同属性栏一样可以设置字体、字号、字型和颜色，但是其主要是用来设置字距、行距和基线偏移等选项的。

（1）"设置字距微调"：设置相邻两个字符间的距离，在设置此选项时不需要选择字

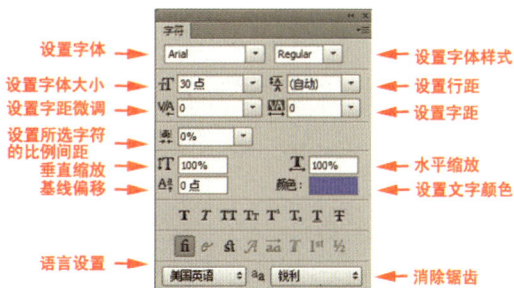

▶▶ 图 3-69　"字符"面板

符，只需在字符间单击以指定插入点，然后再设置相应的参数即可。

（2）"基线偏移"：设置文字由基线位置向上或向下偏移的高度。在文本框中输入正值，可使横排文字向上偏移，直排文字向右偏移；输入负值，可使横排文字向下偏移，直排文字向左偏移。

"字符"面板中各按钮的含义如下，激活不同按钮时产生的文字效果不同。

（1）"仿粗体"按钮**T**：可以将当前选择的文字加粗显示。

（2）"仿斜体"按钮*T*：可以将当前选择的文字倾斜显示。

（3）"全部大写字母"按钮**TT**：可以将当前选择的小写字母变为大写字母。

（4）"小型大写字母"按钮**Tr**：可以将当前选择的字母变为小型大写字母。

（5）"上标"按钮**T¹**：可以将当前选择的文字变为上标显示。

（6）"下标"按钮**T₁**：可以将当前选择的文字变为下标显示。

（7）"下画线"按钮**T**：可以在当前选择的文字下方添加下画线。

（8）"删除线"按钮**T**：可以在当前选择的文字中间添加删除线。

4．段落面板

"段落"面板的主要功能是设置文字的对齐方式及缩进量，当选择横向的文本时，其显示如图 3-70 所示。

（1）▇▇▇ 按钮：分别用于设置横向文本的对齐方式，如"左对齐""居中对齐"和"右对齐"。

（2）▇▇▇ ▇ 按钮：只有在图像文件中选择段落文本时这 4 个按钮才可使用。其主要功能是调整段落中最后一行的对齐方式，分别为"左对齐""居中对齐""右对齐"和"两端对齐"。

当选择竖向文本时，"段落"面板显示如图 3-71 所示。

▶ 图 3-70　横向"段落"面板　　▶ 图 3-71　竖向"段落"面板

（1）▇▇▇ 按钮：分别用于设置竖向文本的对齐方式，如"顶对齐"、"居中对齐"和"底对齐"。

（2）▇▇▇ ▇ 按钮：只有在图像文件中选择段落文本时这 4 个按钮才可使用。其主要功能是调整段落中最后一行的对齐方式，分别为"顶对齐"、"居中对齐"、"底对齐"和"两端对齐"。

（3）"左缩进"按钮 ▇：用于设置段落左侧的缩进量。

（4）"右缩进"按钮 ▇：用于设置段落右侧的缩进量。

（5）"首行缩进"按钮 ▇：用于设置段落第一行的缩进量。

（6）"段落前添加空格"▇ 按钮：用于设置每段文本与前一段的距离。

（7）"段落后添加空格"▇ 按钮：用于设置每段文本与后一段的距离。

（8）"避头尾法则设置"和"间距组合设置"：用于编排日语字符。

（9）"连字"：勾选此复选框，允许使用连字符连接单词。

5．文字转换

文字在输入时独立存在于文字层中，而根据设计需要常常将文字进行转换，包括艺术（点）文字与段落文本的转换、文字层转化为普通层、文字轮廓与工作路径或形状层的转换等。

1）艺术（点）文字与段落文本的转换

确认要转换的文字图层为当前层，单击菜单"文字（类型）"→"转换为点文本"或"转换为段落文本"命令，即可完成文字的转换。

2）文字层转换为普通层

确认要转换的文字图层为当前层，单击菜单"文字（类型）"→"栅格化文字图层"命令，即可将其转换为普通层。或右键单击当前层，在弹出的菜单中选择"栅格化文字"命令。

3.3 实例解析

3.3.1 @字体案例设计

Step 01 新建文件，设置颜色模式为 RGB，分辨率为 72，其他参数设置如图 3-72 所示。

Step 02 如图 3-73 所示，设置前景色为深蓝色，单击菜单"编辑"→"填充"命令，在弹出的对话框中选择前景色，单击"确定"按钮。

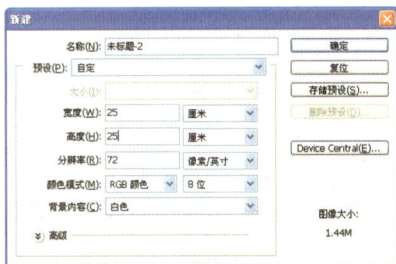

▶▶图 3-72　新建文件　　　　　　　　▶▶图 3-73　设定颜色

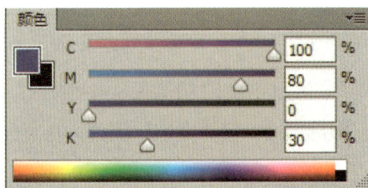

Step 03 激活工具箱中的"横排文字"工具，如图 3-74 所示，在画面中输入符号"@"。

Step 04 在图层面板中，单击底部的"添加图层样式"按钮，选择"斜面和浮雕"选项，在对话框中设置如图 3-75 所示参数。

Step 05 选择"光泽等高线"选项，参数设置如图 3-76 所示。

Step 06 选择"渐变叠加"选项，参数设置如图 3-77 所示。

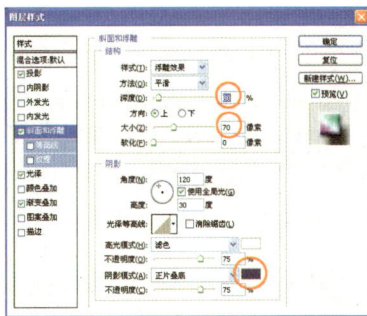

▶▶图 3-74　输入文字　　　　　　　　▶▶图 3-75　"图层样式"对话框

Step 07 选择"光泽"选项，设置等高线参数，如图 3-78 所示。

Step 08 添加"投影"，参数设置如图 3-79 所示。

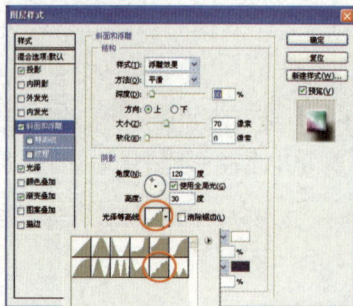

▶▶ 图 3-76　"光泽等高线"图层样式

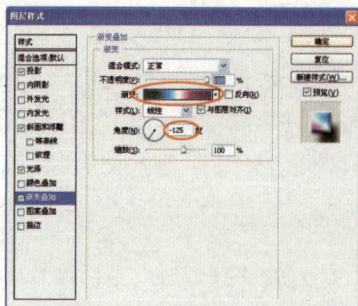

▶▶ 图 3-77　"渐变叠加"图层样式

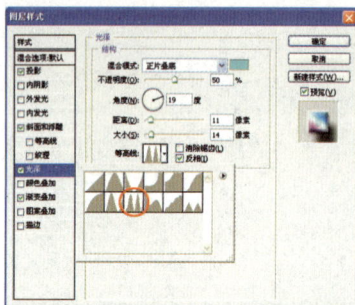

▶▶ 图 3-78　"光泽"图层样式

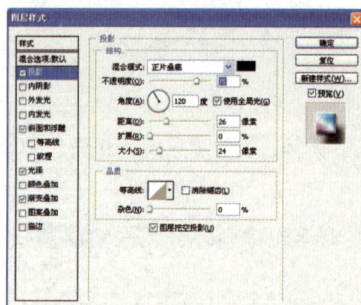

▶▶ 图 3-79　"投影"图层样式

Step 09　如图 3-80 所示，此时图层面板中添加了 4 种图层样式，其效果如图 3-81 所示。

Step 10　激活工具箱中的"横排文字"工具，在画面右下角输入英文字母".com"，效果如图 3-82 所示。

▶▶ 图 3-80　图层面板

▶▶ 图 3-81　图层效果

▶▶ 图 3-82　输入文字

Step 11　以".com"层为当前层，设置"颜色叠加"图层样式，如图 3-83 所示，颜色设置为蓝色。

Step 12　添加"内阴影"图层样式，参数设置如图 3-84 所示。

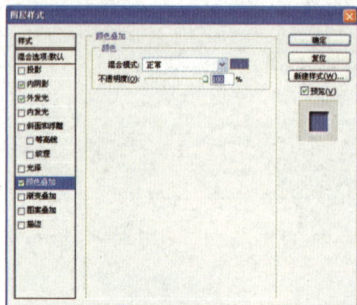

▶▶ 图 3-83　"颜色叠加"图层样式

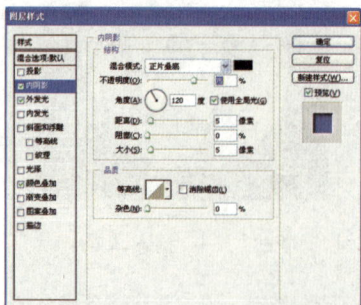

▶▶ 图 3-84　"内阴影"图层样式

Step 13 添加"外发光"图层样式，颜色设置为淡粉色，其他参数设置如图 3-85 所示。

Step 14 如图 3-86 所示，此时字母层共添加了 3 种图层样式，效果如图 3-87 所示。

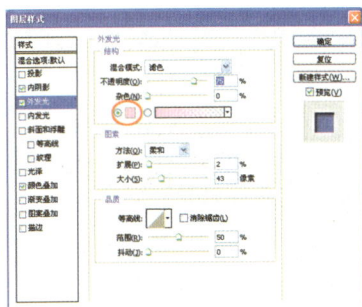

▶▶图 3-85　"外发光"图层样式　　　▶▶图 3-86　图层面板　　　▶▶图 3-87　图层效果

Step 15 如图 3-88 所示，在图层面板中，以"背景"层为当前选择层。

Step 16 单击菜单"滤镜"→"渲染"→"光照效果"命令，设置如图 3-89 所示参数。

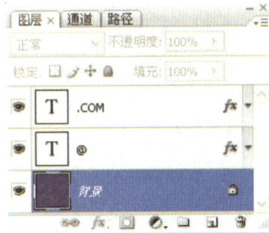

▶▶图 3-88　选定当前层　　　　　　▶▶图 3-89　"光照效果"对话框

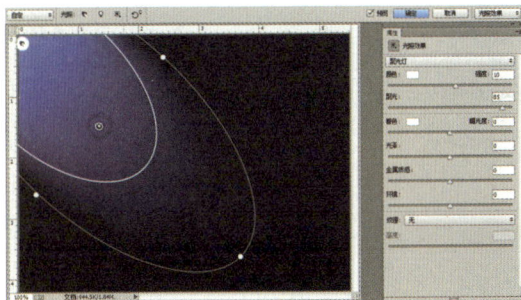

Step 17 单击"确定"按钮，添加光照效果后的背景效果如图 3-90 所示。

Step 18 单击菜单"滤镜"→"渲染"→"镜头光晕"命令，设置如图 3-91 所示参数。

Step 19 单击"确定"按钮，添加镜头光晕后的背景效果如图 3-7 所示。

▶▶图 3-90　光照效果　　　　　　　▶▶图 3-91　"镜头光晕"对话框

3.3.2　肌理字设计

Step 01 新建文件，参数设置如图 3-92 所示。

Step 02 设置前景色为灰色（C46、M38、Y35、K0），激活工具箱中的"横排文字工具"，在画面中输入文字"PHOTO",如图3-93所示,选择恰当的字体、字号(如果没有这个字体,可以选择字库中相似的字体)。

Step 03 执行菜单"文字"→"栅格化文字图层"命令,如图3-94所示,将文字层转化为普通图层。

Step 04 在图层面板中,复制"PHOTO"图层为"PHOTO 副本",关闭"PHOTO 副本"层的眼睛,以"PHOTO"图层为当前选择层,此时图层面板如图3-95所示。

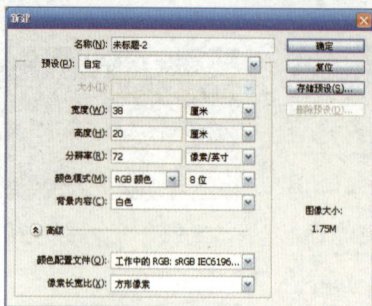

▶ 图 3-92　新建文件

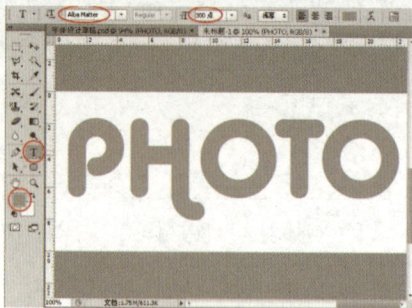

▶ 图 3-93　输入文字

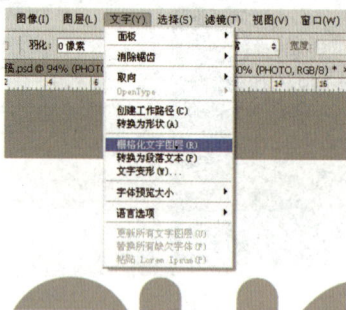

▶ 图 3-94　栅格化文字图层

▶ 图 3-95　复制图层

Step 05 激活工具箱中的"多边形套索"工具,在如图3-96所示位置绘制一个选区。按键盘上的 Delete 键,删除效果如图3-97所示。

▶ 图 3-96　绘制选区

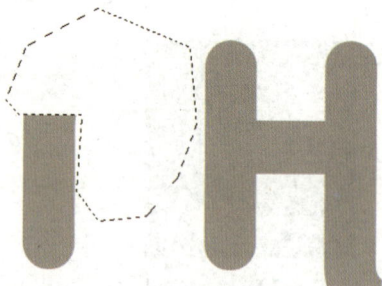

▶ 图 3-97　删除选区内容

Step 06 同上述步骤,依次将相应部分删除,效果如图3-98所示。

Step 07 在图层面板中,如图3-99所示,关闭"PHOTO"层的眼睛,打开"PHOTO 副本"层的眼睛,并以"PHOTO 副本"图层为当前选择层。

Step 08 激活工具箱中的"矩形选框工具"，在如图 3-100 所示位置绘制选区并删除内容。

▶图 3-98 删除内容　　　▶图 3-99 关闭图层　　　▶图 3-100 绘制选区并删除内容

Step 09 激活工具箱中的"椭圆形选框工具"，按住 Shift 键在图 3-101 所示位置绘制一个正圆选区。

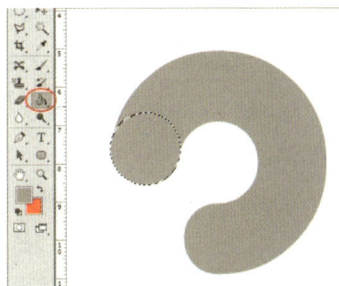

Step 10 激活工具箱中的"油漆桶工具"，填充选区，效果如图 3-102 所示。

▶图 3-101 绘制正圆选区　　　　　　　　▶图 3-102 填充选区

Step 11 如图 3-103 所示，新建"图层 1"。激活工具箱中的"圆角矩形工具"，在其相应属性栏中设置为"路径"模式，半径为"25 像素"。在如图 3-104 所示位置绘制一个圆角矩形。

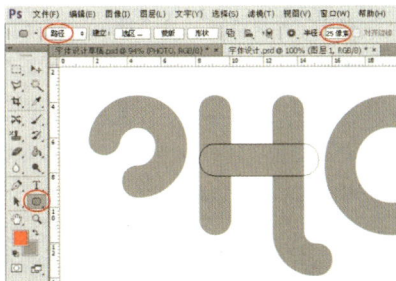

▶图 3-103 新建图层　　　　　　　　▶图 3-104 绘制圆角矩形

Step 12 在路径面板中，如图 3-105 所示，单击下方的"将路径作为选区载入"按钮将路径转换为选区，然后填充相同的灰色，效果如图 3-106 所示（注意，填充后灰色笔画应与其他笔画粗细一致）。

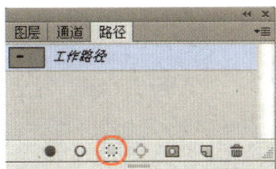

▶图 3-105 载入选区　　　　　　　　▶图 3-106 填充灰色

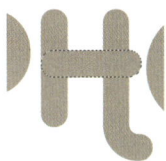

Step 13 在图层面板中，以"PHOTO 副本"图层为当前选择层。激活工具箱中的"多边形套索"工具，将多余的部分选取并删除，效果如图 3-107 所示。

Step 14 在图层面板中，将"图层 1"与"PHOTO 副本"合并，此时图层面板如图 3-108 所示，"图层 1"的图形效果如图 3-109 所示。

▶图 3-107　删除内容　　　▶图 3-108　合并图层　　　▶图 3-109　合并图层后的效果

Step 15 打开素材文件"木纹"，如图 3-110 所示。

Step 16 单击菜单"编辑"→"定义图案"命令，弹出如图 3-111 所示对话框，将"名称"设置为"木纹 1"，单击"确定"按钮。

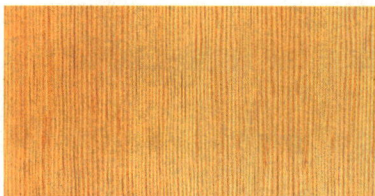

▶图 3-110　打开素材　　　　　　　　　　▶图 3-111　定义图案

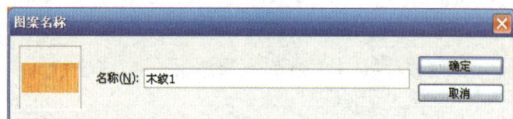

Step 17 单击菜单"图像"→"调整"→"曲线"命令，在弹出的对话框中调整曲线，如图 3-112 所示，单击"确定"按钮。

Step 18 单击菜单"图像"→"调整"→"色相/饱和度"命令，在弹出的对话框中调整参数，如图 3-113 所示，降低饱和度为"-20"，单击"确定"按钮，效果如图 3-114 所示。

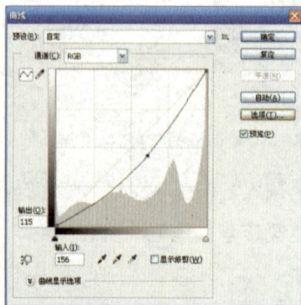

▶图 3-112　"曲线"对话框　　　　　　　▶图 3-113　"色相/饱和度"对话框

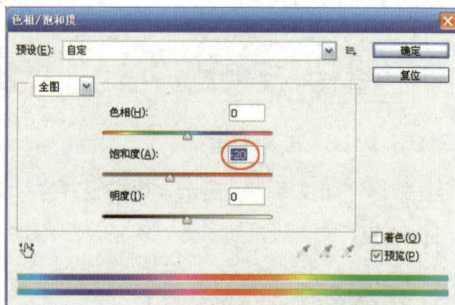

Step 19 执行菜单"编辑"→"定义图案"命令，弹出如图 3-115 所示对话框，将"名称"设置为"木纹 2"，单击"确定"按钮。

Step 20 关闭"木纹"文件,切换回"字体设计"文件。在图层面板中,单击下面的"添加图层样式"按钮,在弹出的如图 3-116 所示下拉菜单中,选择"斜面和浮雕"选项,如图 3-117 所示设置选项参数;在"图案叠加"样式选项中,图案选择"木纹 1",其他参数设置如图 3-118 所示;在"投影"样式选项中,参数设置如图 3-119 所示,单击"确定"按钮,效果如图 3-120 所示。

▶ 图 3-114 调整后的效果

▶ 图 3-115 定义图案

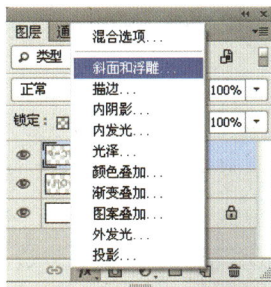

▶ 图 3-116 选择"斜面和浮雕"选项

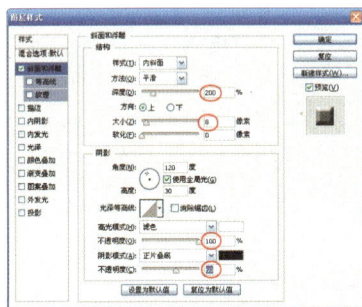

▶ 图 3-117 设置"斜面和浮雕"参数

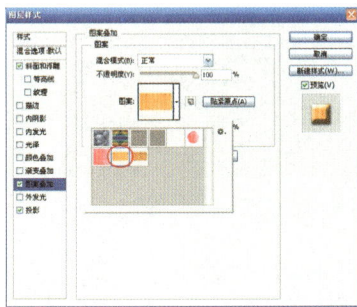

▶ 图 3-118 设置"图案叠加"参数

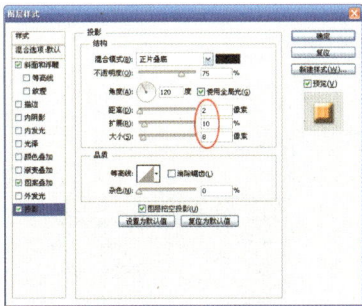

▶ 图 3-119 设置"投影"参数

▶ 图 3-120 图层样式效果

Step 21 添加"图层样式"后的图层面板如图 3-121 所示。

Step 22 以"PHOTO 副本"图层为当前层,单击鼠标右键,在弹出的对话框中,如图 3-122 所示,选择"拷贝图层样式"选项。

▶ 图 3-121　图层面板效果

▶ 图 3-122　复制图层样式

Step 23 以 "PHOTO" 图层为当前选择层，单击鼠标右键，在弹出的菜单中选择 "粘贴图层样式" 选项，此时图层面板如图 3-123 所示。

Step 24 在复制图层样式后的 "PHOTO" 图层上双击，弹出如图 3-124 所示对话框，将 "图案叠加" 中的图案改为 "木纹 2"，单击 "确定" 按钮，效果如图 3-125 所示。

▶ 图 3-123　粘贴图层样式

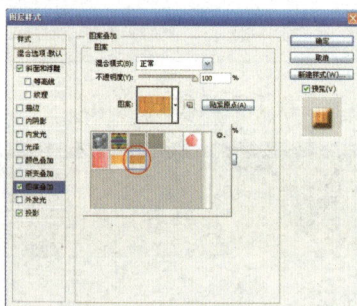

▶ 图 3-124　设置 "图案叠加" 参数

▶ 图 3-125　"图案叠加" 效果

Step 25 下面做装饰性的 "钉子" 效果。新建文件，设置如图 3-126 所示参数。

Step 26 如图 3-127 所示，在图层面板中新建图层 "图层 1"，并以 "图层 1" 为当前选择层。

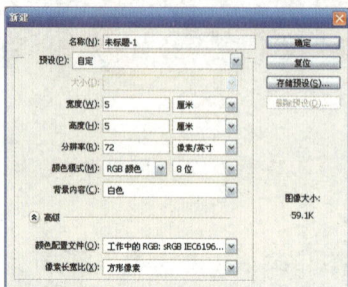

▶ 图 3-126　新建文件

▶ 图 3-127　新建图层

Step 27 激活工具箱中的"椭圆形选框"工具，按住 Shift 键，在图 3-128 所示位置绘制一个正圆选区。

Step 28 激活工具箱中的"渐变填充"工具，如图 3-129 所示，单击属性栏中的渐变编辑色条。在弹出的对话框中设置如图 3-130 所示参数，单击"确定"按钮。

Step 29 按住鼠标左键，自选区左上角至右下角拖曳，效果如图 3-131 所示。

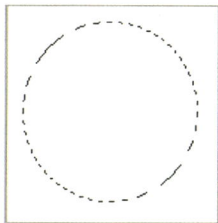

▶ 图 3-128　绘制选区

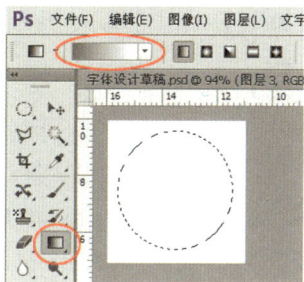

▶ 图 3-129　激活渐变工具

▶ 图 3-130　设置渐变色

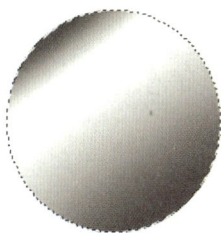

▶ 图 3-131　填充渐变色

Step 30 如图 3-132 所示，在图层面板中新建"图层 2"，并以"图层 2"为当前选择层。

Step 31 设置前景色为黑色，激活工具箱中的"圆角矩形工具"，在其相应属性栏中，如图 3-133 所示，设置工具模式为"像素"，半径为"5 像素"，在相应位置绘制一个圆角矩形。

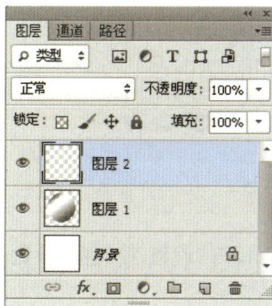

▶ 图 3-132　新建图层

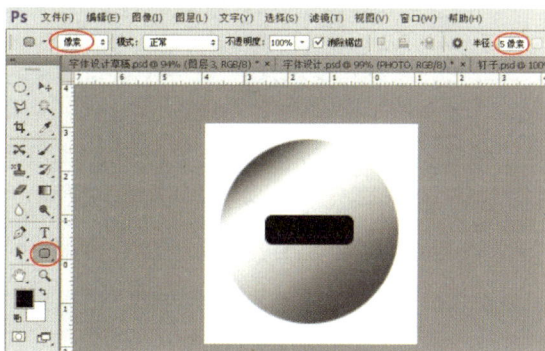

▶ 图 3-133　绘制圆角矩形

Step 32 在图层面板中，如图 3-134 所示，复制"图层 2"为"图层 2 副本"。以"图层 2 副本"为当前选择层，执行菜单"编辑"→"变换"→"旋转 90 度"命令，效果如图 3-135 所示。

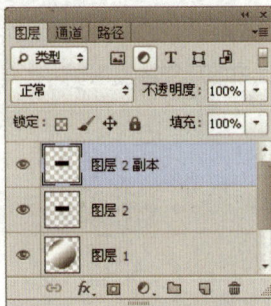
▶▶图 3-134　复制图层

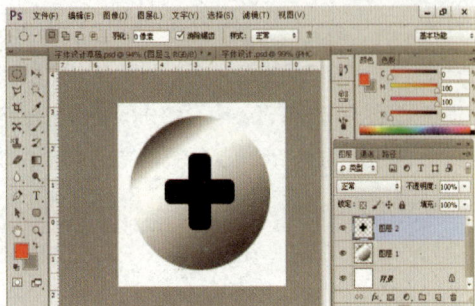
▶▶图 3-135　调整图层

Step 33　在图层面板中，如图 3-136 所示，将"图层 2 副本"与"图层 2"合并。

Step 34　如图 3-137 所示，以"图层 1"为当前层，按住 Ctrl 键，单击"图层 2"缩略图，加载"图层 2"选区，并按 Delete 键删除。

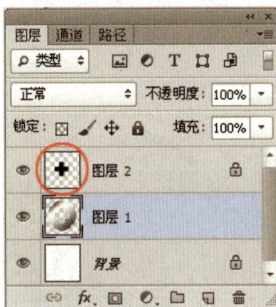
▶▶图 3-136　合并图层

▶▶图 3-137　载入选区后删除"图层 2"

Step 35　以"图层 1"为当前选择层，单击图层面板下面的"添加图层样式"按钮，在弹出的下拉菜单中分别选择"斜面和浮雕"、"投影"选项，其参数设置如图 3-138、图 3-139 所示，单击"确定"按钮，效果如图 3-140 所示。

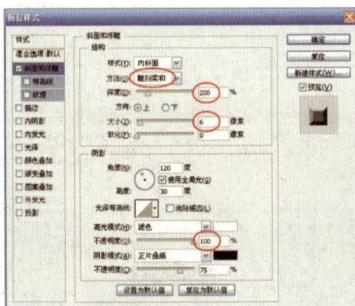
▶▶图 3-138　设置"斜面和浮雕"参数

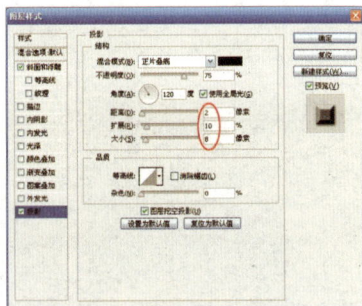
▶▶图 3-139　设置"投影"参数

Step 36　如图 3-141 所示，在"背景"层上新建"图层 2"，并以"图层 2"为当前选择层。

Step 37　激活工具箱中的"椭圆形选框"工具，在图 3-142 所示位置绘制一个选区。

Step 38　激活"渐变填充"工具，设置如图 3-143 所示渐变参数，在选区填充"径向"渐变，效果如图 3-144 所示。

▶图 3-140　图层样式效果　　　▶图 3-141　新建图层　　　▶图 3-142　绘制选区

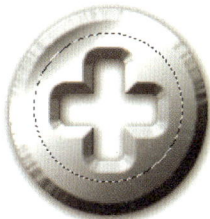

▶图 3-143　设置渐变参数　　　　　　　▶图 3-144　填充渐变色

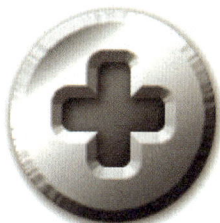

Step 39　如图 3-145 所示，合并"图层 1"和"图层 2"。

Step 40　激活工具箱中的"移动工具"，将合并后的图层拖入"字体设计"文件中。按 Ctrl+T 组合键，调出"自由变换"选框，如图 3-146 所示，按住 Shift 键将钉子调整到合适大小，效果如图 3-147 所示。

▶图 3-145　合并图层　　　▶图 3-146　调整大小　　　▶图 3-147　调整效果

Step 41　复制多个钉子，分别放置在不同位置，效果如图 3-148 所示。

▶图 3-148　复制多个对象

Step 42　在图层面板中，如图 3-149 所示，以"PHOTO 副本"图层为当前层，按住 Ctrl 键，单击"图层 1"缩略图，将"图层 1"选区加载，并按 Delete 键删除，效果如图 3-150 所示。

▶图 3-149　图层面板

▶图 3-150　删除效果

Step 43 打开素材文件"木地板"，如图 3-151 所示。单击菜单"图像"→"调整"→"去色"命令，效果如图 3-152 所示。

▶图 3-151　打开素材

▶图 3-152　"去色"效果

Step 44 单击菜单"图像"→"调整"→"曲线"命令，设置如图 3-153 所示曲线参数，单击"确定"按钮，效果如图 3-154 所示。

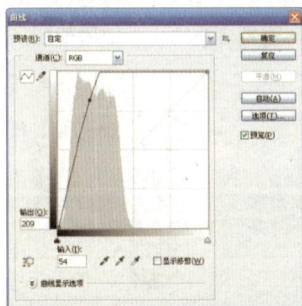

▶图 3-153　设置"曲线"参数

▶图 3-154　调整"曲线"效果

Step 45 将调整曲线后的木地板图像复制到"字体设计"文件中，调整大小、位置和图层上下关系。字体设计制作完成，效果如图 3-155 所示，此时图层面板如图 3-156 所示。

▶图 3-155　字体设计效果

▶图 3-156　图层面板

3.4 常用小技巧

（1）合并可见图层时按 Ctrl+Alt+Shift+E 组合键可把所有可见图层复制一份后合并到当前图层。同样，可以在合并图层时按住 Alt 键，把当前层复制一份后合并到前一个层，但是 Ctrl+Alt+E 这个热键此时并不能起作用。

（2）移动图层和选区时，按住 Shift 键可做水平、垂直或 45 度角的移动；按键盘上的方向键可做每次 1 个像素的移动；按住 Shift 键后再按键盘上的方向键可做每次 10 个像素的移动。

（3）在图层、通道、路径调板上，按 Alt 键单击这些调板底部的工具按钮时，对于有对话框的工具可调出相应的对话框更改设置。

（4）按下 Ctrl 键的同时激活移动工具，单击某个图层上的对象，就会自动切换到该对象所在的图层。

3.5 相关知识链接

1．字体设计范围

一般的字体设计范围在书法字体、装饰字体、英文字体三个方面，如图 3-157 所示。

书法字体：在 VI 设计中具有易识别的特点，例如，海尔、中国银行等。书法在我国拥有 3000 年历史，其独特的表现形式为字体设计提供了很多依据与素材。

装饰字体：装饰字体是在基本字形体结构的基础上进行了美化加工，具有美观大方和应用范围广泛的特点，如太太口服液的标志等。

英文字体：企业的 Logo 多为中英文两种，这样便于企业文化的推广与在不同国家地区的广告宣传使用，如可口可乐等。

2．字体设计原则

文字的个性：文字的个性要使设计符合被设计物体的风格特征。文字的设计如果与被设计物体的属性不吻合，就不能完整地表达出其性质，也就失去了设计的意义。一般来说文字的个性可分为简洁现代、华丽高雅、古朴庄重、活泼俏皮、清新明快等，如图 3-158 所示。

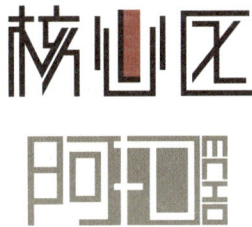

▶ 图 3-157 装饰字体　　　　▶ 图 3-158 个性字体

　　文字的可读性：文字存在的意义就是向设计的阅读者提供意识和信息。我们在设计中要达到这个效果就要考虑整体的诉求效果，要给人以明确的意识。虽然设计要给人以独特的感觉，但是如果失去可读性，那设计就无从谈起，也注定以失败告终。

　　文字的美感：设计在视觉传达的方面要突出设计的独特美，文字是画面的主要构成，具有传达设计情感的功能，因此首要的任务就是要带给欣赏设计的人以美的感受。

　　字体的创造性：字体要与众不同，这样才能使观看设计的人产生深刻的印象，留下独具特色的视觉记忆。设计时应该从结构、笔画、组合、形体等多方面考虑，创造一种新颖的、特别的美感。这样才可以让设计为人们所熟知和记忆，才能传达被设计物体的整体形象。

第 **4** 章

图案设计——绘图工具的应用

图案就是图形的方案。

一般，我们把经过艺术处理的图形表现称为图案。这里面又包括装饰设计、几何纹样、视觉艺术等方面。上海辞书出版社出版的《辞海》，在艺术分册中对图案的解释是"广义指对某种器物的造型结构、色彩、纹饰进行工艺处理而事先设计的施工方案，制成图样，通称图案，狭义则指器物上的装饰纹样和色彩"。

在网络中我们习惯把矢量图形的设计称为图案。图案在表现形式上有抽象和具象之分，按照内容的不同又可以分为花卉图案、人物图案、风景图案，动物图案等。其实图案是一种深入到人们生活中的艺术形式，它将生活中的艺术元素经过加工和升华后表现出来，进而装点人们的生活。

4.1 图案案例分析

1. 创意定位

当今的社会生活中，互送锦鲤成为一种新的风尚，大到开业庆典，小到亲戚往来，锦鲤都成为观赏和招财的好兆头。整洁别致的厅堂内放置几尾色彩艳丽的锦鲤于器皿内，给室内增加灵动华贵之气。其实早在古代，锦鲤就被中国人视为吉祥之物，通常被放置于寺院、庙舍的池塘中，更取"连年有鱼"的美称。

中国过年有贴年画的习俗，我们不妨设计一幅卡通图案的年画，带给新的一年不一样的感觉，效果如图 4-1 所示。

2. 所用知识点

本设计主要用到 Photoshop CC 软件中的画笔工具、渐变工具、油漆桶工具和选择工具。

▶ 图 4-1　锦鲤图案

3．制作分析

❖ 使用画笔工具画出鱼的具体轮廓。

❖ 利用填充工具填充色彩。

❖ 利用画笔工具进行细节美化，渐变工具进行小小的修改。

4.2 知识卡片

绘画工具最主要的功能就是绘制各种各样的图形和图像。它包括画笔工具组、橡皮擦工具组和渐变工具组。画笔工具组中的工具主要用于绘制图形；橡皮擦工具组中的工具主要用于擦除图像；渐变工具组中的工具主要用于为画面填充单色、渐变色和图案。灵活运用绘画工具，可绘制出非常逼真的画面效果。

4.2.1 画笔工具组

Photoshop 中的画笔工具组是常用的绘画工具，包括画笔工具 、铅笔工具 、颜色替换工具 和混合器画笔工具 。在本节中将详细讲解各工具的用法及相关内容。

1．画笔工具

画笔工具 与人们通常所说的毛笔的用法类似，主要用来绘制线条或图案。使用时，首先选择一个合适的画笔笔尖，然后设置好需要的前景色颜色，再在文档窗口中单击或按住鼠标左键拖动鼠标即可。

使用技巧：使用画笔工具时，在画面中单击，然后按住 Shift 键在画面中的另一位置单击，两点间会以直线连接；另外，按住 Shift 键还可以绘制以 45°角为倍数的直线。

2．画笔工具属性栏

激活画笔工具，如图 4-2 所示为画笔工具的属性栏。

▶▶图 4-2　画笔工具的属性栏

（1）画笔：单击"画笔"选项右侧的"画笔预设"按钮 ，可以打开画笔设置面板，如图 4-3 所示，在该面板中可以选择笔头形状，并设置画笔的大小和硬度参数。

（2）切换画笔面板 ：单击此按钮可以弹出"画笔预设"和"画笔笔尖形状"两个选项，如图 4-4 所示。

（3）模式：在下拉列表中可以选择画笔笔迹颜色与下面像素的混合模式。

（4）不透明度：用来设置画笔的不透明度，该值越低，线条的透明度越高。

（5）流量：决定画笔在绘画时的压力大小，数值越大画出的颜色越深。

（6）当激活右侧的 ◙ 按钮时，可启动喷枪功能，即在绘画时，绘制的颜色会因鼠标的停留而向外扩展。

小提示

在使用画笔工具时，按"["键可减小画笔的直径，按"]"键可增加画笔的直径；按"Shift+["组合键可减小画笔的硬度，按"Shift+]"组合键可增加画笔的硬度。

按键盘中的数字键可以调整工具的不透明度。例如，按下 1 时，不透明度为 10%；按下 5 时，不透明度为 50%；按下 0 时，不透明度恢复为 100%。

单击画笔设置面板中右上角的 ✿ 按钮，即可打开面板菜单，在菜单中可以选择面板的显示方式，以及载入预设的 15 种画笔库等。

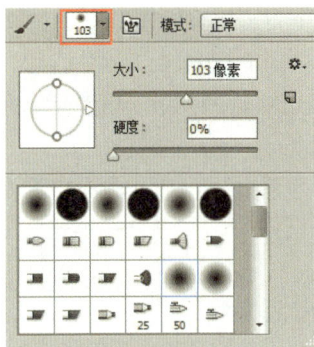

▶图 4-3　画笔设置面板

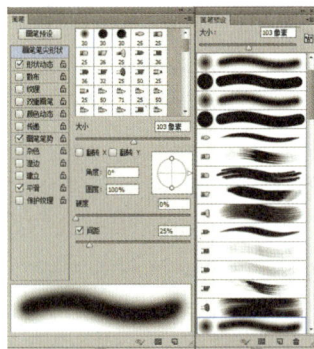

▶图 4-4　"画笔预设"和"画笔笔尖形状"面板

小提示

单击"画笔"面板中的"画笔笔尖形状"选项，可对画笔笔头进行大小、角度、圆度、硬度和间距等的设置，如图 4-4 所示。注意，选择不同的画笔笔头，弹出的选项参数也不相同。

（1）大小：用来设置画笔笔头的大小。

（2）翻转 X/翻转 Y：用来改变画笔笔头在 x 轴或 y 轴上的方向。

（3）角度：用来设置画笔的旋转角度。可在文本框中输入角度值，也可以拖动箭头进行调整。

（4）圆度：用来设置画笔笔头长轴和短轴之间的比率。可在文本框中输入数值，或拖动控制点来调整。当该值为 100% 时画笔为圆形，设置其他值时可将画笔压扁。

（5）硬度：用来设置画笔笔头的虚化程度。该值越小，画笔的边缘越柔和。

（6）间距：设置利用画笔绘制线条时每两笔间的距离。该值越高，每两笔之间的距离越大；如果取消选择，则会自动根据光标的移动速度调整笔迹间的间距。

3．画笔设置面板

（1）大小：拖动滑块或在文本框中输入数值可以调整画笔的直径。

（2）硬度：用来设置画笔边缘的虚化程度，数值越大边缘越清晰。

（3）创建新的预设 ▣：单击该按钮，可以打开"画笔名称"对话框，如图 4-5 所示，输入画笔名称后，单击"确定"按钮，可以将当前画笔保存为一个预设的画笔。

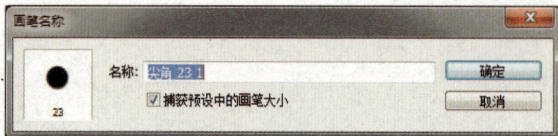

▶▶图 4-5　"画笔名称"对话框

4．画笔设置面板菜单

单击画笔设置面板中右上角的 ⚙▾ 按钮，即可打开面板菜单，如图 4-6 所示，在菜单中可以选择面板的显示方式，以及载入预设的画笔库等。

（1）新建画笔预设：用来创建新的画笔预设，它与 ▣ 按钮的作用相同。

（2）重命名画笔：选择一个画笔后，可执行该命令为画笔形状重新命名。

（3）删除画笔：选择一个画笔后，执行该命令可将画笔删除。

（4）纯文本/小缩览图/大缩览图/小列表/大列表/描边缩览图：用来设置画笔在画笔设置面板中的显示方式。

（5）预设管理器：执行该命令，可以打开预设管理器面板，在此面板中也可以对画笔进行载入、存储、重命名或删除等操作。

（6）复位画笔：将面板中的画笔恢复为默认状态。

（7）载入画笔：可将外部的画笔库载入到画笔设置面板中。

（8）存储画笔：将面板中的画笔保存为一个画笔库。

（9）替换画笔：执行该命令，可以打开载入对话框，在对话框中可以选择一个画笔库来替换面板中的画笔。

（10）画笔库：面板菜单底部是 Photoshop 提供的各种画笔库。选择其中一个画笔库，将弹出如图 4-7 所示的提示对话框。单击"确定"按钮，可以载入画笔，并替换面板中已有的画笔；单击"追加"按钮，可以载入画笔，并添加到原有的画笔后面；单击"取消"按钮，将取消载入操作。

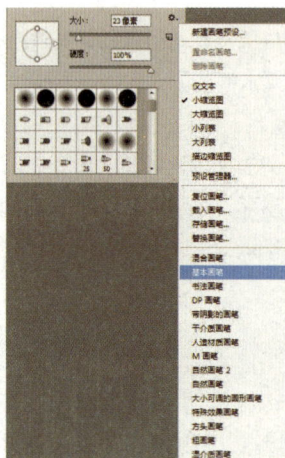

▶▶图 4-6　画笔设置面板菜单

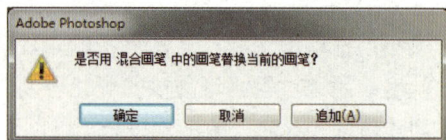

▶▶图 4-7　弹出的提示对话框

5. 自定义画笔

在日常的设计工作中，软件本身所提供的笔形往往无法满足需要，而是需要用户自己设计一种笔形来完成工作，或者利用一种图案作为笔形等。

范例操作 自定义画笔应用

Step 01 打开素材，如图4-8所示，激活魔棒工具，单击白色区域，然后执行菜单"选择"→"反向选择"命令选择金鱼，效果如图4-9所示。

▶图4-8 打开素材

▶图4-9 选择金鱼

Step 02 单击菜单"编辑"→"定义画笔预设"命令，在弹出的对话框中设置参数，如图4-10所示，单击"确定"按钮。

Step 03 激活画笔工具，然后在"画笔"设置面板中选择刚定义的图案画笔，如图4-11所示。

▶图4-10 设置画笔名称

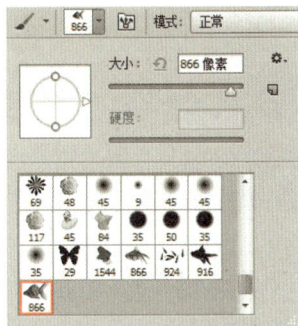
▶图4-11 设置画笔

Step 04 打开如图4-12所示素材，设置前景色为红色，在"画笔"面板中设置"大小"为372像素，然后在画面中的恰当位置单击，效果如图4-13所示。

▶图4-12 打开素材

▶图4-13 第一次绘制图案

Step 05 设置不同的画笔直径与角度，改变前景色，在画面中单击鼠标，可以喷绘出如图 4-14 所示效果。

Step 06 在绘制过程中可以看出画笔的设置与所设置的图案色彩无关，只是表示设置图案的灰度是多少。改变不同参数，根据画面需求，依次绘制不同色彩与大小的金鱼，效果如图 4-15 所示。

▶ 图 4-14　改变参数绘制图案

▶ 图 4-15　最终绘制图案效果

6．铅笔工具

铅笔工具与画笔工具的用法基本一样，都是使用前景色绘制线条，其区别在于二者绘制线条的效果不同。

激活铅笔工具，如图 4-16 所示为铅笔工具的属性栏，可以发现其与画笔工具的属性栏相比，只是多了一项"自动抹除"功能。

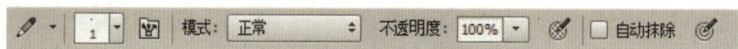

▶ 图 4-16　铅笔工具的属性栏

"自动抹除"功能具有橡皮擦和画笔的功能，在图像内与前景色相同的颜色区域绘画时，铅笔会自动擦除此处的颜色而显示背景色；如果在与前景色不同的颜色区域绘画时，将以前景色显示。

打开如图 4-17 所示素材，激活铅笔工具，勾选"自动抹除"选项，设置笔形，按住鼠标左键绘制如图 4-18 所示效果；在涂抹好的颜色上继续拖动鼠标，则该区域将涂抹成背景色，其功能相当于橡皮擦的功能，效果如图 4-19 所示。继续在涂抹好的颜色上拖动鼠标，或者改变笔刷的角度，则继续显示前景色，效果如图 4-20 所示。由此可以看出，每次画笔的起点都与前一次形成交叉，方能发生上述现象。

▶ 图 4-17　打开素材

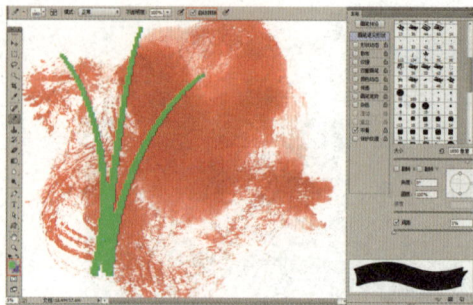

▶ 图 4-18　首次绘制效果

▶ 图 4-19 重复绘制效果

▶ 图 4-20 循环绘制效果

7．颜色替换工具

颜色替换工具可以使用前景色替换图像中的颜色，而画面中对象的肌理效果仍保存。该工具不适用于位图模式、索引模式或多通道颜色模式的图像。

激活颜色替换工具，如图 4-21 所示为颜色替换工具的属性栏。

▶ 图 4-21 颜色替换工具的属性栏

（1）模式：用来设置替换的内容，包括"色相"、"饱和度"、"颜色"和"明度"。默认为"颜色"，它表示可以同时替换色相、饱和度和明度。

（2）取样：用来设置颜色的取样方式。激活连续按钮 ，在拖动鼠标时可连续对颜色取样；激活一次按钮 ，只替换包含第一次单击的颜色区域中的目标颜色；激活背景色板按钮 ，只替换包含当前前景色的区域。

（3）限制：选择"不连续"，可替换出现在光标下任何位置的样本颜色；选择"连续"，只替换与光标下的颜色邻近的颜色；选择"查找边缘"，可替换包含样本颜色的连续区域，同时更好地保留形状边缘的锐化程度。

（4）容差：用来设置颜色替换的范围。颜色替换工具只替换鼠标单击点颜色容差范围内的颜色，因此，该值越高包含的颜色范围越大。

（5）消除锯齿：勾选该选项，可以为替换颜色的区域消除锯齿，生成平滑的边缘。

范例操作 颜色替换工具应用

Step 01 打开素材，如图 4-22 所示，利用魔棒工具或其他选择工具选择白色婚纱，效果如图 4-23 所示。

▶ 图 4-22 打开素材

▶ 图 4-23 选择白色区域

Step 02 设置前景色为 R255、G85、B239，激活"颜色替换"工具，设置属性栏参数如图 4-24 所示。按住鼠标左键，在画面中局部绘制如图 4-25 所示效果。

Step 03 也可以利用快速选择工具选择头巾所在区域并替换颜色，效果如图 4-26、图 4-27 所示。

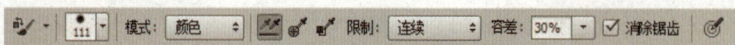

▶▶图 4-24　设置属性栏参数

▶▶图 4-25　替换颜色　　　　▶▶图 4-26　替换局部颜色（1）　　　　▶▶图 4-27　替换局部颜色（2）

8. 混合器画笔工具

　　混合器画笔工具是 Photoshop CC 的新增功能，它可以模拟真实的绘画技术，如混合画布上的颜色、组合画笔上的颜色以及在描边过程中使用不同的绘画湿度。

　　激活混合器画笔工具，如图 4-28 所示为混合器画笔工具的属性栏。

▶▶图 4-28　混合器画笔的工具属性栏

　　（1）当前画笔载入按钮▢：可重新载入或者清除画笔，也可在这里设置需要的颜色，让它和涂抹的颜色运行混合。具体的混合结果可通过后面的设置运行调整，如图 4-29、图 4-30 所示为对比效果。

▶▶图 4-29　素材　　　　　　　　　　　　▶▶图 4-30　运用效果

　　（2）每次描边后载入画笔按钮✔和每次描边后清理画笔按钮✘：控制了每一笔涂抹结束后对画笔是否更新和清理。类似于画家在绘画时，一笔过后是否将画笔在水中清洗。

（3）有用的混合画笔组合 ▢自定▢：单击选项窗口，将弹出下拉列表，其中包括预先设置好的混合画笔。当选择某一种混合画笔时，右边的 4 个选项设置值会自动调节为预设值。

（4）潮湿：设置从画布拾取的油彩量。

（5）载入：设置画笔上的油彩量。

（6）混合：设置颜色混合的比例。

（7）流量：设置描边的流动速率。

（8）对所有图层取样：勾选此选项，无论文件中有多少图层，都会将它们作为一个合并的图层看待。

4.2.2 橡皮擦工具组

Photoshop CC 中包含 3 种类型的橡皮擦：橡皮擦工具 、背景橡皮擦工具 和魔术橡皮擦工具 。使用这些工具擦除对象时，除了橡皮擦工具显示被擦除部分为背景颜色外，其余两种均显示为透明。

1. 橡皮擦工具

橡皮擦工具是最基本的擦除工具。激活该工具，其属性栏如图 4-31 所示。

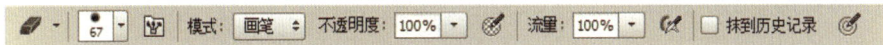

▶▶ 图 4-31　橡皮擦工具属性栏

（1）模式：用来选择橡皮擦擦除图像的方式，选择"画笔"时，会擦出柔角效果的边缘；选择"铅笔"时，只能擦出硬边的效果；选择"块"时，将擦出块状的擦痕。

（2）不透明度：用来设置擦除图像的不透明程度，100%时可以将像素完全擦除。当将模式设置为"块"时，该选项不可用。

（3）流量：此选项用来控制橡皮擦的擦除强度，数值越大，对图像的擦除效果越明显。

（4）抹到历史记录：与历史记录画笔的功能相近，勾选该选项后，可以在"历史记录"面板选择一个操作步骤或一个快照，在擦除时可以将图像恢复到指定的状态。

利用橡皮擦工具擦除图像时，在背景层或锁定透明的普通层中擦除时，被擦除的部分将更改为工具箱中显示的背景色；在普通层擦除时，被擦除的部分将显示为透明色，效果如图 4-32 所示。

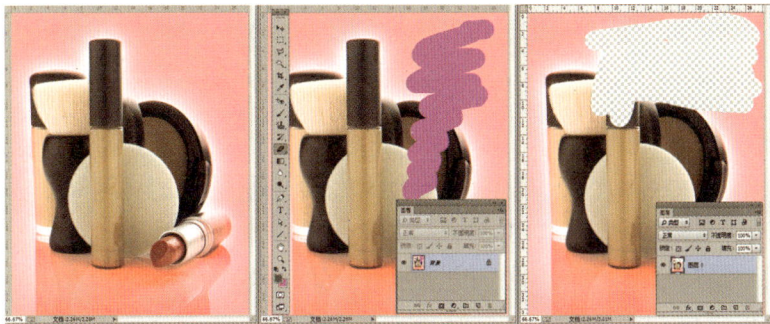

▶▶ 图 4-32　擦除图像对比效果

2．背景橡皮擦工具

背景橡皮擦工具是用来擦除背景的一种智能工具，它具有自动识别对象边缘的功能。激活该工具，其属性栏如图 4-33 所示。

图 4-33　背景橡皮擦工具属性栏

（1）取样：此选项包含 3 个按钮，用来设置取样的方式。按下连续按钮后，在拖动鼠标时将会对颜色进行连续取样，如果光标碰到需要保留的图像也将会一并擦除；按下一次按钮后，只擦除包含第一次单击时的颜色区域；按下背景色板按钮后，将擦除包含背景色的区域。

（2）限制：用来选择擦除时的限制模式。选择"不连续"，可以擦除光标下任何位置的颜色；选择"连续"，只擦除样本颜色和其相互连接的区域；选择"查找边缘"，该选项可以很好地保留形状边缘的锐化程度，擦除包含样本颜色的连接区域。

（3）容差：用来设置颜色的容差范围。低容差仅限于擦除与样本颜色相近的区域，而高容差可擦除范围更广的区域。

（4）保护前景色：该选项用来防止擦除与前景色匹配的颜色区域。

3．魔术橡皮擦工具

魔术橡皮擦工具的用法与魔棒工具相同，利用它可以一次性擦除图像中与鼠标单击处颜色相同或相近的区域。激活该工具，其属性栏如图 4-34 所示。

图 4-34　魔术橡皮擦工具属性栏

（1）容差：用来设置可擦除的颜色范围，低容差会擦除颜色范围内与单击点像素非常相近的像素，高容差可擦除范围更广的像素。

（2）消除锯齿：此选项可以将擦除区域的边缘变得平滑。

（3）连续：勾选此选项，在擦除时可擦除与单击点像素邻近的像素；取消勾选时，将擦除与图像中相似所有的像素。

使用魔术橡皮擦工具时，将鼠标光标移动到背景处单击，即可将与单击点颜色相近的区域擦除。如果背景不是单一色彩，则继续在其他区域单击便可将背景完全擦除。

范例操作　魔术橡皮擦应用

Step 01　打开素材，如图 4-35 所示，首先激活"魔术橡皮擦"工具，设置参数，然后在背景上单击，将部分背景擦除，效果如图 4-36 所示。改变参数继续擦除，效果如图 4-37 所示。

Step 02　将人物的基本轮廓擦除完毕后，激活"橡皮擦"工具，将背景中剩余部分擦除，在擦除过程中注意更换笔头，效果如图 4-38 所示。

▶▶ 图 4-35 打开素材（1）

▶▶ 图 4-36 设置参数擦除效果

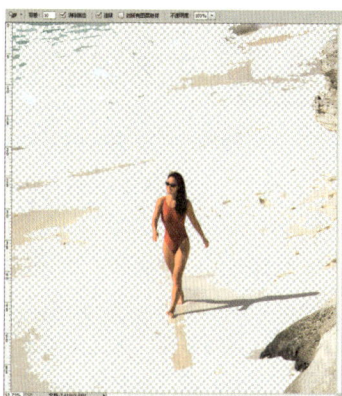

▶▶ 图 4-37 改变参数擦除效果

Step 03 打开另外一张图片，如图 4-39 所示，将人物拖移到新文件中，调整大小与图层上下关系，效果如图 4-40 所示。

▶▶ 图 4-38 擦除剩余部分

▶▶ 图 4-39 打开素材（2）

▶▶ 图 4-40 复制素材（1）

Step 04 用同样的方法，打开另外一张图像，如图 4-41 所示，将其背景擦除后复制到该文件中，效果如图 4-42 所示。

▶▶ 图 4-41 打开素材（3）

▶▶ 图 4-42 复制素材（2）

4.3 实例解析

4.3.1 锦鲤图案设计

Step 01 新建文件，设置尺寸为 10cm×10cm，分辨率为 300 像素/英寸，色彩模式为 RGB。

Step 02 激活画笔工具，利用画笔工具绘制鱼眼睛的形状色块。按照从下到上，由面积大到面积小的遮盖顺序，选择浅蓝、天蓝、深蓝、白色，不断调整笔触的大小，然后在准确位置重复单击，这样可以具有简单的明暗光影效果。绘制过程如图 4-43 所示。

Step 03 进一步加强眼睛的透明立体效果。

Step 04 利用圆形选择工具选取眼睛中需要产生质感的地方，如图 4-44 所示。然后激活渐变工具，在选择区域内作渐变填充，渐变色条选择由白色向透明色渐变的线性渐变模式，拖动渐变使产生渐变的范围不超过眼睛的三分之一面积，这样鱼的眼睛就产生了立体的感觉。效果如图 4-45 所示。

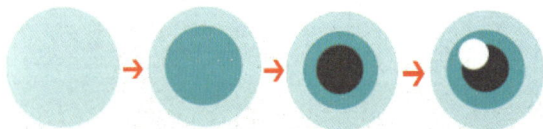

▶▶ 图 4-43　绘制鱼眼睛局部过程　　　▶▶ 图 4-44　添加选区　　▶▶ 图 4-45　渐变填充鱼眼睛

Step 05 调整鱼眼睛的位置，使用画笔工具绘制出鱼的外形。在此绘制黑色轮廓是为了方便添色，绘制中注意线条的粗细变化，不断调整画笔直径参数，这样画出来的鱼才生动有趣。在适当的部位可以使用直线工具，然后再用画笔进行调整，注意调整画面构图布局。效果如图 4-46 所示。

Step 06 使用油漆桶工具进行填充，在上一步已经绘制了黑色轮廓，所以填充时不会发生错误，这样就确定了图案的主体颜色。在填充颜色的时候反复进行调整，先填充背景的主要颜色，然后逐渐填充其他颜色。效果如图 4-47 所示。

Step 07 继续填充鲜艳的色彩，保证画面的喜庆气氛。这个时候可以大胆使用一些鲜艳的颜色，因为有黑色进行勾边，所以不会产生大的冲突，效果如图 4-48 所示。

Step 08 利用魔术棒等选择工具和画笔工具为每个小区域内的颜色增加花纹和装饰。因为是细部的调整，所以可以使用各种图形的笔刷，也可以利用自定义图案进行变化，但是要注意用笔的时候应考虑好每一步，因为对于一张图案来说需要整体的构思和安排。在这里我们利用不同的笔刷进行装饰，效果如图 4-49 所示。

▶▶ 图 4-46　绘制鱼的简单轮廓图　　▶▶ 图 4-47　主要颜色填充　　▶▶ 图 4-48　继续填充鲜艳的色彩　　▶▶ 图 4-49　增加花纹和装饰

Step **09** 利用画笔工具绘制出绿色的气泡，绘制的方法和鱼眼睛的绘制一样，同时保证颜色的饱和度，如图 4-50 所示。

Step **10** 使用画笔工具绘制图案外框。在使用画笔的过程中，注意画笔的停顿、笔锋的变化，可反复涂画达到粗细变化的效果，如图 4-51 所示。

Step **11** 激活矩形选择工具和油漆桶工具，对背景图框内的空白处进行填充。一张可爱的鱼图案就绘制好了。制造出水的效果，注意在背景颜色上使用冷色调与鱼的暖色调形成对比，如图 4-52 所示。

▶▶ 图 4-50　绘制绿色的气泡　　▶▶ 图 4-51　绘制图案外框　　▶▶ 图 4-52　填充背景效果

■ 4.3.2　抽象图案设计

Step **01** 新建文件，参数设置如图 4-53 所示。单击菜单"编辑"→"填充"命令，在弹出的对话框中，如图 4-54 所示，选择"黑色"，单击"确定"按钮。

Step **02** 在图层面板中，新建图层"图层 1"，并以"图层 1"为当前层。

Step **03** 设置前景色为白色，激活"渐变填充工具"，在其属性栏中，如图 4-55 所示，选择"前景色到透明渐变"，设置"径向渐变"渐变方式，自文件中心向外拖曳鼠标，填充效果如图 4-56 所示。

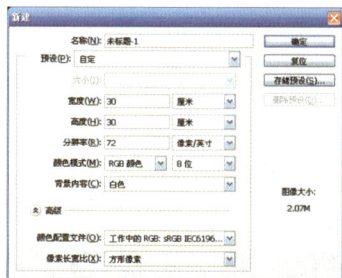

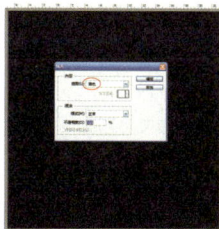

▶▶ 图 4-53　新建文件　　▶▶ 图 4-54　填充色彩　　▶▶ 图 4-55　设置渐变色　　▶▶ 图 4-56　填充渐变色

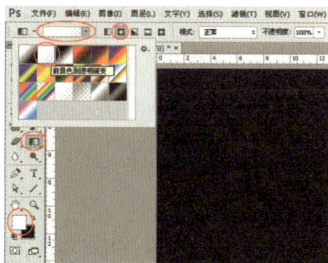

Step **04** 单击菜单"滤镜"→"扭曲"→"波浪"命令，在弹出的对话框中设置如图 4-57 所示参数（单击"随机化"按钮，最后的图形效果会随着"随机化"的每一次单击而呈现不同视觉效果），单击"确定"按钮，效果如图 4-58 所示。

Step **05** 按快捷键 Ctrl+F 键 9 次，波浪效果如图 4-59 所示。

Step **06** 在图层面板中，如图 4-60 所示，按下"锁定透明像素"按钮。

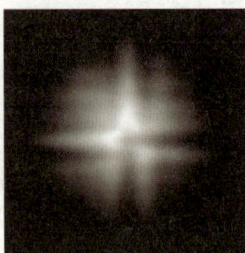

▶▶图 4-57　"波浪"对话框　　▶▶图 4-58　"波浪"效果　　▶▶图 4-59　重复"波浪"效果　　▶▶图 4-60　锁定透明按钮

Step 07 激活"渐变填充工具"，在其相应属性栏中单击"渐变编辑"色条，设置如图 4-61 所示渐变色。选择"径向渐变"渐变方式，自文件中心向外拖曳鼠标，填充效果如图 4-62 所示。

Step 08 在图层面板中，如图 4-63 所示，复制"图层 1"为"图层 1 副本"，以"图层 1 副本"为当前层，设置图层混合模式为"变亮"。

Step 09 单击菜单"编辑"→"变换"→"旋转 90 度"命令，效果如图 4-64 所示。

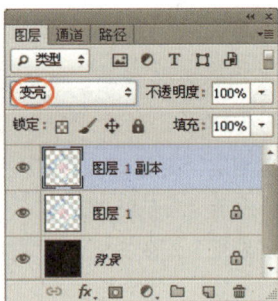

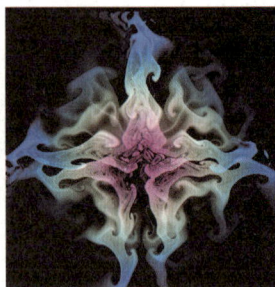

▶▶图 4-61　设置渐变色　　▶▶图 4-62　填充渐变色效果　　▶▶图 4-63　设置图层模式　　▶▶图 4-64　旋转效果

Step 10 同时按下 Ctrl+Shift+Alt+T 键（"再制"快捷键）两次，复制出两个图层并以中心为圆点依次旋转 90 度，效果如图 4-65、图 4-66 所示。

Step 11 依据前面所述的单击"随机化"按钮，会得到不同的图案效果，图 4-67、图 4-68 是随机化做出的不同形态的图案效果。

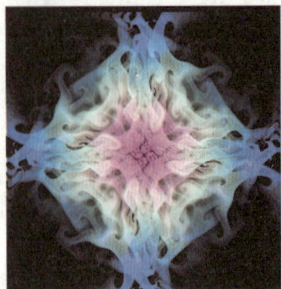

▶▶图 4-65　"再制"1 次效果　　▶▶图 4-66　"再制"2 次效果　　▶▶图 4-67　随机效果（1）　　▶▶图 4-68　随机效果（2）

4.4　常用小技巧

（1）使用涂抹工具时，按住 Alt 键可由纯粹涂抹变成用前景色涂抹。

（2）按住 Alt 键后，使用图章工具在任意打开的图像视窗内单击鼠标左键，即可在该视窗内设定取样位置。

（3）在使用橡皮擦工具时，按住 Alt 键可将橡皮擦功能切换成恢复到指定的步骤记录状态。

（4）使用绘画工具（如画笔、铅笔等）时，按住 Shift 键单击鼠标，可将两次单击点以直线连接。

4.5　相关知识链接

图案的表现形式分为均衡与对称、变化与统一、节奏与韵律、对比与和谐等。

1．均衡与对称

均衡是指虚拟的中心轴上下左右的纹样分量相等但是纹样色彩不相同。在实际设计中，这种图案生动活泼、富于变化。

对称是指在虚拟的中心轴的左右或者上下采用等同颜色、纹样、数量的图形组合成的图案。在实际设计中，这种设计稳定庄重、整齐典雅。如图 4-69 所示为均衡与对称图案。

2．变化与统一

在图案设计中具有许多的矛盾关系，这其中包括内容的主要次要、构图的虚实变化、形体的结构处理、颜色的明度纯度等。

变化是指图案的各个部分的外在差异，统一是指图案的各个部分的内在联系。

▶ 图 4-69　均衡与对称图案

我们要做的是在统一中求变化，在变化中求统一，使图案的各个部分呈现一个整体的视觉效果。如图 4-70 所示为变化与统一图案。

3．节奏与韵律

在音乐中，节奏被定义为"互相连接的音，所经时间的秩序"，我们在图案中将设计图形的距离方位做反复的排列或者空间的延伸就会产生节奏。因此可以说：节奏就是规律性的重复。

▶ 图 4-70　变化与统一图案

▶▶图 4-71　节奏与韵律

▶▶图 4-72　对比与和谐

在节奏的重复中，我们把节奏控制的距离进行变化产生间隔，加入强弱、大小、远近等区别，就产生了优美的律动，这就是韵律。

节奏和韵律是相互依存的，韵律的使用可以使作品在节奏的基础上产生丰富的效果，而节奏是在韵律基础上的继续发展。如图 4-71 所示为节奏与旋律的体现。

4．对比与和谐

对比是指设计中在质量的差别中各种设计要素的相对比较。我们在设计图案中经常使用的对比技巧一般来说有图案的对比、质量的对比、方式的对比。通过这些对比可以使设计生动活泼又不失整体感。

和谐就是适合。也就是说在设计中，构成的各个要素不是相互抵触压制，而是完整统一调和的。相对于对比而言更注重一致性，这两者是不可分割的统一整体，也是设计图案产生强烈效果的必要手段。如图 4-72 所示为对比与和谐的体现。

第5章

招贴广告设计——路径工具的使用

"招贴"按其字意解释，"招"是指引注意，"贴"是张贴，即"为招引注意而进行张贴"。招贴的英文名字为"Poster"，在牛津词典里意指展示于公共场所的告示。在伦敦"国际教科书出版公司"出版的广告词典里，"Poster"意指张贴于纸板、墙、大木板或车辆上的印刷广告，或以其他方式展示的印刷广告，它是户外广告的主要形式，广告的最古老形式之一。

由于招贴具备了视觉设计的绝大多数基本要素，因此它的设计表现技法比其他媒介更广、更全面，更适合作为基础学习的内容，同时它在视觉传达的诉求效果上最容易让人产生深刻的印象。

5.1 招贴广告的创意与设计技巧

所谓招贴，又名"海报"或宣传画，属于户外广告，分布于各处街道、影（剧）院、展览会、商业区、机场、码头、车站、公园等公共场所，在国外被称为"瞬间"的街头艺术。

广告设计首先应具有传播信息和视觉刺激的特点。所谓"视觉刺激"，是指吸引观众发生兴趣，并在瞬间自然产生三个步骤，即刺激、传达、印象的视觉心理过程。"刺激"是让观众注意它，"传达"是把要传达的信息尽快地传递给观众，"印象"即所表达的内容给观众形成形象的记忆。

如今广告业发展日新月异，新的理论、新的观念、新的制作技术、新的传播手段、新的媒体形式不断涌现，但招贴始终无法代替，仍然在特定的领域里施展着活力，并取得了令人满意的广告宣传作用，这主要是由它的特征所决定的，如图 5-1 所示。

▶图 5-1 招贴广告

5.1.1 招贴广告的创意

一幅招贴广告成功的关键取决于良好的创意。

一个好的广告创意取决于两个基本因素：轰动效应与讯息关联。

轰动效应即招贴广告在受众中引起的共鸣，招贴广告中的某些元素刺激了受众，吸引了注意力，给受众留下了深刻的印象。

讯息关联即招贴广告传递的信息引导受众产生了联想，增强了想象，而这种联想和想象是按照广告创意人员的思路所发展的。

招贴广告的创意过程是一个发现独特观念并将现有概念以新的方式重新组合的循序渐进过程。创意过程是一个艰苦、复杂、细心并极富挑战性和灵感性的工作。收集信息、开阔思路、明确目的、自由联想、酝酿创意、实现创意是创意过程的几个基本步骤。

5.1.2 招贴广告的设计技巧

在进行招贴设计时，如何对素材加以运用和改造，提高设计的艺术表现力，这个过程需要不断地尝试各种方法，不断地改变花样。

1. 想象

想象是创作活动的重要手段。

想象是人们观察事物时所产生的心理活动，想象其实是触景生情、有感而发。想象的情节（包括形象）是人的记忆、知识的延伸和创造。

拟人化的设计就是想象，把动物、植物等人格化，赋予新的含意。这种处理具有幽默感和亲切感，表现形式用漫画、卡通、绘画等比较多，如图 5-2 所示。

2. 颠倒

颠倒就是从反面看待事物，不仅仅是图形和文字的倒置。

这种技巧一般不是直接描述或表达事物本身，而是通过与其对立的事物来反衬。比如想表达物品质感的细腻，可以用粗糙的物品来反衬；用丑陋来透射美丽；用令人心烦的耐心表现真诚，等等。

3. 联系

必然联系：由一事物联想到另一事物，事物之间有相似关系或因果关系。

偶然联系：把两个表面看起来不相干的想法合并在一起，看看自己的构思和哪些创意产生联系，能否碰撞出新的创意火花。这种偶然联系法常常能收到意想不到的效果。另外，这种联系创造出来的图形和情节，具有一定的暗示效应，能使受众在接受信息时，对创意的内涵自觉地进行完善和补充，如图 5-3 所示。

▶ 图 5-2　想象

▶ 图 5-3　联系

5.2　广告案例分析

1. 创意定位

　　首日封是邮票发行首日的记载，它与邮票密切关联，由邮政部门、集邮公司设计、印制和发行，也有集邮者自制的。首日封一般都印有与邮票有关的图案和文字说明，以加强邮票的宣传作用，如图 5-4 所示为 2015 年羊年设计的首日封。

　　首日封寓知识性、艺术性、史料性于一体。它记录下邮票的发行首日，成为研究邮票发行史最为真实权威的证据。

　　而图 5-5 所示，则是某手表公司推出一款纪念手表时围绕手表设计的理念，我们首先想到的是"情感与怀旧"，该手表广告的创作意念于是定为"怀旧"。以 20 世纪 30 年代的上海作为时代背景，配合电视广告，采用电影剧照的形式，描写一个忧伤的爱情故事，表达缅怀"曾经拥有"的浓郁感情，广告标题为"不在乎天长地久，只在乎曾经拥有"，这也反映了现代社会的价值观念，并且很快成为社会流行语。因此，此款手表的主题定为"不在乎天长地久，只在乎曾经拥有"，整个手表广告设计围绕该主题进行。

　　怀旧是人们体验情感的方式，是引发共鸣的工具和过程。它已让商界认识到，怀旧可以成为一种沟通和促销的手段。

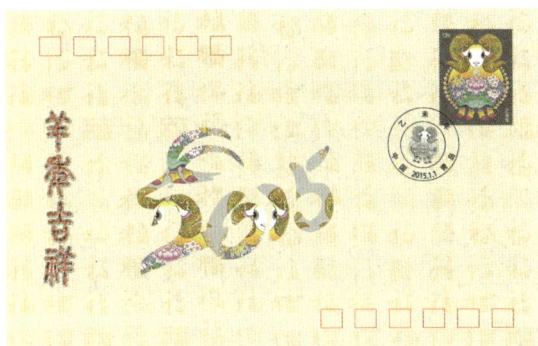

▶ 图 5-4　首日封

▶ 图 5-5　手表招贴广告

2．所用知识点

上面的广告中，主要用到了 Photoshop CC 软件中的以下几个命令：

❖ 路径工具组；
❖ 变换命令组；
❖ 斜面和浮雕命令；
❖ 光照效果。

3．制作分析

本广告的制作分为以下几个环节完成：

❖ 图案构思，特别是"2015"中"2"的图案变化；
❖ 正确运用路径的填充、描边及文字适配路径；
❖ 表盘的制作，用到了路径工具和渐变填充命令；
❖ 表带的制作，用到了选区与渐变色编辑命令；
❖ 通过复制及色彩调整、背景图的合成，完成广告的创作。

5.3 知识卡片

在 Photoshop 中经常会利用路径工具绘制复杂的图形或选取图像，因此必须了解和熟练掌握这些工具的功能及使用方法。

5.3.1 钢笔路径工具

1．路径的概念

路径是由贝塞尔曲线（Bezier curve）组成的一种非打印的图形元素，它在 Photoshop 中起着位图与矢量元素之间相互转换的桥梁作用。利用路径可以选取或绘制复杂的图形，并且可以非常灵活地进行修改和编辑。

2．路径的组成

路径由一个或多个直线段或曲线段组成。每一段路径都有锚点标记；锚点标记位于路径段的端点。通过编辑路径的锚点，可以很方便地改变路径的形状。在曲线段上，每个选中的锚点显示一条或两条方向线，方向线以方向点结束。方向线和方向点的位置决定曲线段的大小和形状。移动这些元素将改变路径中曲线的形状，如图 5-6 所示。

平滑曲线由称为平滑点的锚点连接。锐化曲线路径由角点连接，如图 5-7 所示。

（1）锚点：（亦称节点）包括角点、平滑点。当在平滑点上移动方向线时，将同时调整平滑点两侧的曲线段。相比之下，当在角点上移动方向线时，只调整与方向线同侧的曲线段。用钢笔工具单击就能产生锚点，即两个直线段的角。

（2）直线段：连接两个角点，或者与角点无控制柄一端相连的线段。

（3）曲线段：连接平滑点或角点有控制柄一端的线段。

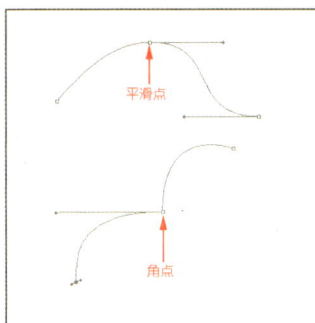

▶▶图 5-6　平滑点与角点

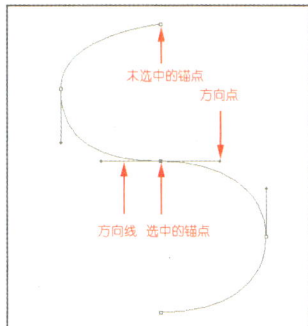

▶▶图 5-7　方向点与锚点

（4）闭合路径：起点与终点为一个锚点的路径。

（5）开放路径：起点与终点是两个不同锚点的路径，如图 5-8 所示。

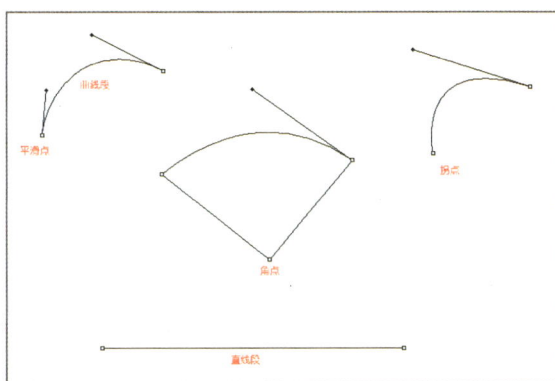

▶▶图 5-8　路径组成

3．钢笔路径工具组

钢笔路径工具组可用来创建路径、调整路径形状。它包括 5 种工具，在工具箱中使用同一个图标位置，它们分别是钢笔工具、自由钢笔工具、添加锚点工具、删除锚点工具和转换点工具。

单击钢笔工具，其属性栏如图 5-9 所示。

▶▶图 5-9　钢笔路径工具属性栏

1）绘图模式

在 Photoshop 中开始进行绘图之前，必须从属性栏中选择绘图模式。选取的绘图模式将决定是在自身图层上创建矢量形状，还是在现有图层上创建工作路径，或是在现有图层上创建栅格化形状。

属性栏中包括三种绘图模式。

（1）"形状"选项：激活此按钮，其属性栏如图 5-10 所示，可用来设定填充色和描边色及线形，此时在图层面板中生成新图层。

▶图 5-10　　"形状"图层选项属性栏及形状路径

（2）"路径"选项：激活此按钮，可以创建普通的工作路径，此时不在图层面板中生成新图层，如图 5-11 所示。此时如果单击属性栏上的"选区"、"形状"按钮则路径自动生成相应的对象。而属性栏中的 3 个按钮 ，只有画面存在多个路径时方可使用。它们分别是"路径操作方式"、"路径对齐方式"、"路径排列方式"。

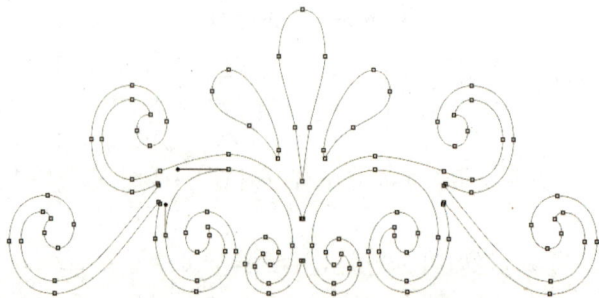

（3）"像素"选项：使用钢笔路径时此按钮不可用，只有使用"矢量形状"工具时才可用。激活此按钮，在图像文件中拖曳鼠标时，既不创建新图层，也不创建工作路径，只在当前层中创建填充前景色的形状图形，如图 5-12 所示。

▶图 5-11　　"路径"选项属性栏及路径

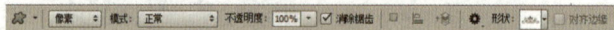

▶图 5-12　　"像素"选项属性栏及形状图形

2）路径绘制工具

路径绘制通常指除矩形、圆角矩形、椭圆、直线、多边形和自由形状 6 种路径以外的其他路径绘制。

（1）钢笔工具。

钢笔工具主要用于绘制路径。激活钢笔工具并在文件中起点处单击，然后移动到下一个位置单击，则可以创建直线路径；当按住鼠标左键拖动时，曲线由该锚点开始并与该锚点处的方向线相切，直至结束锚点并与结束锚点形成一条曲线。事实上每个曲线锚点都连接着两条方向线，一段表示路径中前一段弧线的弧度大小，另一段表示下一段路径的方向。如图 5-13 所示，使用钢笔路径工具既可形成直线路径，也可形成曲线路径。

小提示

在绘制直线路径时，按住 Shift 键可将钢笔工具绘制的曲线限制在 45°范围内。

按住 Ctrl 键可将钢笔工具切换为方向选取工具，便于随机调整路径方向。在闭合路径之前按住 Ctrl 键在路径外单击，可以完成开放路径的绘制。

（2）自由钢笔工具。

自由钢笔工具集合了钢笔工具与磁性钢笔工具二者的优点，当在属性栏中取消"磁性的"复选框时，它将是自由钢笔工具，可以在画面中任意勾画；反之为磁性钢笔工具。当按下鼠标左键在画面上拖动时，此工具可沿着鼠标运动的轨迹（或对象的轮廓线）自由绘出任意形状的路径；当回到起点时，光标右下方会出现一个小圆圈，此时松开鼠标可得到封闭路径。如图 5-14 所示，通过磁性钢笔工具将对象勾勒出来，然后即可将其转换为选区。

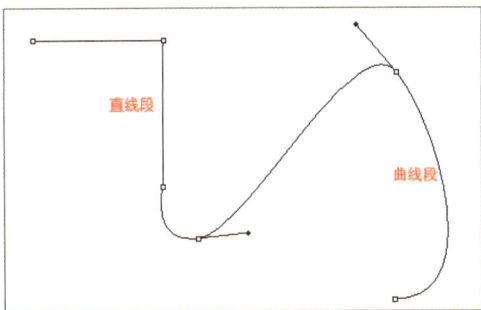

▶图 5-13　绘制直线与曲线　　　　▶图 5-14　磁性钢笔工具绘制路径

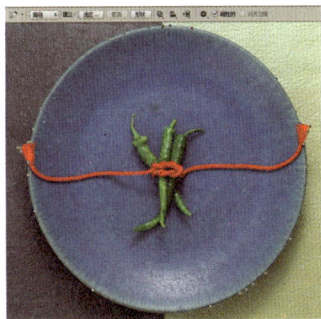

（3）添加锚点工具。

利用添加锚点工具可在路径上通过增加锚点，从而精确描述对象的形状，改变路径的弧度与方向。

激活"添加锚点"工具，将光标移动到要添加锚点的路径上，当光标显示为添加锚点符号时单击左键，即可添加锚点，此时并没有更改路径形状。如果在单击的同时按住鼠标左键拖移，则可改变路径形状，如图 5-15 所示。

（4）删除锚点工具。

激活"删除锚点"工具，将光标移动到要删除的某个锚点，当光标显示为"删除锚点"

符号时单击左键，即可删除锚点，此时已经改变路径形状，如图 5-16 所示。如果按住 Alt
键在一个锚点上单击，则整个路径会被选中，并且拖动鼠标时会复制路径。

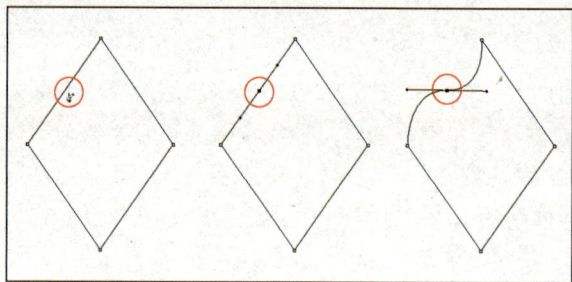

▶ 图 5-15　添加锚点　　　　　　　　　　▶ 图 5-16　删除锚点

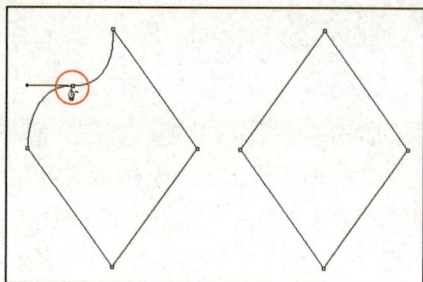

（5）转换点工具。

转换点工具可改变一个锚点的性质。该工具有三种工作方法，取决于编辑的锚点特性，
如图 5-17 所示。

❖ 对于一个具有拐角属性的锚点，单击并拖动将使其改为具有圆滑属性的锚点。

❖ 若一锚点为具有圆滑属性的锚点，单击该点可使其属性变为拐角属性，同时将与之
相关联的曲线路径段变为直线。

❖ 单击并拖动方向点可将锚点的圆滑属性变为拐角属性。

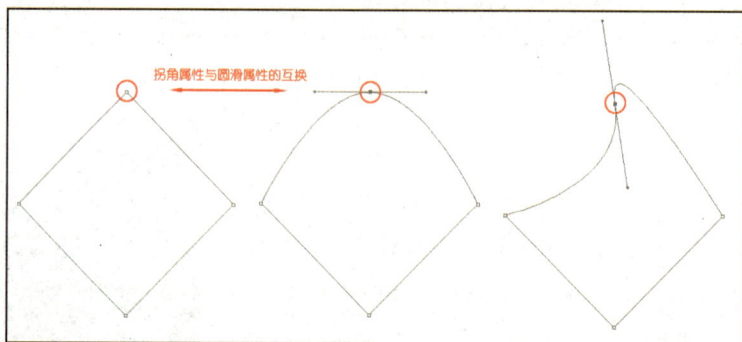

▶ 图 5-17　变换锚点

小提示

按住 Alt 键，在锚点上单击会变为"点转换"工具，在非锚点上单击会变为"添加锚点"工具。
"转换点"工具因单击路径部位的不同而改换成不同的工具。如按住 Alt 键后在一个路径上的非
锚点处单击，则转换点工具变成"添加锚点"工具，并将该路径上的锚点全部选择。

如按住 Alt 键后在一个锚点上单击，则删除锚点的方向线。

如在按下 Alt 键之前将"转换点"工具放在一个方向点上，则"点转换"工具变成方向选取工具。

（6）自定形状工具

在形状按钮中包含了许多特殊图形。如图 5-18 所示，单击右侧下拉按钮，有 17 种多
边形形状的选项可供选择，只需选择某个多边形形状后，按住鼠标左键拖移即可。

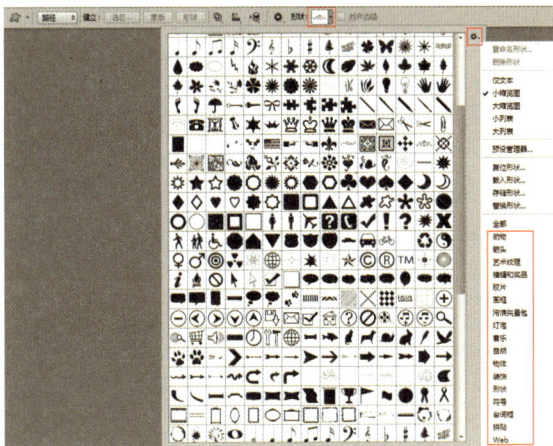

▶▶图 5-18　预设多边形形状

4．路径的创建与保存

在学习了路径工具组中各种工具的使用方法后，下面介绍路径的创建与保存。单击菜单"窗口"→"路径"命令，打开如图 5-19 所示路径面板。

该面板底部自左至右一排按钮的意义分别介绍如下。

❖ "填充路径"按钮：用来对路径内区域填充前景色。

❖ "描边路径"按钮：用来沿着路径的边缘利用前景色进行勾边描绘。

▶▶图 5-19　路径面板

❖ "将路径作为选区载入"按钮：用来把路径转化为选区。

❖ "从选区生成工作路径"按钮：用来把选区转化为路径。

❖ "添加图层面板"按钮：用来为路径所在图层添加蒙版。

❖ "创建新路径"按钮：用来产生新的路径。

❖ "删除当前路径"按钮：用来删除当前路径。

1）直线路径的创建

激活工具箱中的"钢笔"工具，在画面中单击鼠标左键即可创建一个起始点，然后移动鼠标至另一个位置单击鼠标左键即可创建终点，直线段路径产生。

2）曲线路径的创建

一段曲线路径由锚点、方向点和方向线来定义，当按下鼠标左键拖移时，曲线由起始锚点开始，并与起始锚点处的方向线相切，至结束锚点，与结束锚点成一条曲线。

3）路径选择工具

路径选择工具包括"路径选择工具"与"直接选择工具"两个工具，如图 5-20 所示。"路径选择工具"主要用于选择路径、移动路径；"直接选择工具"主要用于调整路径上各个方向点的位置、路径弧度的大小或选择整个路径上的多个锚点。

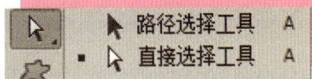

▶▶图 5-20　选择工具

按住 Alt 键，使用"路径选择工具"单击并拖动一个锚点，可复制整个路径并移至其他地方。

按住 Shift 键，则将"路径选择工具"移动的方向点限制在水平、垂直和45°角的范围。

4）路径的存储

单击路径调板右侧的倒三角按钮，弹出如图 5-21 所示菜单，在其中选择"存储路径"选项，单击"确定"按钮即可储存路径。

5）路径转换为选区

路径与选择区域的关系非常密切，大多时候创建的路径最终都要转变为选择区域才能达到设计目的。

单击"路径"面板右侧的倒三角按钮，或单击鼠标右键，在弹出菜单中，如图 5-21 所示，执行"建立选区"命令，出现"建立选区"对话框，如图 5-22 所示。

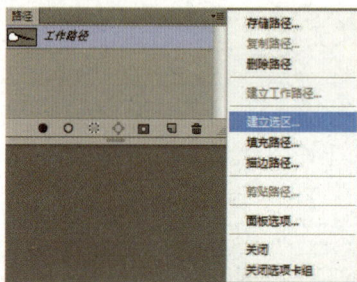

▶▶图 5-21　路径面板

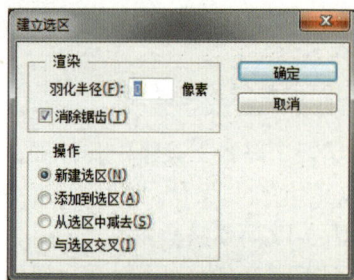

▶▶图 5-22　"建立选区"对话框

在"建立选区"对话框的"操作"栏中提供了 4 种创建方式：选中"新建选区"单选项，表明由路径创建一个新选区，此时画面中只有路径，而没有选区；选中"添加到选区"单选项，表明把路径转换为选区并和画面上已存在的选定区域相加，此时画面中不仅有路径，而且还有其他选区；选中"从选区中减去"单选项，表明把路径转换为选区，并从画面上已存在的选定区域中减去新创建的选定区域；选中"与选区交叉"单选项，表明从路径与选定区域重合的区域创建一个选择区域。

单击"路径"面板中的"将路径作为选区载入"按钮，并同时按住 Alt 键，也会出现"建立选区"对话框。

6）选区转换为路径

如果需要将选择区域转换为路径，同样可以做到。单击"路径"面板右侧的倒三角按钮，在弹出菜单中选择"建立工作路径"命令即可。

▶▶图 5-23　"建立工作路径"对话框

按住 Alt 键并单击"路径"面板底部的"从选区建立工作路径"按钮，也可打开"建立工作路径"对话框。如图 5-23 所示，"容差"选项用于设定转换后路径上包括的锚点数，其变化范围为 0.5～10，其默认值为 2 像素。值越大，产生的锚点数量越少，路径就越不平滑；值越小则相反。

7）填充与描边路径

路径和选择区域一样，都具有填充和描边功能。单击路径面板右侧的倒三角按钮，在弹出菜单中选择"填充路径"、"描边路径"命令，它们与"编辑"下拉菜单中的"填充"、"描绘"命令的用法一致。

8）路径的变形

路径和选择区域一样，也可以进行必要的变形处理。当画面中出现路径时，单击菜单"编辑"，在其下拉菜单中，用户可以发现原来的"自由变换"、"变换"命令已改为"自由变换路径"，"变换路径"命令。同样，如果用户选择路径上的锚点，则命令变为"自由变换点"、"变换点"，其操作方法与原来一致，如图 5-24、图 5-25 所示。

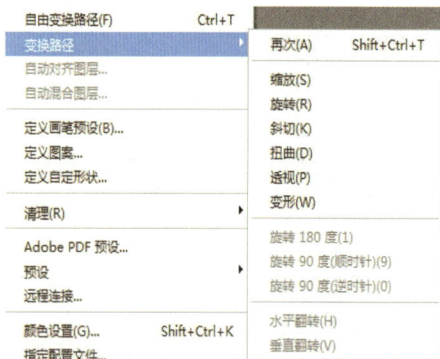

▶ 图 5-24　路径变换

▶ 图 5-25　锚点变换

5.3.2　路径与多边形

Photoshop CC 中还有许多预设好的规则图形路径，如图 5-26 所示，这些规则图形路径的属性栏与普通路径基本相似，用法也一致。

1．矩形工具

矩形工具的属性栏与钢笔工具的属性栏基本相同，具有相同的选项和按钮，此处不再介绍。单击属性栏中的■按钮，弹出如图 5-27 所示对话框。

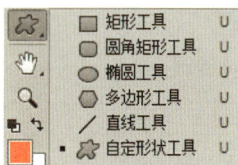

▶ 图 5-26　图形工具组

▶ 图 5-27　矩形工具属性栏

❖　"不受约束"：选择此选项，可以绘制任意长度和宽度的矩行图形。

❖　"方形"：选择此选项，可以绘制正方形。

❖　"固定大小"：选择此选项，并在右侧的文本框中设置具体长宽尺寸，可以绘制固定大小的矩形。

❖　"比例"：选择此选项，并在右侧的文本框中设置具体比例，可以绘制固定比例的矩形。

❖ "从中心"：选择此选项，在绘制矩形时，将以鼠标光标的起点为中心绘制矩形。

❖ "对齐边缘"：选择此选项，绘制的矩形边缘将与像素边缘对齐，从而避免图形边缘出现锯齿。

2. 圆角矩形工具

圆角矩形工具的选项与矩形工具的完全相同，只是在属性栏中多了一个"半径"选项。该选项用于控制矩形倒角大小，如图 5-28 所示。

3. 椭圆工具

椭圆工具的属性栏与矩形工具一样，此处不再赘述。

4. 多边形工具

单击属性栏中的 ⚙ 按钮，弹出如图 5-29 所示对话框，图 5-30 所示为统一设定为 6 边形时改变参数后各自的效果。

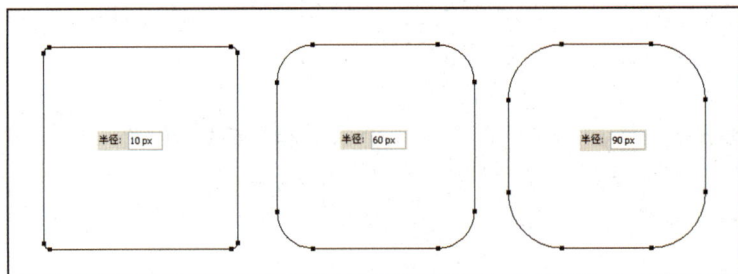

▶图 5-29　多边形工具属性栏　　　　▶图 5-28　圆角矩形对比

❖ "半径"：用于设置多边形或星形的半径。该文本框中无数值时，拖移鼠标可以绘制任意的多边形或星形。

❖ "平滑拐角"：选择此选项，可以绘制具有平滑拐角形态的多边形或星形。

❖ "星形"：选择此选项，可以绘制边向中心位置缩放的星形图形。

❖ "缩进边依据"：选择"星形"选项后此选项方可使用，其主要用于控制边向中心缩进的程度。

❖ "平滑缩进"：选择此选项，可以使星形的边平滑地向中心缩进。

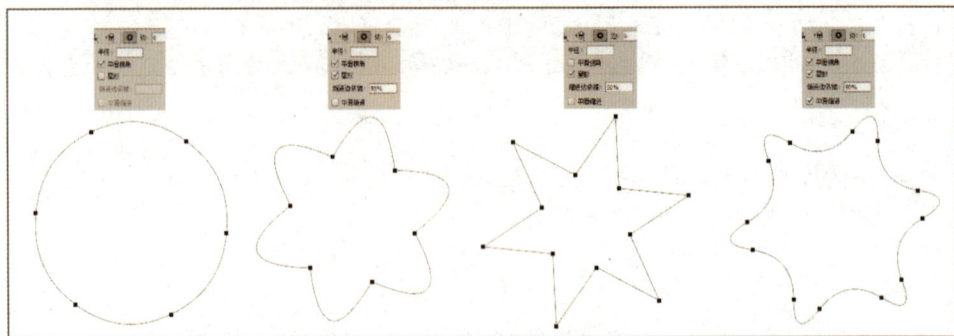

▶图 5-30　多边形与星形对比

5．直线工具

单击属性栏中的 ⚙ 按钮，弹出如图 5-31 所示对话框。

❖ "起点"、"终点"：选择起点选项，绘制的直线的起点带箭头，反之终点带箭头；两者同时勾选，则直线的两端都具有箭头，反之为直线。

❖ "宽度"、"长度"：用于设置箭头的宽度和长度与直线宽度的百分比，以此决定箭头的大小。

❖ "凹度"：文本框中的数据决定箭头中央凹陷的程度。数值大于 0 时，箭头尾部向内凹陷；数值小于 0 时，箭头尾部向外凸出。

▶ 图 5-31 直线工具属性栏

6．自定形状工具

在自定形状工具组中，除了预设的形状外，还可以自定义形状，具体操作如下。

（1）新建文件，激活"钢笔路径"工具，绘制出如图 5-32 所示的路径。

（2）单击菜单"编辑"→"定义自定形状"命令，弹出如图 5-33 所示对话框，在对话框中可以对路径进行命名。

（3）单击"确定"按钮，即可将路径定义为自定形状。打开自定形状库可以找到定义的形状，如图 5-34 所示。

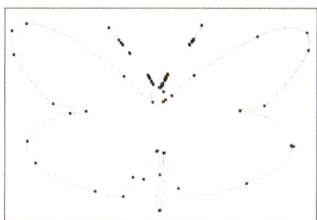

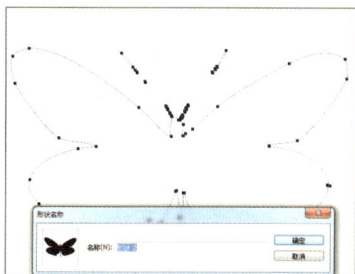

▶ 图 5-32 绘制路径　　　　▶ 图 5-33 "形状名称"对话框　　　　▶ 图 5-34 自定形状库

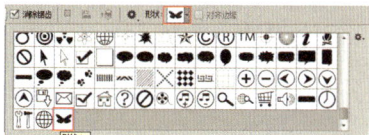

5.3.3 栅格化形状

利用钢笔工具或者形状工具组中的工具绘制形状图形后，单击菜单"图层"→"栅格化"→"形状"命令，或在"形状层"中单击鼠标右键，在弹出的菜单中选择"栅格化图层"命令，即可将形状层进行栅格化，使其转换为普通层。将形状层栅格化为普通层后，形状层就不再具有路径的属性。栅格化前后的形状和图层面板对比效果如图 5-35、图 5-36 所示。

5.3.4 填充与描绘路径

绘制完成的路径具有与选区相同的功能，即可以执行"描边路径"和"填充路径"命令。绘制完成路径后单击鼠标右键，在弹出的快捷菜单中选择相应的选项即可。下面以实际案例演示"描边路径"和"填充路径"的功能。

▶▶图 5-35　栅格化前的形状图层面板

▶▶图 5-36　栅格化后的形状图层面板

范例操作　填充与描边路径应用

Step 01 新建文件，命名为"纪念封"，分辨率设置为 300 像素/英寸，其他参数设置如图 5-37 所示。

Step 02 单击前景色缩略图，在如图 5-38 所示的对话框中设置前景色，单击"确定"按钮。

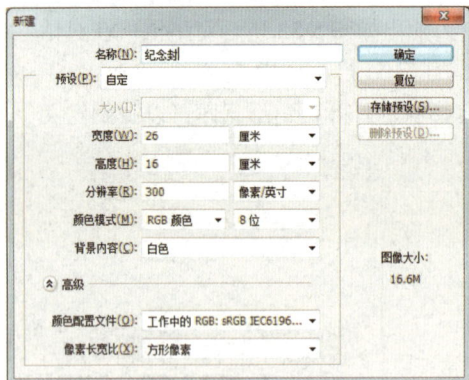

▶▶图 5-37　新建文件

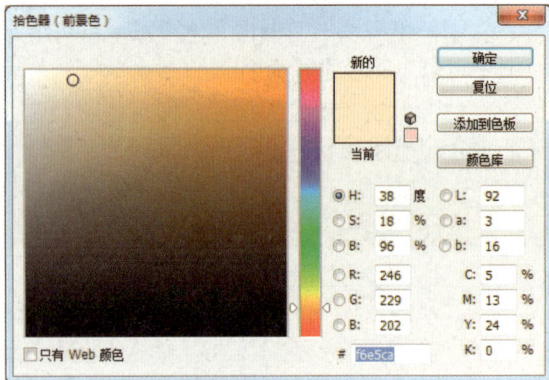

▶▶图 5-38　设置前景色

Step 03 新建"图层 1"，激活"油漆桶"工具，填充前景色。单击菜单"滤镜"→"滤镜库"命令，在弹出的对话框中选择"纹理"选项，设置如图 5-39 所示的相应参数，单击"确定"按钮，效果如图 5-40 所示。

▶▶图 5-39　"纹理"选项对话框

▶▶图 5-40　"纹理"效果

Step 04 打开素材百福图，如图 5-41 所示，将其复制到"纪念封"文件中，调整大小后改变图层面板的参数，效果如图 5-42 所示。

▶图 5-41　素材百福图　　　　　　　　　　▶图 5-42　粘贴素材效果

Step 05 打开素材，如图 5-43 所示。单击菜单"编辑"→"定义图案"命令，在弹出的对话框中定义图案名称，如图 5-44 所示，单击"确定"按钮。

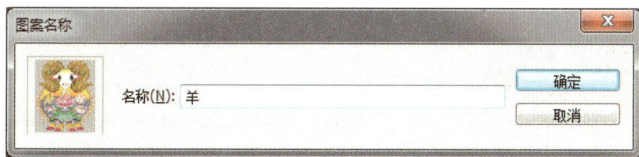

▶图 5-43　打开素材　　　　　　　　　　▶图 5-44　定义图案名称

Step 06 激活"钢笔路径"工具，绘制如图 5-45 所示的路径图形，在绘制过程中可以通过调整锚点使之具有自然、流畅的曲线。激活"路径选择"工具将路径全选后单击鼠标右键，在弹出的快捷菜单中选择"填充路径"选项。如图 5-46 所示，在弹出的对话框中选择刚刚定义的图案，单击"确定"按钮，效果如图 5-47 所示。

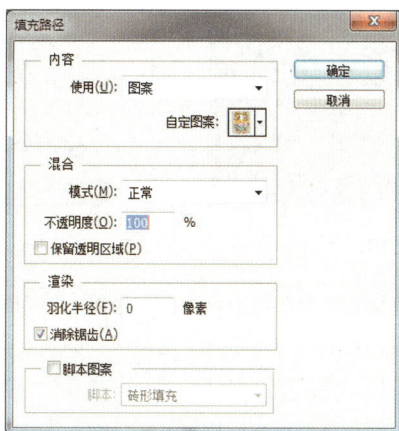

▶图 5-45　绘制路径　　　　　　　　　　▶图 5-46　"填充路径"对话框

Step 07 以图 5-43 所示素材为当前文件，双击背景层
将其转化为"图层 0"。激活魔棒工具，选择
背景色，然后按 Delete 键删除背景色，效果
如图 5-48 所示。

Step 08 单击菜单"图像"→"画布大小"命令，在
弹出的对话框中，如图 5-49 所示，根据邮票
的大小调整比例尺寸。单击"确定"按钮，
然后填充灰色（C0、M0、Y0、K80），效果
如图 5-50 所示。

▶▶ 图 5-47　填充图案效果

Step 09 全选该图像，如图 5-51 所示，将选区转化
为路径。设置前景色为白色，激活铅笔工具，设置如图 5-52 所示笔尖形状参数。然后执行"描
边路径"命令，效果如图 5-53 所示。

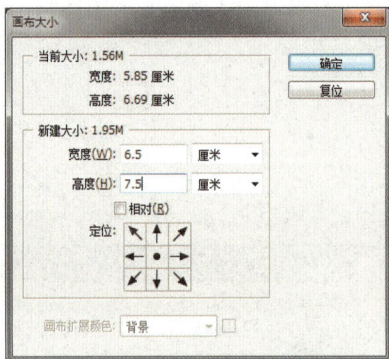

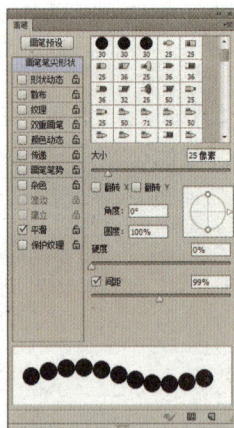

▶▶ 图 5-48　删除背景　　　　　▶▶ 图 5-49　"画布大小"对话框　　　　　▶▶ 图 5-50　填充灰色背景

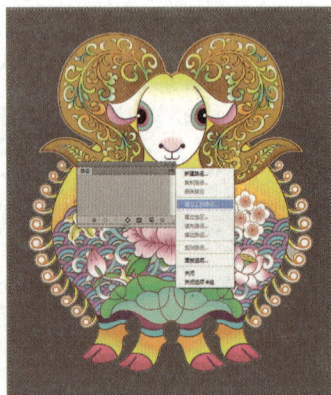

▶▶ 图 5-51　将选区转化为路径　　　　　▶▶ 图 5-52　设置画笔　　　　　▶▶ 图 5-53　描边效果

Step 10 激活魔棒工具并选择白色的锯齿边缘，按 Delete 键删除白色部分，效果如图 5-54 所示。

Step 11 将该图案复制到"首日封"文件中，调整大小与位置，并输入必要的文字，效果如图 5-55 所示。

Step 12 新建图层，激活矩形路径工具，按住 Shift 键绘制正方形路径。单击菜单"视图"→"标尺"命令，
打开标尺后将鼠标指向标尺，按住鼠标左键添加如图 5-56 所示辅助线。

Step 13 按 Ctrl+T 组合键，按住 Shift 键水平移动正方形至第二条辅助线并双击，效果如图 5-57 所示。

▶图 5-54　删除白色部分　　　▶图 5-55　复制并调整图案　　　▶图 5-56　绘制正方形路径

Step 14 按 Ctrl+Shift+Alt 组合键并单击键盘上的 T 键，可连续复制该对象，效果如图 5-58 所示。

Step 15 设置前景色为红色，铅笔工具直径为 3 像素。激活"直接选择路径"工具，将 6 个正方形路径全部选中，单击鼠标右键，在弹出的快捷菜单中选择"描边路径"选项，单击"确定"按钮，效果如图 5-59 所示。

▶图 5-57　移动正方形路径　　　▶图 5-58　复置正方形路径　　　▶图 5-59　描边正方形路径

Step 16 复制该图层将其移至右下角，调整画面其他对象的位置，单击菜单"视图"→"显示额外内容、标尺"命令，关闭辅助线及标尺，效果如图 5-60 所示。首日封的雏形制作完成，保存待用。

▶图 5-60　首日封雏形

5.3.5　文字与路径的转换

利用文字转换为工作路径命令可以将字符作为矢量形状处理。工作路径是"路径"面板中的临时路径，用于定义形状的轮廓。在文字图层中创建的工作路径可以像其他路径一样存储和编辑，但不能将此路径中的字符作为文本进行编辑。将文字转换为工作路径后，原文字图层保持不变并可以继续进行编辑。

范例操作 文字与路径转换应用

Step 01 打开"首日封"图像，激活文本工具，在其属性栏中设置相应参数，然后输入文字，效果如图 5-61 所示。

Step 02 单击菜单"文字（类型）"→"创建工作路径"命令，将文字轮廓转换为路径，效果如图 5-62 所示。

▶▶图 5-61　输入竖排文字

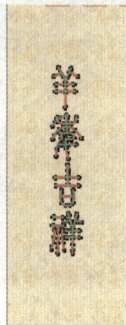

▶▶图 5-62　文字轮廓转换为路径

Step 03 新建"图层 1"。打开路径面板并右击，在弹出的快捷菜单中选择"填充路径"命令，打开"填充路径"对话框，如图 5-63 所示。选择填充图案（可以通过"定义图案"命令设定自己满意的图案效果），单击"确定"按钮，效果如图 5-64 所示。

▶▶图 5-63　"填充路径"对话框

▶▶图 5-64　填充效果

Step 04 单击图层面板下方的"图层样式"按钮，在弹出的对话框中设置参数，如图 5-65 所示，单击"确定"按钮，效果如图 5-66 所示，保存待用。

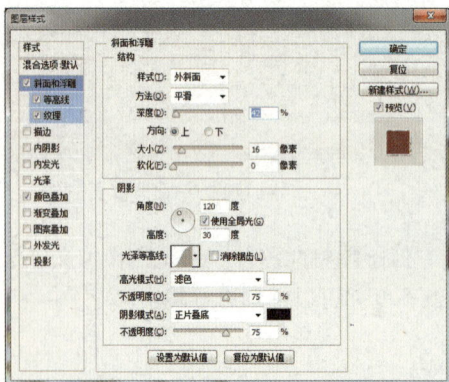

▶▶图 5-65　"图层样式"对话框

▶▶图 5-66　"图层样式"效果

范例操作 文字转换为形状应用

Step 01 以文字层为当前层，单击菜单"文字（类型）"→"转换为形状"命令，如图 5-67 所示，将其转换为形状。

Step 02 单击菜单"编辑"→"定义为形状"命令，如图 5-68 所示，单击"确定"按钮，将文字路径定义为形状。

Step 03 激活多边形工具，在其属性栏中，如图 5-69 所示，选择刚刚定义的形状。然后按住鼠标左键在画面中绘制，效果如图 5-70 所示，注意观察图层面板效果。

▶ 图 5-67　文字转换为形状

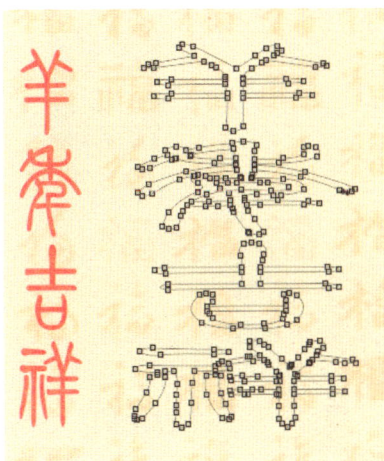

▶ 图 5-68　文字定义为形状

▶ 图 5-69　选择形状

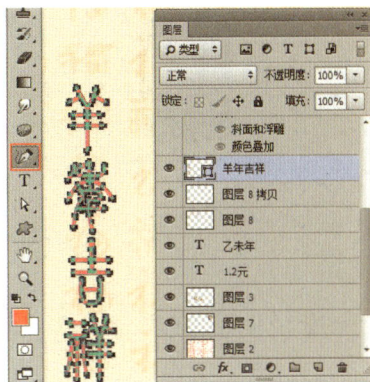

▶ 图 5-70　绘制形状

5.3.6　文字适配路径

在 Photoshop CC 中，其本身所具有的文字排列形式往往不能满足设计需要，可以利用文字沿着路径排列的特点，通过"钢笔"路径工具绘制形态各异的路径。当绘制完路径后，在路径边缘或内部单击插入输入符后即可输入文字。

范例操作 文字沿着路径排列应用

Step 01 打开"首日封"图片，新建图层，激活椭圆路径工具，然后在画面中绘制如图 5-71 所示的正圆路径并执行"描边路径"命令，描边颜色为黑色，线宽为 3 像素。

Step 02 保持正圆路径为当前工作路径，如图 5-72 所示，按 Ctrl+T 组合键调整路径大小。

Step 03 激活"文字"工具，设置合适的字体、字号及文字颜色，然后将鼠标光标移动至路径并出现该符号时单击左键，则此处为文字起点，路径的终点变为小圆圈。输入文字，效果如图 5-73 所示。

Step 04 关闭路径，激活钢笔路径工具重新绘制一条开放路径，效果如图 5-74 所示。

▶图 5-71　绘制正圆路径　　▶图 5-72　调整路径大小　　▶图 5-73　沿路径输入文字　　▶图 5-74　绘制开放路径

Step 05 用同样的方法输入如图 5-75 所示文字。将"羊"素材删除背景后，单击菜单"图像"→"模式"→"灰度"命令，将其复制到该文件中，调整大小后在外围绘制 3 像素宽的黑线，效果如图 5-76 所示。

▶图 5-75　再次输入文字　　　　　　　　　　　▶图 5-76　最终效果

5.4　实例解析

范例操作　　手表广告

Step 01 新建文件，设置大小为 12 厘米×9 厘米，分辨率为 300 像素／英寸，色彩模式为 RGB。

Step 02 激活圆形选择框工具，按住 Shift 键在画面中绘制如图 5-77 所示的选区。激活渐变工具，单击属性栏中的渐变色条，在"渐变编辑器"中设置如图 5-78 所示渐变色。

Step 03 新建"图层 1"，选择角度渐变方式，在选区中由圆心向右下角拖动鼠标，填充效果如图 5-79 所示。

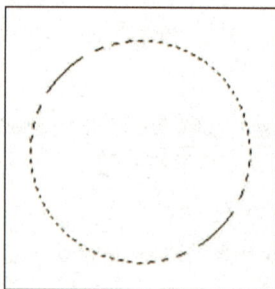

▶图 5-77　绘制圆形选区　　▶图 5-78　设置渐变色　　▶图 5-79　填充效果

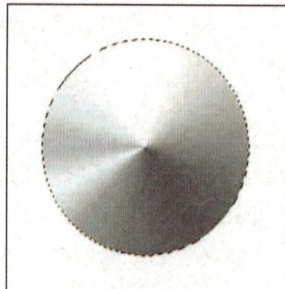

Step 04 单击菜单"选择"→"修改"→"收缩"命令，在弹出的"收缩"选区对话框中设置"收缩值"为45
像素，单击"确定"按钮，效果如图 5-80 所示。按 Delete 键删除选区内容，效果如图 5-81 所示。

Step 05 单击菜单"图层"→"图层样式"→"斜面和浮雕"命令，在弹出的对话框中设置参数，如图 5-82
所示，单击"确定"按钮，效果如图 5-83 所示。

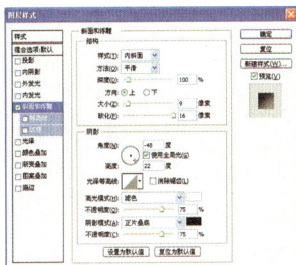

▶图 5-80　执行"收缩"命令　　▶图 5-81　删除效果　　▶图 5-82　设置参数（1）　　▶图 5-83　"斜面和浮雕"效果（1）

Step 06 按住 Ctrl 键单击"图层 1"，载入选区并新建"图层 2"，然后填充灰色，效果如图 5-84 所示。
调整图层位置，使"图层 2"位于"图层 1"下方，调整大小，效果如图 5-85 所示。

Step 07 以"图层 2"为当前层，单击菜单"图层"→"图层样式"→"斜面和浮雕"命令，在弹出的对话
框中设置与图 5-82 所示相同的参数，单击"确定"按钮，效果如图 5-86 所示。

Step 08 激活魔术棒工具并选择"图层 2"的中间白色区域，如图 5-87 所示。在背景层上新建"图层 3"并
填充白色。以"图层 3"为当前层，单击菜单"图层"→"斜面与浮雕"命令，在弹出的对话框中
设置参数，如图 5-88 所示，单击"确定"按钮，效果如图 5-89 所示。

▶图 5-84　填充灰色　　▶图 5-85　调整大小　　▶图 5-86　"斜面和浮雕"效果(2)　　▶图 5-87　选择白色区域

Step 09 新建"图层 4"，激活钢笔路径工具，绘制如图 5-90 所示的路径，单击路径面板右侧的三角按钮，
将路径转换为选区。激活渐变填充工具，填充灰与白，效果如图 5-91 所示。

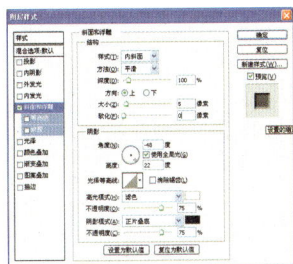

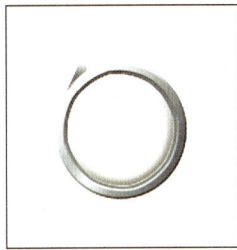

▶图 5-88　"设置参数（2）　　▶图 5-89　"斜面和浮雕"效果(3)　　▶图 5-90　绘制路径　　▶图 5-91　填充渐变色

Step 10 按照步骤 9 的方式绘制路径并执行渐变操作，效果依次如图 5-92、图 5-93 所示。然后激活魔棒工具选择空白区域，单击菜单"选择"→"反选"命令，复制粘贴，如图 5-94 所示。单击菜单"编辑"→"自由变换"命令，调整各自的位置，效果如图 5-95 所示。

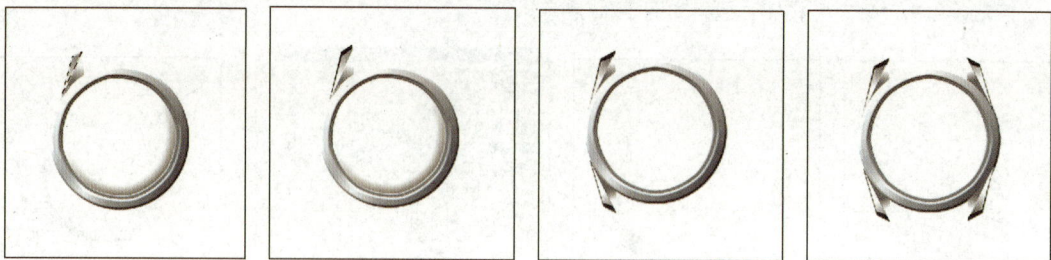

▶图 5-92　绘制选区　　▶图 5-93　填充渐变色　　▶图 5-94　复制粘贴　　▶图 5-95　调整位置

Step 11 新建"图层 5"，激活圆形选框工具，绘制选区，然后单击菜单"编辑"→"描边"命令，描边颜色为灰色，宽度为 1 像素，单击"确定"按钮。效果如图 5-96 所示。

Step 12 新建"图层 6"，激活矩形选框工具，绘制如图 5-97 所示形状作为刻度。激活渐变工具，并选择角度渐变填充，效果如图 5-98 所示。

Step 13 将"图层 6"复制多个，然后调整它们的方向和位置，效果如图 5-99 所示。合并"图层 6"及复制层为"图层 7"。

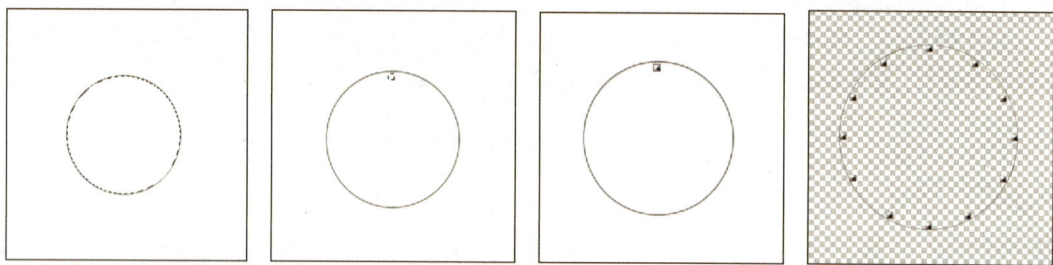

▶图 5-96　"描边"效果　　▶图 5-97　绘制刻度选区　　▶图 5-98　填充刻度　　▶图 5-99　复制并调整刻度

Step 14 以"图层 7"为当前层，单击菜单"滤镜"→"渲染"→"光照效果"命令，在弹出的对话框中设置如图 5-100 所示的参数，单击"确定"按钮。

Step 15 激活多边形套索工具，绘制如图 5-101 所示表针选区，然后激活渐变填充工具，选择角度渐变填充方式，填充效果如图 5-102 所示。用同样的方法绘制其他两个表针，并调整它们的位置，效果如图 5-103 所示。

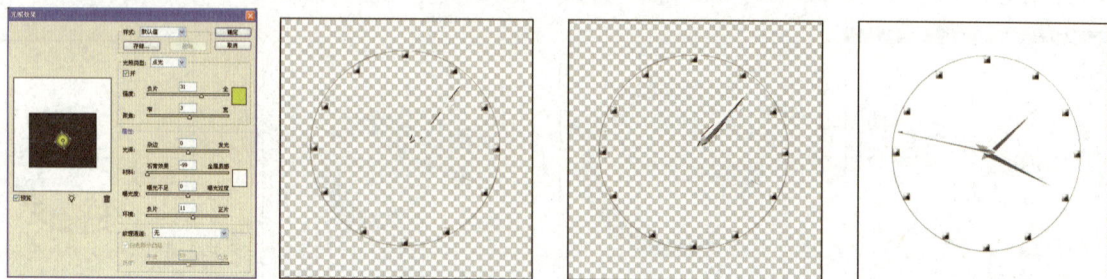

▶图 5-100　设置"光照效果"参数　　▶图 5-101　绘制表针选区　　▶图 5-102　角度渐变填充效果　　▶图 5-103　绘制表针并调整位置

Step 16 新建"图层 8",激活圆形选区工具,绘制与表盘同等大小的圆,并填充黑色,合并"图层 7"和"图层 8"为"图层 7",效果如图 5-104 所示。

Step 17 激活钢笔工具,绘制手表"标志"的路径轮廓。单击路径面板旁边的三角形按钮,选择"描边"命令,在弹出的对话框中设置描边宽度为 1 像素,颜色为白色,在下拉菜单中选择毛笔工具,绘制标志,效果如图 5-105 所示。

Step 18 激活矩形选框工具,在表盘正下方绘制如图 5-106 所示矩形选框,并将其填充为灰色。然后激活文字工具,在灰色矩形框内填充文字 6,在标志下方选择合适位置,输入文本大写字母"OMEGA",颜色为白色。合并"文字图层"与"图层 7"为"图层 7",效果如图 5-107 所示。

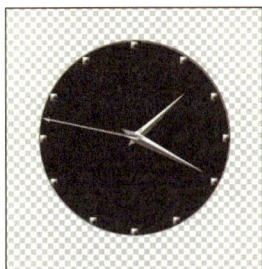

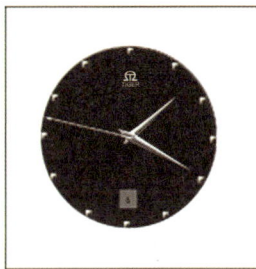

▶▶ 图 5-104 合并图层效果　　▶▶ 图 5-105 绘制标志　　▶▶ 图 5-106 绘制矩形选框　　▶▶ 图 5-107 输入文本

Step 19 显示所有图层,以"图层 7"为当前层,激活魔术棒工具,选择"图层 7"空白区域,单击菜单"选择"→"反选"命令,然后单击菜单"编辑"→"自由变换"命令,调整表盘大小,效果如图 5-108 所示。

Step 20 新建"图层 8",激活钢笔工具,绘制如图 5-109 所示路径。激活渐变填充工具,编辑渐变色,如图 5-110 所示,选择"线性渐变"方式,渐变填充效果如图 5-111 所示。单击菜单"编辑"→"复制"/"粘贴"命令,然后旋转复制层并调整位置,合并"图层 8"及复制层为"图层 8",效果如图 5-112 所示。

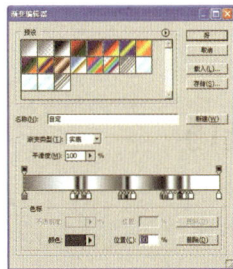

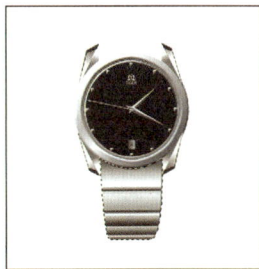

▶▶ 图 5-108 调整表盘大小　　▶▶ 图 5-109 绘制路径　　▶▶ 图 5-110 编辑渐变色　　▶▶ 图 5-111 渐变填充效果

Step 21 新建"图层 9",激活矩形选框工具,绘制如图 5-113 所示矩形选框,激活渐变填充工具,设置如图 5-110 所示渐变色,选择角度渐变方式,填充效果如图 5-114 所示。单击菜单"编辑"→"复制"/"粘贴"命令,旋转复制层并调整位置,合并"图层 9"及复制层为"图层 9",效果如图 5-115 所示。

▶ 图 5-112　复制并调整效果　　▶ 图 5-113　绘制矩形选框（1）　　▶ 图 5-114　填充渐变色　　▶ 图 5-115　旋转并调整位置

Step 22 激活矩形选框工具，绘制如图 5-116 所示矩形选框。激活渐变填充工具，设置渐变色，如图 5-117 所示，由上向下渐变填充，效果如图 5-118 所示。

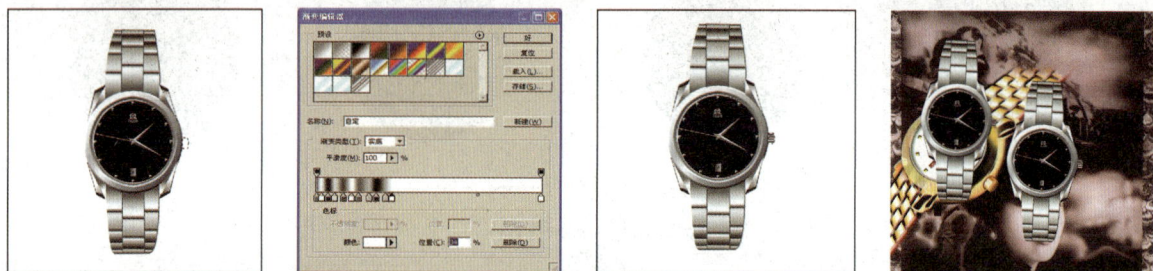

▶ 图 5-116　绘制矩形选框（2）　　▶ 图 5-117　设置渐变色　　▶ 图 5-118　填充渐变色效果　　▶ 图 5-119　复制并调整位置

Step 23 合并除背景层外的所有图层。打开素材图像，将制作完成的手表拷贝至新文件中，复制拷贝层，调整大小及位置，效果如图 5-119 所示。以复制层为当前层，单击菜单"图像"→"调整"→"色相/饱和度"命令，如图 5-120 所示设置参数，单击"确定"按钮并输入必要的广告词，效果如图 5-5 所示。

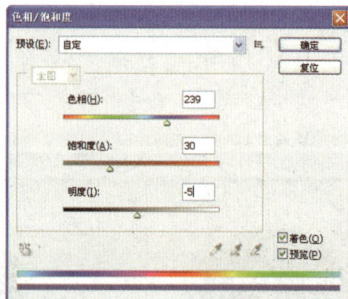

▶ 图 5-120　设置"色相/饱和度"参数

5.5　常用小技巧

　　路径工具（钢笔工具）是 Photoshop 中的重要工具，运用非常广泛。其主要用于进行光滑图像区域选择及辅助抠除图像背景，绘制光滑线条，勾勒图像边缘，定义画笔等工具的绘制轨迹。

　　（1）通过勾画路径方法创作图形轮廓时建议不要使用"路径描边"方法，可以将路径转换为选区后再执行"描边"命令，这样可以减少锯齿。

　　（2）按住 Alt 键，在路径面板的垃圾桶图标上单击可直接删除路径。

　　（3）在使用路径其他工具时按住 Ctrl 键，鼠标光标暂时变成直接选取路径工具。

　　（4）单击路径面板上的空白灰色区域可关闭所有路径的显示，而路径并没有被删除。

第**6**章

贺卡设计——图像变换、定义的应用

贺卡是人类优秀文化的结晶，是传递真情的独特载体。小小贺卡可以传播文明、寄托感情。每个人都可以成为贺卡的消费者，也可以成为贺卡的制作者。

现在，人们都喜欢在聚会场合、节日庆典、生日宴会上，给对方赠送贺卡以示祝福。每逢节日，各种礼品卡、贺卡就会纷至沓来，给人们带来浓浓的节日气氛。而过生日的人，也会在聚会上或从远方收到伴随着生日礼物的一张张贺卡，每张贺卡上都写着赠送者的诚挚祝福，更是增添了不少情谊。

由于传统纸质卡片，其材料多为高档木浆纸，而生产这种纸消耗最多的就是木材资源。在提倡低碳环保的今天，传统的贺卡在与现代的网络技术融合后，又在虚拟的社会里创造了自己新的辉煌——电子贺卡（E-card）。电子贺卡以其快速便捷、节约环保的特点，迅速成为一种时尚，如图6-1所示。

电子贺卡的出现对传统贺卡出现了一定的冲击，但两者是无法完全相互取代的。许多人认为收

▶图 6-1　电子贺卡

到传统贺卡时那种幸福、感动的感觉是其他方式所不能代替的，传统贺卡依然有着电子贺卡不能替代的优点，如图 6-2、图 6-3 所示为精美的多折贺卡和对折贺卡。环保方面则可以在工艺上多下功夫，如废纸利用等。

▶图 6-2　多折贺卡

▶图 6-3　对折贺卡

6.1　2016 猴年贺卡设计案例分析

1．创意定位

汉族普遍认为猴为吉祥物。"猴"本来就是"候"，也同
"侯"。"侯"，是对美猴的称赞，引申为一种美。《诗经》上有
"海直且侯"一句，《韩诗》解释说："侯，美也。"转引为古代
贵族爵位的第二等，所谓"公、侯、伯、子、男"中的"侯爵"。
又泛指封有爵位的地方君主，如春秋战国时期的列国诸侯。秦
汉时代，封侯拜将。于是封侯使"猴"增添了一种吉祥的象征
意义。如图 6-4 所示，贺卡的设计关键在于要紧扣贺卡所表现
的设计主题。翻开猴年第一页，还有比猴子更合适的角色吗？

▶图 6-4　猴年贺卡

2．所用知识点

上面的设计中，主要用到了 Photoshop CC 软件中的以下几个命令：
- ❖ 填充工具；
- ❖ 矩形选框工具；
- ❖ 变换组合命令；
- ❖ 滤镜命令；
- ❖ 图层样式命令。

3．制作分析

该贺卡的制作分为 4 个环节：
- ❖ 草图构思；
- ❖ 制作中以填充工具、矩形选框工具、变换组合命令、图层样式命令、滤镜命令、渐
变工具为主要工具；
- ❖ 调整透视关系；
- ❖ 最后整合完成。

6.2　知识卡片

通常情况下变换图像命令主要指变换、自由变换，其实还包括内容识别比例、操控变
形、自动对齐图层和自动混合图层命令，下面分别讲解。

6.2.1　内容识别比例

在缩放操作中，缩放命令是对变形框内所有的图像进行统一比例的缩放，而利用"编
辑"→"内容识别比例"命令对图像进行缩放，可在自动识别主要物体（如人物、动物及

建筑物等）的情况下，对图像进行不同程度的缩放，尽量保持主要图像的原始比例。

单击菜单"编辑"→"内容识别比例"命令，此时该命令的属性栏如图 6-5 所示。

▶▶图 6-5　内容识别比例命令属性栏

❖ 数量：用于设置内容识别缩放与常规缩放的比例。
❖ 保护：可在右侧的选项窗口中选择要保护区域的 Alpha 通道，若该文件中没有 Alpha
　　通道，将显示"无"。
❖ 保护肤色按钮 ：激活此按钮，可以最大限度保护含有肤色的区域，使之不进行缩
　　放变换。

6.2.2　操控变形

操控变形功能提供了一种可视的网格，借助该网格，可以在随意扭曲特定图像区域的
同时保持其他区域不变。

单击菜单"编辑"→"操控变形"命令，此时该命令的属性栏如图 6-6 所示。

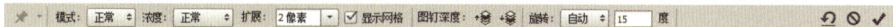

▶▶图 6-6　操控变形命令属性栏

❖ 模式：确定网格的整体弹性。
❖ 浓度：确定网格点的间距。较多的网格点可以提高精度，但处理时间会较长。
❖ 扩展：扩展或收缩网格的外边缘。
❖ 显示网格：勾选此选项，将在图像上显示网格，若取消此选项的选择，将只显示调
　　整图钉，从而显示更清晰的变换预览。要临时隐藏调整图钉，可以按住 H 键，释
　　放按键后将又显示图钉。
❖ 图钉深度：添加图钉后，单击右侧的 和 按钮，可显示与其他网格区域重叠的网
　　格区域。
❖ 旋转：设置要围绕图钉旋转网格。要按固定角度旋转网格，请按住 Alt 键，然后将
　　鼠标光标移动到图钉附近，但不要放到图钉上。当出现旋转圆圈时，拖动鼠标可以
　　直观地旋转网格，旋转的角度会在选项栏中显示出来。
❖ 移去所有图钉 ：单击此按钮，可将添加的图钉全部移除，图像恢复变形前的状态。
　　要移去选定图钉，可按 Delete 键；要移去其他各个图钉，可将鼠标光标直接放在这
　　些图钉上，然后按 Alt 键，当鼠标光标显示为剪刀图标时，单击该图标即可。

在"图层"面板中，选择要变换的图层，然后单击菜单"编辑"→"操控变形"命令，
此时将根据图像显示变形网格。在图像上单击，可以向要变换的区域和要固定的区域添加
图钉。在图钉上按下鼠标并调整位置，即可对图形进行变形调整。要选择多个图钉，可在
按住 Shift 键的同时单击这些图钉。

范例操作　操控变形工具应用

Step 01　打开素材图片，如图 6-7 所示，将瓶子复制后形成"图层 1"，为工作图层，单击菜单"编辑"→"操控变形"命令，效果如图 6-8 所示。有时为了便于观察，可将属性栏中"显示网格"选项前面的勾选取消。

Step 02　根据设计需要，将鼠标光标移动到图像上依次单击，添加如图 6-9 所示图钉。在添加图钉时，最好在各部位的转折点添加，以利于图像扭曲变换。

▶图 6-7　打开素材图片　　▶图 6-8　显示操控变形　　▶图 6-9　添加图钉

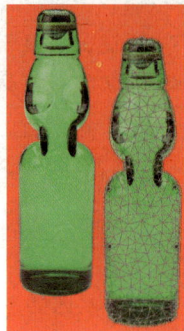

Step 03　将鼠标光标移动到不同的图钉上按下并拖动，如图 6-10 所示，调整完毕后单击☑按钮提交变形即可，效果如图 6-11 所示。

Step 04　用同样的方法将瓶颈弯曲变形，效果如图 6-12 所示。如果需要增加图钉，可在任何时间内增加图钉或调整图钉的位置，即可完成图形的扭曲变形。

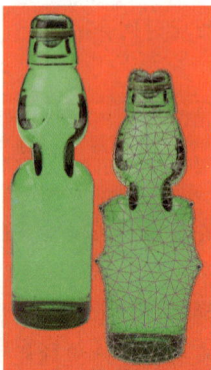

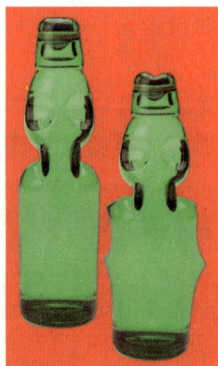

▶图 6-10　移动图钉　　▶图 6-11　提交操控变形　　▶图 6-12　最终效果

6.2.3　变换/自由变换

　　变换/自由变换工具主要对选区或图层进行缩放、旋转、斜切、扭曲、透视、变形以及水平和垂直镜像对象操作。其中，"自由变换"命令主要用于对象的缩放、旋转，而"变换"命令除具有以上两个功能外，还具有其他功能，而且每种变换都可改变中心点。下面以图 6-13 为参照，主要对斜切、扭曲、透视、变形命令效果进行对比，如图 6-14～图 6-17 所示。

▶▶图 6-13　打开素材

▶▶图 6-14　斜切效果

▶▶图 6-15　扭曲效果

▶▶图 6-16　透视效果

6.2.4　自动对齐图层

自动对齐图层命令与"文件"→"自动"→"Photomerge"命令相似，可以根据不同图层中的相似内容（如角和边）自动对齐图层。可以指定一个图层作为参考图层，也可以让 Photoshop 自动选择参考图层。其他图层将与参考图层对齐，以便匹配的内容能够自行叠加。

▶▶图 6-17　变形效果

选择两个或两个以上的相似图层后，单击菜单"编辑"→"自动对齐图层"命令，将弹出如图 6-18 所示的"自动对齐图层"对话框，在此对话框中可以选择自动对齐图层的各种选项。

❖ 自动：单击该选项，Photoshop 可以自动分析图像并且选择最适合的图层对齐方式。

❖ 透视：单击该选项，可以将源图像中的一个图像指定为参考图像来创建一致的复合图像，然后将其他图像进行位置调整、伸展或斜切，来匹配图层的重叠内容。

❖ 拼贴：该选项可以对齐图层并匹配重叠内容，但不更改图像中对象的形状。

❖ 圆柱：该选项可以在展开的圆柱上显示出各个图像，它将参考的图像居中放置，适于创建全景图。

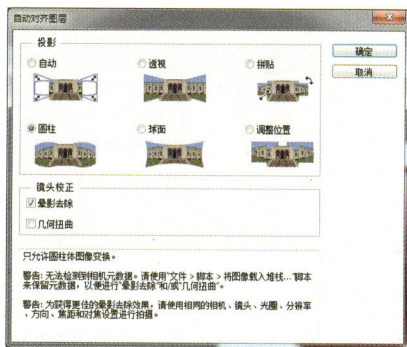
▶▶图 6-18　"自动对齐图层"对话框

❖ 球面：该选项可以指定某个源图像作为参考图像，并对其他图像执行球面变换。

❖ 调整位置：该选项可以对齐图层并匹配重叠内容，但不会变换任何源图层。

❖ 晕影去除：该选项可以对导致图像边缘尤其是角落比图像中心暗的镜头缺陷进行补偿。

❖ 几何扭曲：补偿几何扭曲，如桶形、枕形或鱼眼失真等。

范例操作　自动对齐图层命令应用

打开素材图片，如图 6-19 和图 6-20 所示，目的是要将图 6-19 中人物右侧脸上的眩光修复，可以通过利用与图 6-20 人物相似的效果进行处理。

Step 01 新建与图 6-19 同等大的文件，将其复制到新建文件中，效果如图 6-21 所示，然后将另一张图复制局部至该文件中，效果如图 6-22 所示（为便于观察故意保留蓝色背景）。

▶▶图 6-19　素材 1　　　　▶▶图 6-20　素材 2　　　　▶▶图 6-21　复制素材 1　　　　▶▶图 6-22　复制素材 2

Step 02 在新图像的"图层"面板中，排列新图层，使包含要更正内容的图层位于包含正确内容的图层的上方（为便于观察此时两个图层的位置是颠倒的）。

Step 03 选择这两个新图层，然后单击菜单"编辑"→"自动对齐图层"命令，在弹出的对话框中设置参数，如图 6-23 所示。单击"确定"按钮，效果如图 6-24 所示，可以看到 Photoshop 会查找每个图层中的公共区域，并将这些区域对齐，以便重叠相同的区域。

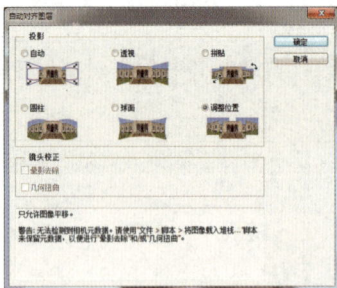 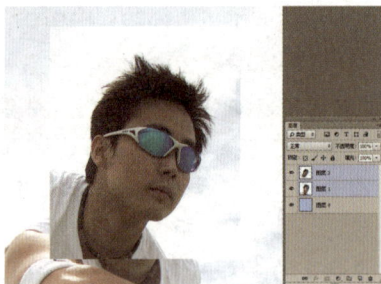

▶▶图 6-23　"自动对齐图层"对话框　　　　　　　　　　▶▶图 6-24　对齐效果

Step 04 改变图层上下关系，以"图层 1"为当前层，单击"图层"→"图层蒙版"→"显示全部"命令，此时图层面板如图 6-25 所示。

Step 05 将前景色设置为黑色，选取画笔笔尖和大小，仔细修复，并在必要时进行放大以专注于要更正的图像部分，效果如图 6-26 所示。

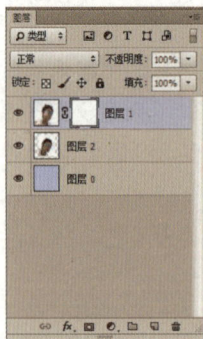 

▶▶图 6-25　图层面板　　　　　　　　　　▶▶图 6-26　最终效果

注意

使用画笔工具，通过在顶部图层上方进行绘画来添加到图层蒙版。用黑色绘画将完全遮盖顶部图层；用灰度绘画将创建显现下方图层的部分透明度；用白色绘画将恢复顶部图层。

6.2.5 自动混合图层

通过 Photomerge 命令或对齐图层命令组合的图像，由于源图像之间的曝光度差异，可能导致组合图像中出现接缝或不一致。单击"编辑"→"自动混合图层"命令，可在最终图像中生成平滑的过渡效果。

Photoshop 将根据需要对每个图层应用图层蒙版，以遮盖曝光过度或曝光不足的区域，从而创建出无缝组合的效果。

6.3 实例解析

Step 01 新建文件，设制颜色模式为 CMYK，分辨率为 72，其他参数如图 6-27 所示。

Step 02 单击菜单"窗口"→"颜色"命令，如图 6-28 所示，打开颜色面板，调整滑块，设置前景色为深蓝色（C100、M90、Y0、K30）。

▶ 图 6-27 新建文件

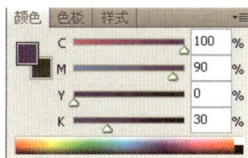

▶ 图 6-28 设置颜色

Step 03 单击菜单"编辑"→"填充"命令，设置填充前景色。然后激活工具箱中的"矩形选框"工具，在画面中绘制如图 6-29 所示区域。

Step 04 在颜色面板中，如图 6-30 所示，设置前景色为浅绿色，背景色为白色。

Step 05 激活工具箱中的"渐变填充"工具，在其属性栏中单击线性渐变填充按钮，然后按住 Shift 键自上而下做渐变填充，效果如图 6-31 所示。

Step 06 单击菜单"窗口"→"图层"命令，打开图层面板，如图 6-32 所示，新建图层"图层 1"。

▶ 图 6-29 填充颜色

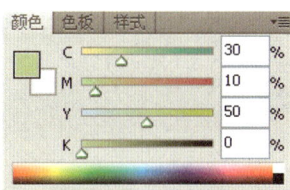

▶ 图 6-30 设置颜色

▶ 图 6-31 填充渐变色

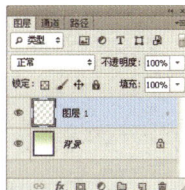

▶ 图 6-32 新建图层

Step 07 激活"矩形选框"工具,绘制如图 6-33 所示选区并填充为白色。

Step 08 在工具箱中,如图 6-34 所示,单击"默认前景色和背景色"按钮。

Step 09 单击菜单"滤镜"→"素描"→"便条纸"命令,在其对话框中设置如图 6-35 所示参数。单击"确定"按钮,效果如图 6-36 所示。

▶▶图 6-33 绘制选区 ▶▶图 6-34 设置默认色 ▶▶图 6-35 "便条纸"对话框

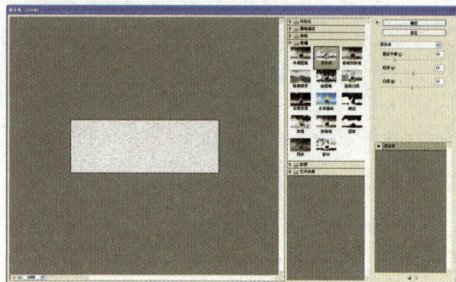

Step 10 激活"矩形选框"工具,如图 6-37 所示,在矩形中心位置绘制一个竖长条形的选区并按 Delete 键删除纹理。

Step 11 确保当前工具为选区工具,将鼠标指向选区内部,按住鼠标左键,移动选区至如图 6-38 所示位置并按 Delete 键删除。

Step 12 将选区移至右边形成对称并删除,得到如图 6-39 所示图形形态。(如果掌握不准可以通过添加辅助线完成以上 3 步。)

▶▶图 6-36 便条纸效果 ▶▶图 6-37 绘制选区 ▶▶图 6-38 移动选区 ▶▶图 6-39 删除选区效果

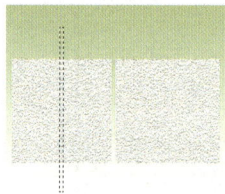

Step 13 单击菜单"编辑"→"变换"→"扭曲"命令,如图 6-40 所示调整对象,双击鼠标左键完成变形。

Step 14 在图层面板中,将"图层 1"拖至图层面板底部的"新建图层"按钮中复制为"图层 1 副本"。如图 6-41 所示,将"图层 1 副本"安置在"图层 1"的下面,单击"锁定"按钮。

Step 15 以"图层 1 副本"为当前层,将前景色设置为 50% 的灰色,然后填充前景色。激活工具箱中的"移动"工具,单击两下键盘中的"→"键,形成如图 6-42 所示立体效果。

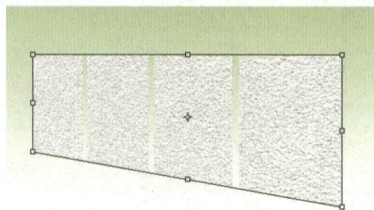

▶▶图 6-40 变形效果 ▶▶图 6-41 复制图层 ▶▶图 6-42 移动复制层效果

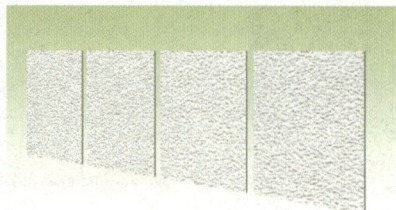

Step 16 如图 6-43 所示，在图层面板中，复制"图层 1 副本"为"图层 1 副本 2"，并将"图层 1 副本 2"安置在"图层 1 副本"的下面。

Step 17 单击菜单"编辑"→"变换"→"扭曲"命令，如图 6-44 所示调整对象，双击鼠标左键完成变形。

Step 18 在图层面板中，如图 6-45 所示，单击底部的"添加图层蒙版"按钮。

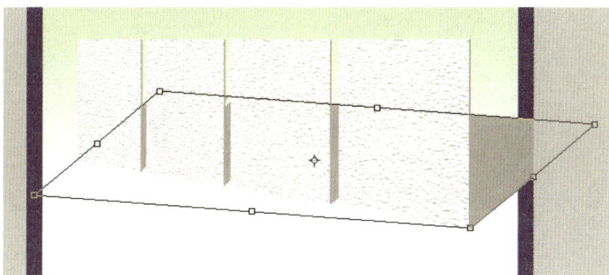

▶▶图 6-43　复制图层　　　　▶▶图 6-44　扭曲效果　　　　▶▶图 6-45　添加蒙版

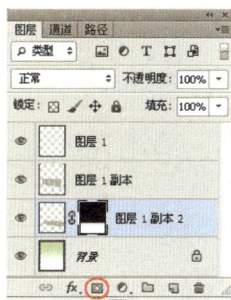

Step 19 激活工具箱中的"渐变填充"工具，以图形底部为起点，自下而上做线性渐变填充，效果如图 6-46 所示。

Step 20 在颜色面板中，如图 6-47 所示，设置前景色为红色（C20、M100、Y100、K0）。

Step 21 激活工具箱中的"横排文字"工具，如图 6-48 所示，在画面中输入文字"2015"。

▶▶图 6-46　做线性渐变填充　　　　▶▶图 6-47　设置颜色　　　　▶▶图 6-48　输入文字

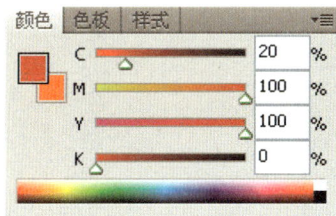

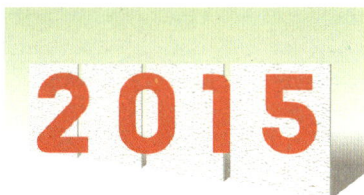

Step 22 在属性栏上单击"切换字符和段落"按钮，打开字符面板，如图 6-49 所示设置字体、大小和字间距。

Step 23 单击菜单"图层"→"栅格化"→"文字"命令，如图 6-50 所示将文字层转变为普通层。

Step 24 单击菜单"编辑"→"变换"→"扭曲"命令，如图 6-51 所示调整对象，双击鼠标左键完成变形。

Step 25 激活"矩形选框"工具或魔术棒工具，依次单个选取数字并用"移动"工具调整好位置，效果如图 6-52 所示。

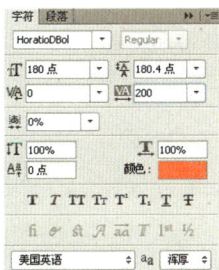

▶▶图 6-49　字符面板　　▶▶图 6-50　栅格化文字　　▶▶图 6-51　扭曲效果　　▶▶图 6-52　选取数字并调整位置

Step 26 取消选区，在图层面板中，单击底部的"添加图层样式"按钮，如图 6-53 所示，在"图层样式"对话框中选择"斜面和浮雕"效果并设置相应参数。

Step 27 正确设置参数后，单击"确定"按钮，效果如图 6-54 所示。

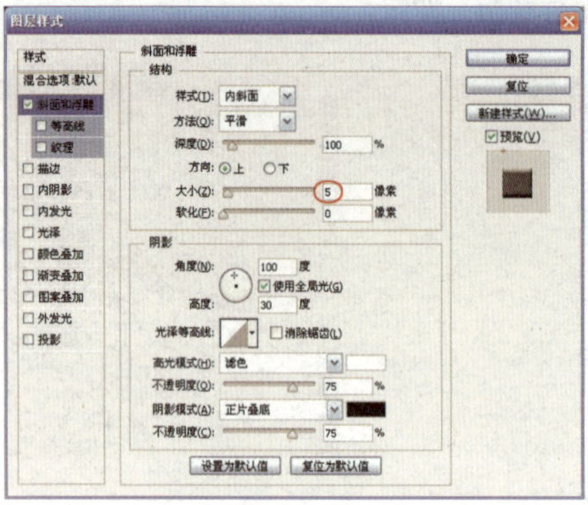

▶▶ 图 6-53　"图层样式"对话框

▶▶ 图 6-54　"斜面和浮雕"效果

Step 28 如图 6-55 所示，按 Ctrl 键单击"图层 1"和"图层 1 副本"，使得三个图层一同被选取。单击鼠标右键，在弹出的快捷菜单中选择"合并图层"命令，如图 6-56 所示。

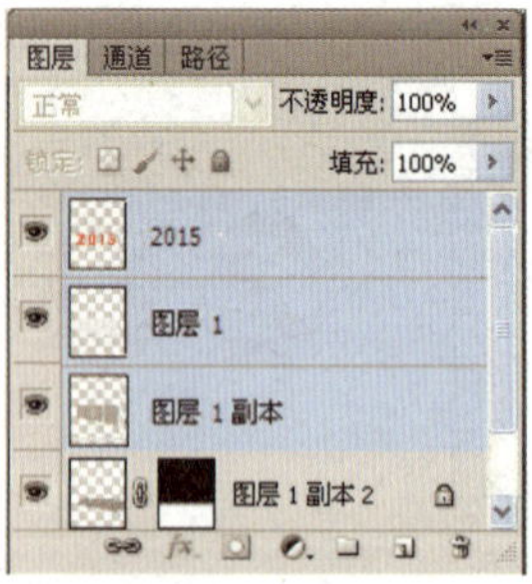

▶▶ 图 6-55　选择图层

▶▶ 图 6-56　合并图层

Step 29 下面我们来绘制一个"卡通猴子"。新建文件，参数设置如图 6-57 所示。

Step 30 打开图层面板，如图 6-58 所示，新建"图层 1"。以"图层 1"为当前层，激活工具箱中的"钢笔工具"，在其相应属性栏中选择"路径"模式，绘制如图 6-59 所示路径。在绘制过程中注意使用"直接选择工具"调整路径的形态，使线条自然流畅。

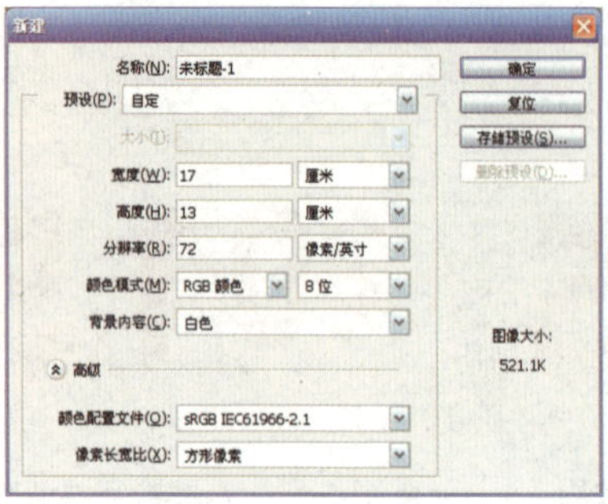

▶▶ 图 6-57　新建文件

▶▶ 图 6-58　新建图层

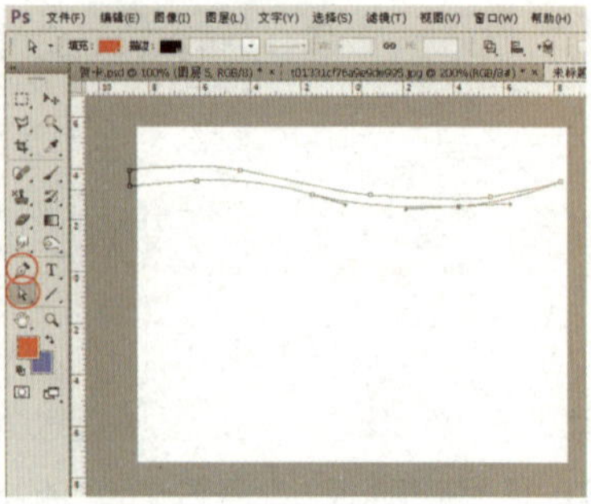

▶▶ 图 6-59　绘制路径

Step 31 在路径面板中，如图 6-60 所示，单击下面的"将路径作为选区载入"按钮。在如图 6-61 所示颜色面板中设置前景色为 C60、M70、Y100、K0。填充选区，效果如图 6-62 所示，树枝造型完成。

▶图 6-60　载入选区

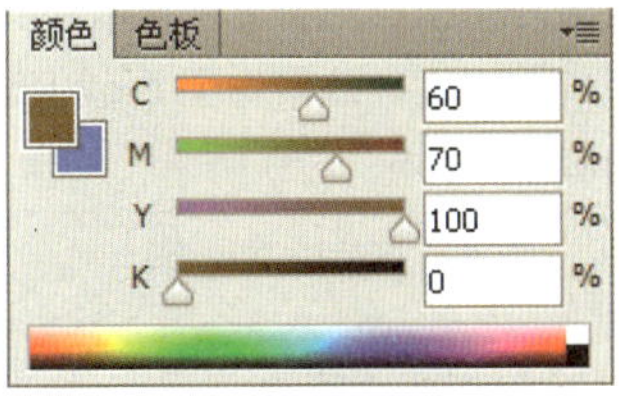

▶图 6-61　设置前景色

Step 32 在图层面板中，单击底部的"添加图层样式"按钮，如图 6-63 所示，在"图层样式"对话框中选择"斜面和浮雕"并设置相应参数，单击"确定"按钮，效果如图 6-64 所示。

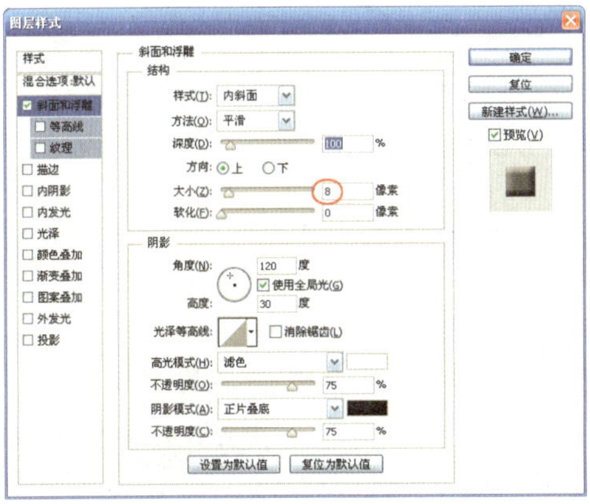

▶图 6-63　"图层样式"对话框

▶图 6-62　填充选区

▶图 6-64　"图层样式"效果

Step 33 如图 6-65 所示，在图层面板中，新建图层"图层 2"。

Step 34 下面绘制猴子的面部。采用绘制"树枝"的方法，绘制一个如图 6-66 所示形态的路径并将其转化为选区。

Step 35 将前景色设置为浅棕色，背景色设置为深棕色。激活工具箱中的"渐变填充工具"，在其相应属性栏中选择"径向渐变"，并填充选区，效果如图 6-67 所示。

▶图 6-65　新建图层

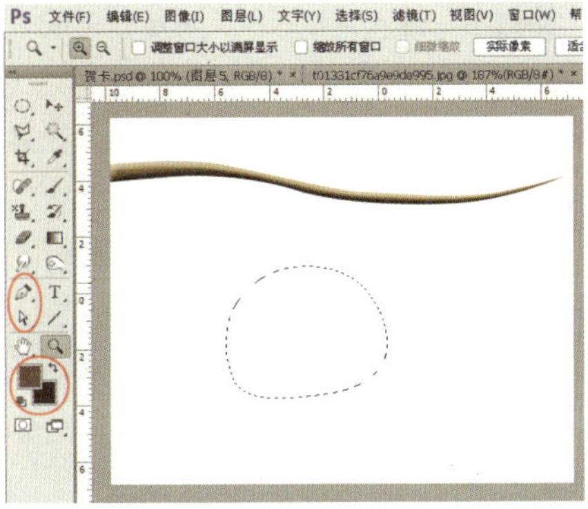

▶图 6-66　创建选区

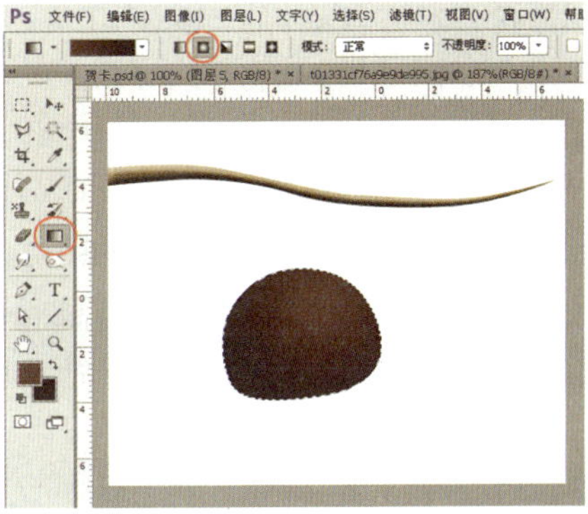

▶图 6-67　填充选区（1）

Step ㊱ 绘制如图 6-68 所示路径并将其转换为选区，设置前景色为浅肤色，背景色为深肤色，激活工具箱中的"渐变填充"工具，在其相应属性栏中选择"线性渐变"并填充。

Step ㊲ 设置前景色为胭脂色。激活工具箱中的"画笔"工具，在其相应属性栏中设置合适大小的羽化边缘的笔头，绘制腮红，效果如图 6-69 所示。

Step ㊳ 在图层面板中，如图 6-70 所示，新建图层"图层 3"。

▶ 图 6-68　填充选区（2）　　　　　▶ 图 6-69　绘制腮红　　　　　▶ 图 6-70　新建图层

Step ㊴ 绘制眼睛。激活工具箱中的"椭圆选框"工具，按 Shift 键绘制正圆选区，然后填充渐变效果，并用深棕色描边，效果如图 6-71 所示。

Step ㊵ 以此类推，绘制完成整个猴子的图形，效果如图 6-72 所示。

Step ㊶ 在图层面板中，如图 6-73 所示，关闭背景图层，然后将其他层合并为"图层 1"。

▶ 图 6-71　绘制眼睛　　　　▶ 图 6-72　完成猴子绘制　　　　▶ 图 6-73　合并图层

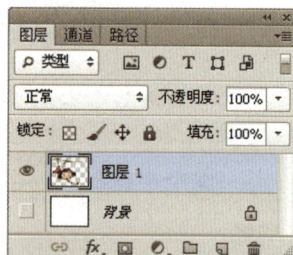

Step ㊷ 激活工具箱中的"移动"工具，将"图层 1"拖入"贺卡"文件中，形成"图层 2"。调整位置与大小，效果如图 6-74 所示。

Step ㊸ 在图层面板中，新建"图层 3"。激活工具箱中的"渐变填充"工具，在其相应属性栏中，设置如图 6-75 所示参数。

Step ㊹ 激活工具箱中的"椭圆选框"工具，按住 Shift 键绘制正圆选区，如图 6-76 所示填充渐变色，然后重复制作几个大小不一的圆形图案。

Step ㊺ 在图层面板中，如图 6-77 所示，以"图层 1 副本"为当前选择层。激活工具箱中的"矩形选框"工具，如图 6-78 所示选取局部。

Step ㊻ 单击菜单"编辑"→"复制"/"粘贴"命令，生成新的图层"图层 4"，如图 6-79 所示。

Step ㊼ 以"图层 4"为当前层，按 Ctrl+T 组合键，调整一定的角度，效果如图 6-80 所示。

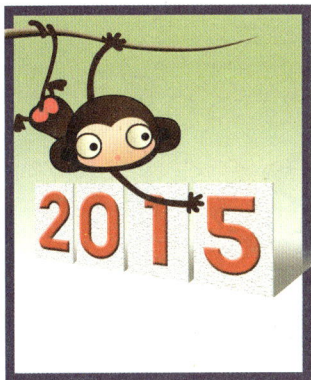
▶▶ 图 6-74　复制对象

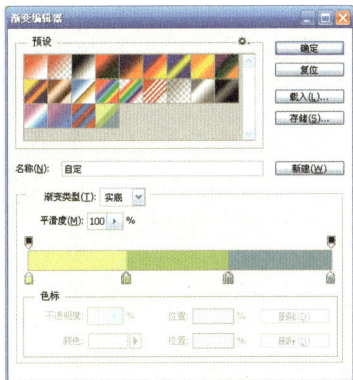
▶▶ 图 6-75　设置渐变色

▶▶ 图 6-76　填充渐变色

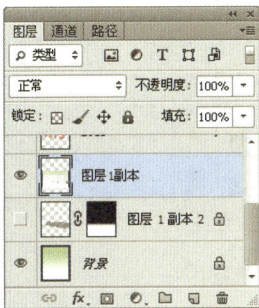
▶▶ 图 6-77　确认当前层

▶▶ 图 6-78　选取局部

▶▶ 图 6-79　复制图层

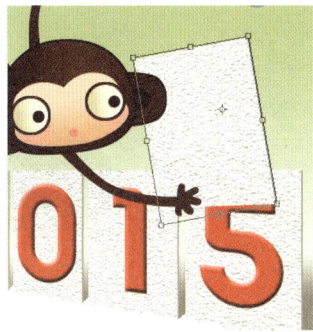
▶▶ 图 6-80　调整角度

Step 48 单击"图层样式"按钮，如图 6-81 所示设置参数，单击"确定"按钮，效果如图 6-82 所示。

Step 49 激活文本工具输入"6"，参照"2015"的制作方法设置"6"，效果如图 6-83 所示。

Step 50 激活工具箱中的"圆角矩形"工具，在其相应的属性栏中设置参数，如图 6-84 所示，在画面的下方绘制一个圆角矩形。

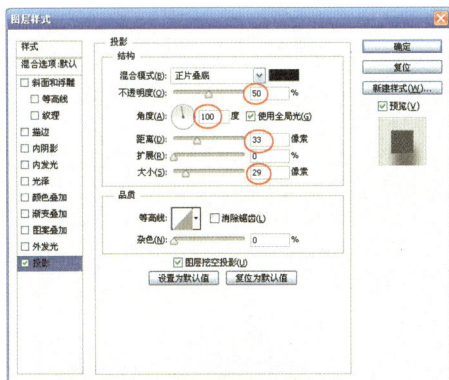
▶▶ 图 6-81　"图层样式"对话框

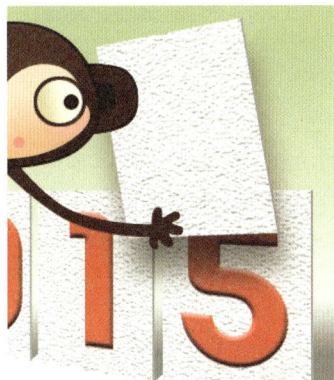
▶▶ 图 6-82　阴影效果

Step 51 激活工具箱中的"多边形套索"工具，在圆角矩形上绘制如图 6-85 所示形态并填充黑色。

Step 52 单击菜单"窗口"→"样式"命令，打开样式面板，如图 6-86 所示选择预设样式。

▶ 图 6-83　制作"6"效果

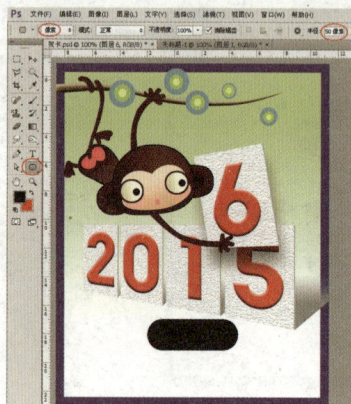
▶ 图 6-84　绘制圆角矩形

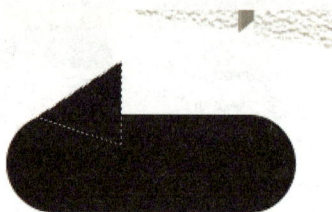
▶ 图 6-85　绘制选区

▶ 图 6-86　选择预设样式

Step 53 添加样式后的效果如图 6-87 所示。

Step 54 激活工具箱中的"横排文字蒙版工具"，如图 6-88 所示。

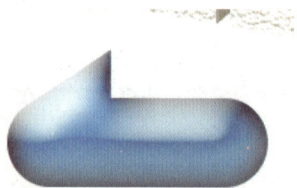
▶ 图 6-87　样式效果

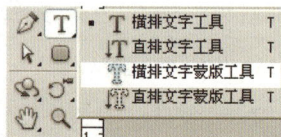
▶ 图 6-88　激活工具

Step 55 如图 6-89 所示，在图形上面输入英文字母"H"、"a"、"p"、"p"、"y"，调整好字母大小和字体。

Step 56 按 Delete 键删除，效果如图 6-90 所示。

▶ 图 6-89　输入蒙版文字

▶ 图 6-90　镂空颜色

Step 57 输入"新年快乐"文字，分别设置如图 6-91、图 6-92 所示"图层样式"参数，单击"确定"按钮，效果如图 6-4 所示。贺卡制作完成。

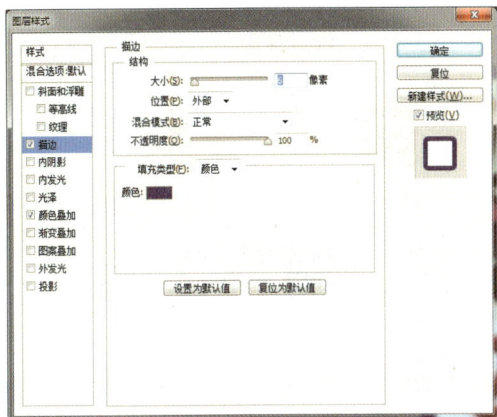

▶ 图 6-91　设置"描边"参数

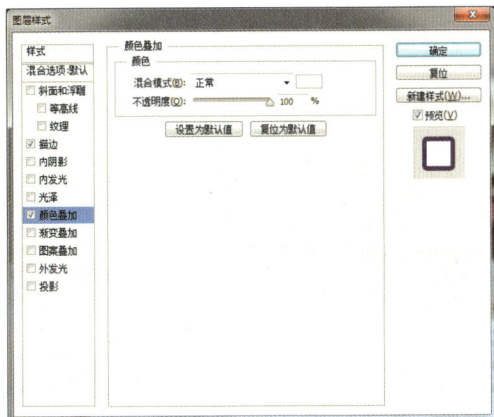

▶ 图 6-92　设置"颜色叠加"参数

6.4　相关知识链接

（1）标准贺卡印刷制作尺寸大小分为：112mm×350mm、143mm×210mm、168mm×240mm、185mm×260mm、210mm×276mm。其他尺寸贺卡下单时应注明尺寸大小。

（2）贺卡印刷样式：邀请卡、圣诞贺卡、新年卡、明信片、生日卡、情人卡、节日卡、母亲卡、感谢卡、思念卡等。

（3）贺卡制作软件：设计时一般采用 CorelDraw、Illustrator、Photoshop 等软件。

（4）贺卡格式要求：

① 应用 CorelDraw 设计贺卡需保存成 CDR 格式，使用 CorelDraw 特效的图形，应转换成位图，位图分辨率为 350dpi。

② 应用 Illustrator 设计贺卡需保存成 EPS 格式，外挂的影像文件需附图档。

③ 应用 Photoshop 设计贺卡需保存成 TIF 或 JPG 格式，文件分辨率为 350dpi 以上。

（5）贺卡制作文件色彩模式应设为 CMYK 模式，不可用专色或 RGB 模式。

（6）线条小于 0.076mm 时印刷将无法显现，需设定不小于 0.076mm。

（7）颜色设定值不能低于 8%，以免颜色无法显现。

（8）颜色说明：

① 不能以屏幕或打印稿的颜色来要求印刷色，填色时请勿使用专色，在制作时务必参照 CMYK 色值的百分数来制作填色。

② 相同文件在不同次印刷时，色彩会有轻微差异，咖啡色、墨绿色、深紫色等更易出现偏色问题，属正常。

第**7**章

装帧设计——修复工具、图章工具、修饰工具

书籍装帧设计是书的整体设计。它包括很多内容，其中封面设计、扉页设计和插图设计是三大主题设计要素。封面设计是书籍装帧设计艺术的门面，书中扉页犹如门面里的屏风，而插图设计则是书籍内容的一个重要因素。

一般来说，在构思书的整体结构和风格的时候，要把握好方向，确认是儿童书籍还是成人书籍；是商业性的还是公益性的；是做平装书还是做精装书……其封面、封底、环衬、扉页、护封、腰封、内容页、版权页等都要围绕这个主题，要有统一的格调，如此才能收到理想的艺术效果。

7.1 《DREAM 画册》装帧设计案例分析

1．创意定位

如图 7-1 所示，该书籍是一本描写兔子聪明才智的画册，以卡通的形象出现，能够尽可能地使孩子们感受到轻松愉快，带来更多的艺术享受和精神享受。此书在封面设计上也是尽可能地围绕这一主题，来突出一种轻松、简单、愉快的感觉。这也是为了配合书的内容和当初设计此书想要达到的某种艺术效果而进行的整体设计。

既然是表现梦想的主题，无论是图形还是色彩都要运用得像梦一样轻盈。

▶ 图 7-1　儿童书籍装帧设计

2．所用知识点

上面的商业插图中，主要用到了 Photoshop CC 软件中的以下几个命令：

❖ 自定形状工具；

❖ 滤镜工具；

❖ 加深、减淡工具；

❖ 钢笔路径工具；

❖ 图像调整命令组；

❖ 变形透视工具。

3．制作分析

此书籍装帧制作分为 4 个环节，分别为草图、制作、调整、完成。

❖ 草图：主要是构思卡通的基本造型，可以通过手绘草图完成。

❖ 制作封面：运用了自定形状工具、路径、画笔工具、加深工具、减淡工具、提亮工具、变形透视工具等。

❖ 调整：运用了曲线调整命令、加深工具等。

❖ 立体整合：运用了直线工具、图层样式命令等。

7.2 知识卡片

修复与修饰工具是 Photoshop 中非常精彩的一部分内容，利用修复工具可以将有缺陷（如闭眼、有多余人物等）的照片进行修复，也可以将操作不满意的图像进行还原；而利用修饰工具则可对图像进行模糊、锐化、涂抹、提亮、加深及去色和加色等效果的添加。下面就来详细讲解每一个工具的功能及使用方法。

7.2.1 修复、修饰工具

修复工具可以轻松修复破损或有缺陷的图像，如果想去除照片中多余或不完整的区域，利用相应的修复工具也可以轻松完成。修饰工具是为照片制作各种特效的较为快捷的工具之一，包括模糊、锐化、减淡和加深处理等。

修复工具包括污点修复画笔工具 、修复画笔工具 、修补工具 、内容识别移动工具 和红眼工具 ，利用这 5 种工具可以修复有缺陷的对象。

1．污点修复画笔工具

利用该工具可以快速去除照片中的污点，尤其是对人物面部的疤痕、雀斑等小面积范围内的缺陷修复最为有效。其修复原理是在所修饰图像位置的周围自动取样，然后将其与所修复位置的图像融合，得到理想的颜色匹配效果。

激活该工具，如图 7-2 所示，在属性栏中设置合适的画笔大小和选项，然后在图像的污点位置单击即可去除污点。

▶▶ 图 7-2　污点修复画笔工具属性栏

（1）近似匹配：点选该选项后，将自动选择相匹配的颜色来修复图像的缺陷。

（2）创建纹理：点选该选项后，在修复图像缺陷后会自动生成一层纹理。

（3）对所有图层取样：点选该选项后，可以在所有可见图层中取样；不点选该选项，则只对当前图层取样。

范例操作 疤痕修复应用

Step **01** 打开素材图片，如图 7-3 所示，可以看到人物面部有一疤痕。

Step **02** 激活放大镜工具，将疤痕处放大，以便更精确地察看和修复图像。

Step **03** 激活"污点修复画笔"工具，在属性栏中设置如图 7-4 所示的笔头，类型选择"近似匹配"选项。

Step **04** 将鼠标指向疤痕附近位置，选取正常处的肤色并单击，然后将笔头指向要修复的疤痕位置，如图 7-5 所示，第一次拖曳鼠标，效果如图 7-6 所示。

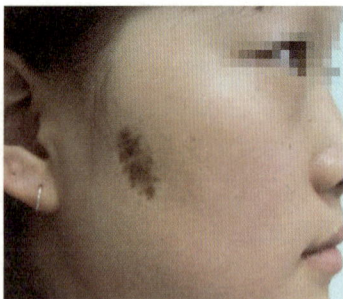

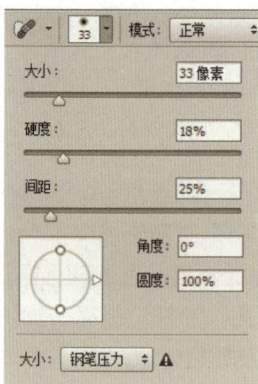

▶▶图 7-3　原图　　　　　　　　▶▶图 7-4　设置属性栏　　　　　▶▶图 7-5　按住鼠标拖曳

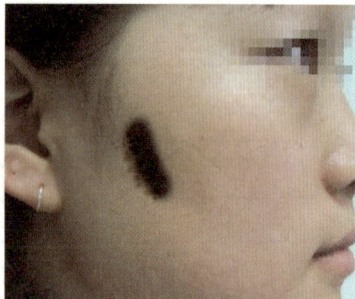

Step **05** 继续拖曳鼠标，有秩序地从右往左修复，效果如图 7-7 所示。接着修复鼻翼附近的雀斑，注意画笔笔头大小的调整，通常笔头以比修复对象的直径略大为宜，最终效果如图 7-8 所示。

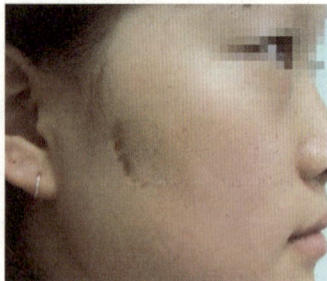

▶▶图 7-6　松开鼠标效果　　　　▶▶图 7-7　连续拖曳鼠标效果　　　▶▶图 7-8　修复鼻翼效果

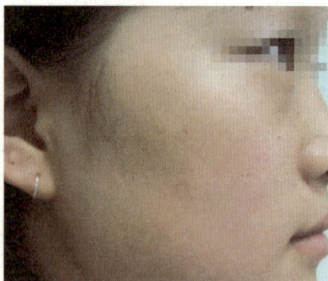

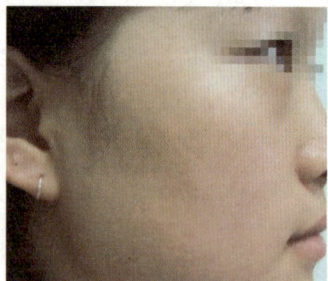

2．修复画笔工具

该工具与"污点修复画笔"工具 的修复原理基本相似，都是将目标位置没有缺陷的图像与被修复位置有缺陷的图像进行融合后得到理想的匹配效果。但使用"修复画笔"工具时需要首先设置取样点，即按住 Alt 键，将鼠标在取样点位置单击，确定为复制图像的取样点，放开 Alt 键，然后在需要修复的对像位置按住鼠标左键拖曳光标，即可修复图像中的缺陷位置，并使修复后的图像与取样点位置图像的纹理、光照、阴影和透明度相匹配，从而使修复后的图像不留痕迹地融入图像中。该工具对于较大面积的图像缺陷修复非常有效。

激活该工具，其属性栏如图 7-9 所示。

▶▶图 7-9　"修复画笔"工具属性栏

（1）换"仿制源"面板按钮：单击该按钮，可以打开/关闭"仿制源"面板，如图 7-10 所示。"仿制源"面板可以同时设置 5 个不同的样本源，并且还可以显示样本源的叠加，以帮助用户在特定位置仿制源。另外，该面板还可以缩放或旋转样本源以特定的大小和方向进行复制，使其更好地与图像文件相匹配。

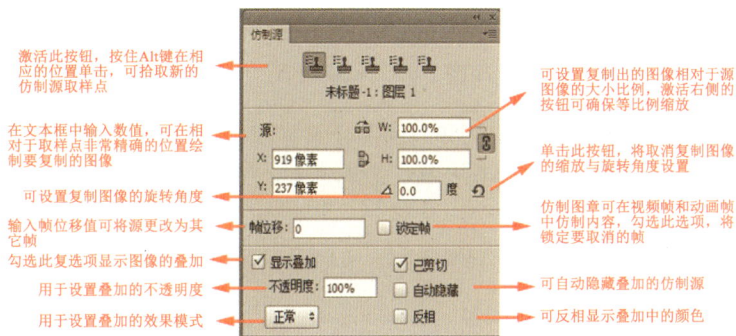

▶▶图 7-10　"仿制源"面板

（2）取样：点选该选项，然后按住 Alt 键在适当位置单击，可以将该位置的图像定义为取样点，以便用定义的样本来修复图像。

（3）图案：点选该选项，可以在其右侧打开的图案列表中选择一种图案与图像混合，得到图案混合的修复效果。

（4）对齐：点选该选项，将进行规则图像的复制，即多次单击或拖曳鼠标光标，最终将复制出一个完整的图像，若再想复制一个相同的图像，则必须重新取样；若不点选该选项，则进行不规则图像的复制，即多次单击或拖曳鼠标光标，每次都会在相应位置复制一个新图像。

3. 修补工具

利用该工具可以用图像中相似的区域或图案来修复有缺陷的部位或制作合成效果，其与修复画笔工具一样，将设定的样本纹理、光照和阴影与被修复图像区域进行混合以得到理想的效果。

激活该工具，其属性栏如图 7-11 所示。

▶▶图 7-11　"修补工具"属性栏

（1）源：点选该选项，将用图像中指定位置的图像来修复选区内的图像。即将鼠标光标放置在选区内，将其拖曳到用来修复图像的指定区域，释放鼠标后会自动用指定区域的图像来修复选区内的图像。

激活修补工具，如图 7-12 所示选择疤痕。按住鼠标左键将其拖移至相应位置，如图 7-13 所示可以看到拖移过程中纹理的变化，松开鼠标左键，效果如图 7-14 所示。

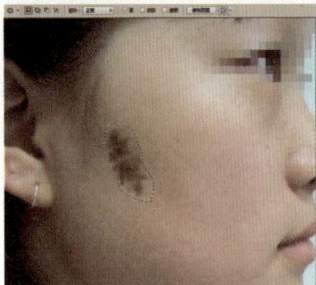

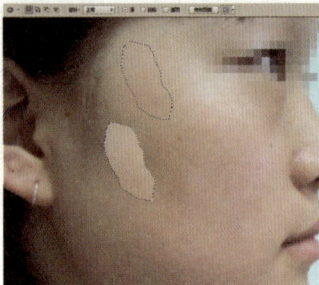

▶图 7-12　选择疤痕　　　　　▶图 7-13　拖移疤痕　　　　　▶图 7-14　修补效果

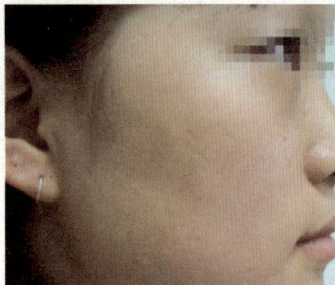

（2）目标：点选该选项，将用选区内的图像修复图像中的其他区域。即将鼠标光标放置在选区内，将其拖曳到用来修补的位置，释放鼠标后会自动用选区内的图像来修复鼠标释放处的图像。

（3）透明：点选该选项，在复制图像时，复制的图像将产生透明效果；不点选该选项，复制的图像将覆盖原来的图像。

（4）使用图案：在图案选项窗口中选择一个图案后，单击该按钮，可以使用选择的图案修补选区内的图像。当需要修复的对象为规则图形时，可以首先运用"选区"工具绘制规则选区，然后再激活修补工具，选择合适的图案后，单击"使用图案"按钮即可完成修复。

4. 内容识别移动工具

使用内容识别移动工具可以选择和移动图片的一部分。图像重新组合，留下的空洞使用图片中的匹配元素填充，不需要进行涉及图层和复杂选择的周密编辑，其属性栏如图 7-15 所示。

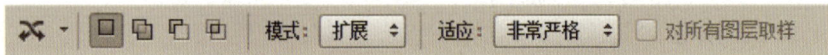

图 7-15　"内容识别移动工具"属性栏

可以在两个模式中使用内容识别移动工具。

移动模式：将对象置于不同的位置（在背景相似时最有效）。

扩展模式：扩展或收缩头发、树或建筑物等对象。若要完美地扩展建筑对象，请使用在平行平面（而不是以一定角度）拍摄的照片。

适应：针对结果反映的图案与现有图像图案的接近程度选择值。

5. 红眼工具

当在夜晚或光线较暗的房间里拍摄人物照片时，由于视网膜的反光作用，往往会出现红眼效果。利用"红眼"工具可以迅速地修复这种红眼效果。使用时，在工具属性栏中设置合适的"瞳孔大小"、"变暗量"选项后，在人物的红眼位置单击即可校正红眼。

激活该工具，其属性栏如图 7-16 所示。

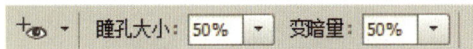

▶▶图 7-16　"红眼"工具属性栏

（1）瞳孔大小：用于设置增大或减小受红眼工具影响的区域。

（2）变暗量：用于设置校正的暗度。

7.2.2　图章工具

图章工具组中包括仿制图章工具 和图案图章工具 。

1．仿制图章工具

仿制图章工用来在图像中复制信息，然后应用到其他区域或其他图像上。该工具还经常被用来修复图像中的缺陷。

激活仿制图章工具，其属性栏如图 7-17 所示。

▶▶图 7-17　"仿制图章工具"属性栏

（1）切换"画笔"面板按钮 ：单击该按钮，可以打开/关闭"画笔"面板。

（2）切换"仿制源"面板按钮 ：单击该按钮，可以打开/关闭"仿制源"面板。

（3）不透明度：用于设置复制图像时的不透明度。

（4）不透明度按钮 ：激活此按钮，在使用绘图板绘制图形时，可以通过绘画板来控制不透明度。

（5）流量：决定仿制图章工具在绘画时的压力大小，数值越小画出的颜色越浅。

（6）喷枪按钮 ：激活此按钮，使用仿制图章工具仿制图像时，复制的图像会因鼠标的停留而向外扩展。画笔笔头的硬度越小，效果越明显。

使用仿制图章工具时，按住 Alt 键在要复制的图像上单击进行取样，然后移动鼠标至合适的位置拖动，即可复制出取样的图像。若要在两个文件之间复制图像，则两个图像文件的色彩模式必须一致，否则将不可进行复制操作。

▶图 7-18　素材梨

范例操作 仿制图章应用

Step 01 打开素材，如图 7-18 所示，单击菜单"图像"→"画布大小"命令，在弹出的对话框中设置参数，如图 7-19 所示，单击"确定"按钮即可将画布尺寸放大。

Step 02 激活橡皮图章工具，设置相应参数，以背景层为当前层，按住 Alt 键单击梨的某个取样点，新建"图层 1"，依照构思按住鼠标左键拖曳，此时可以发现取样点变成"+"，而且始终与鼠标保持等距离，效果如图 7-20 所示。继续改变参数并从背景层设定取样点，效果如图 7-21 所示。

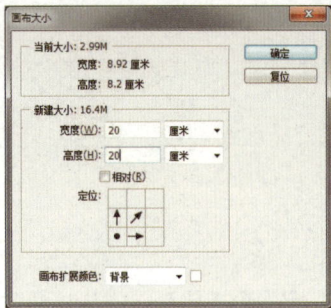

▶▶图 7-19　"画布大小"对话框　　　▶▶图 7-20　设定参数（1）　　　▶▶图 7-21　拖曳效果（1）

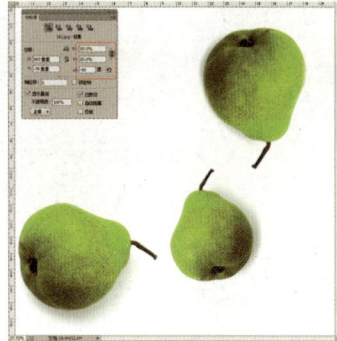

Step 03 打开素材，如图 7-22 所示，激活橡皮图章工具，按住 Alt 键单击苹果的某个取样点，然后激活另一文件，在图层中拖曳鼠标，效果如图 7-23 所示。改变参数，同样可以在两个文件之间完成复制过程，效果如图 7-24 所示。

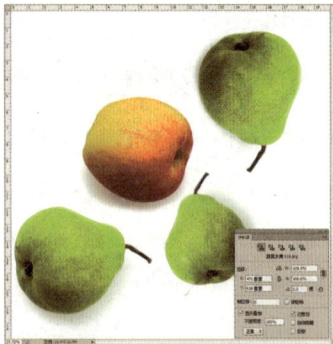

▶▶图 7-22　素材苹果　　　▶▶图 7-23　设定参数（2）　　　▶▶图 7-24　拖曳效果（2）

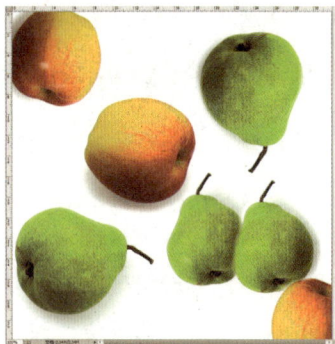

2. 图案图章工具

图案图章工具可以利用 Photoshop 为大家提供的图案进行绘画，也可以利用自己定义的图案进行绘画。激活图案图章工具，其属性栏如图 7-25 所示。

▶▶图 7-25　"图案图章工具"属性栏

（1）"模式"、"不透明度"、"流量"、"喷枪"等选项与仿制图章工具的相同。

（2）勾选"印象派效果"选项，可以使图案图章工具模拟出印象派效果的图案。

使用图案图章工具时，只需在属性栏中选取一个图案，再在画面中单击或拖动鼠标即可绘制选择的图案。

在许多时候，软件自带的图案并不能满足设计需要，因此需要自己设计图案来满足客户的要求。

范例操作 图案图章工具应用

Step 01 打开素材，如图 7-26～图 7-28 所示，以图 7-27 为当前文件，激活相应的选择工具，如图 7-29 所示选择背景层。

▶图 7-26　原图 1

▶图 7-27　原图 2

▶图 7-28　原图 3

Step 02 双击背景层将其转化为普通层，按 Delete 键删除背景色，效果如图 7-30 所示。取消选区，按 Ctrl+T 组合键将对象缩小至合适尺寸，效果如图 7-31 所示。

▶图 7-29　选择背景层

▶图 7-30　删除背景效果

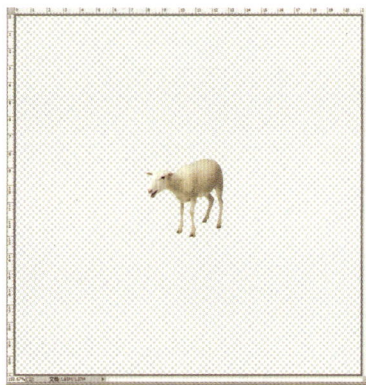
▶图 7-31　调整大小

Step 03 激活"矩形选框"工具，将缩小后的对象框选。单击菜单"编辑"→"定义图案"命令，弹出如图 7-32 所示对话框，单击"确定"按钮即可定义图案。图像定义为图案后，定义的图案即显示在"图案选项"窗口中，如图 7-33 所示。以图 7-26 所示文件为当前文件，激活图案图章工具，在其属性栏的"图案选项"窗口中选择刚刚定义的图案，不勾选"对齐"选项。

Step 04 移动鼠标光标至原始文档窗口中拖动，即可绘制出如图 7-34 所示的图案效果。用同样的方法将图 7-28 设置为图案，调整大小，绘制如图 7-35 所示牧民丰收效果图案。在使用该工具过程中，有时会出现多余的内容，可以通过使用历史画笔修复，大家不妨尝试一下。

▶️ 图 7-32　定义图案对话框

▶️ 图 7-33　选择定义的图案

▶️ 图 7-34　绘制图案

▶️ 图 7-35　绘制图案

7.2.3　历史记录画笔工具

历史记录画笔工具组包括历史记录画笔工具 和历史记录艺术画笔工具 。

1.　历史记录画笔工具

使用该工具可以使修复后的图像恢复到该文件最后一次保存时的效果。其属性栏与画笔工具相同。使用时首先设置好笔头的大小、形状，然后按住鼠标左键在需要修正的位置拖曳即可。注意，在使用该工具之前，不要更改图像文件的大小。

2.　历史记录艺术画笔工具

使用该工具时，如图 7-36 所示，在其属性栏中可以设置不同的绘画样式、大小和容差选项，用不同的色彩和艺术风格模拟绘画的纹理，达到对图像处理的目的。

▶️ 图 7-36　"历史记录艺术画笔工具"属性栏

（1）样式：用于设置历史记录艺术画笔的艺术风格。

（2）区域：指历史记录艺术画笔工具所产生艺术效果的感应区域，数值越大，产生艺术效果的区域越大，反之越小。

（3）容差：指限定原图像色彩的保留程度，数值越大，与原图像越接近。

范例操作 历史记录画笔应用

图 7-37 为创作前后同一幅作品的景深对比效果，变化后的作品重点在于如何突出表现中间的两朵花朵。

Step 01 打开素材，如图 7-38 所示，激活"快速选择工具"将其中的局部添加进选区，效果如图 7-39 所示。

▶图 7-37　对比效果　　　　　　▶图 7-38　原图　　　　　▶图 7-39　选择局部

Step 02 单击菜单"选择"→"存储选区"命令，在弹出的对话框中设置参数，如图 7-40 所示，单击"确定"按钮。

Step 03 单击菜单"滤镜"→"模糊"→"光圈模糊"命令，在弹出的对话框中设置参数，如图 7-41 所示，单击"确定"按钮并重复一次，效果如图 7-42 所示。

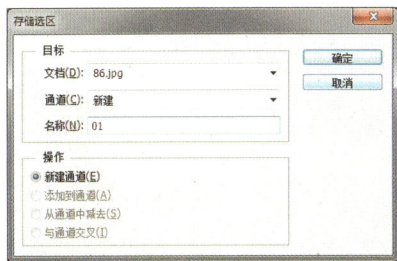

▶图 7-40　"存储选区"对话框　　▶图 7-41　设置"光圈模糊"参数　　▶图 7-42　"光圈模糊"效果

Step 04 单击菜单"滤镜"→"模糊"→"径向模糊"命令，在弹出的对话框中设置参数，如图 7-43 所示，注意合理安排径向中心点。单击"确定"按钮，效果如图 7-44 所示，根据需要可以重复多次执行。

Step 05 单击菜单"滤镜"→"载入选区"命令，在弹出的对话框中设置参数，如图 7-45 所示，单击"确定"按钮，效果如图 7-46 所示。

Step 06 单击菜单"选择"→"修改"→"扩展"命令，在弹出的对话框中设置参数，如图 7-47 所示，单击"确定"按钮，效果如图 7-48 所示。

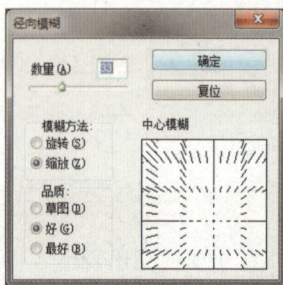

▶图 7-43 "径向模糊"对话框 ▶图 7-44 "径向模糊"效果 ▶图 7-45 "载入选区"对话框

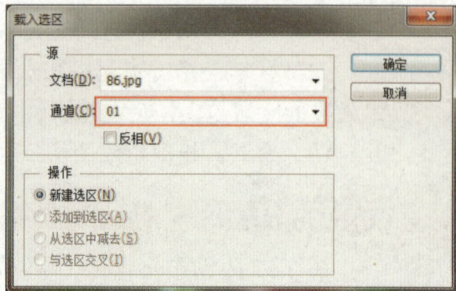

▶图 7-46 "载入选区"效果 ▶图 7-47 "扩展选区"对话框 ▶图 7-48 扩展选区效果

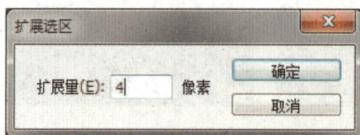

Step 07 单击菜单"选择"→"调整边缘"命令,在弹出的对话框中设置参数,如图 7-49 所示,单击"确定"按钮,效果如图 7-50 所示。

Step 08 激活历史记录画笔工具,设置参数,如图 7-51 所示,在选区内反复绘制即可创造新的效果。

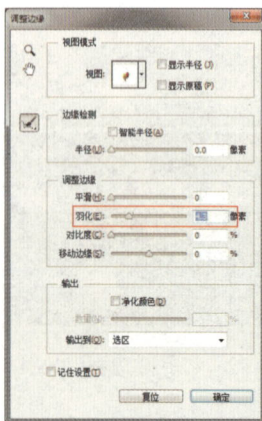

▶图 7-49 "调整边缘"对话框 ▶图 7-50 调整边缘效果 ▶图 7-51 最终效果

3. 历史记录面板

在利用 Photoshop 处理图像时,每一个步骤都会记录在"历史记录"面板中。单击菜单"窗口"→"历史记录"命令即可将其打开。通过该面板可以将图像恢复到操作过程中的某一步状态,也可以再次回到当前的操作状态,还可以将处理结果创建为快照或新的文件。

快照是指在"历史记录"面板中保存某一步操作的图像状态,以便在需要时快速回到这一步。

默认情况下，"历史记录"面板中只记录 20 个操作步骤。当操作步骤超过 20 个之后，则之前的记录被自动删除，以便为 Photoshop 释放出更多的内存空间。要想在"历史记录"面板中记录更多的操作步骤，可单击菜单"编辑"→"首选项"→"性能"命令，在弹出的对话框中，如图 7-52 所示，设置"历史记录状态"的值即可，其取值范围为 1～1000。

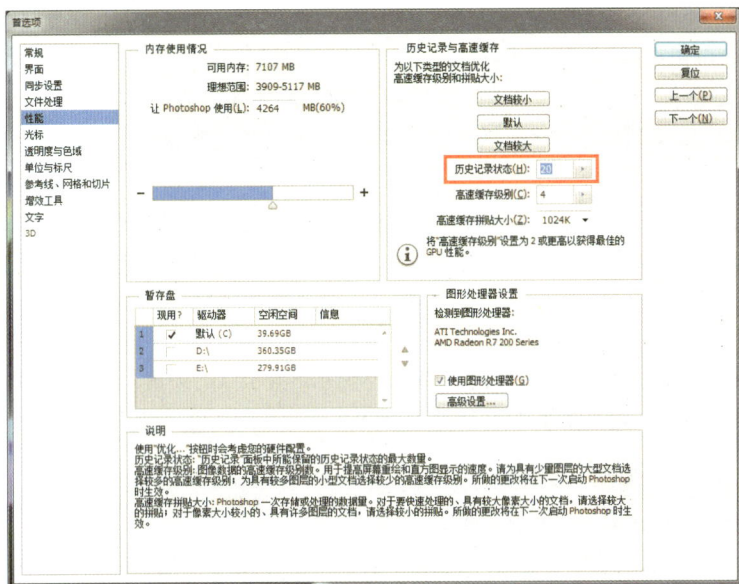

▶图 7-52 "首选项"对话框

4．认识历史记录面板

打开"历史记录"面板，单击右上角的 按钮，弹出如图 7-53 所示的面板菜单。

（1）设置历史恢复点：在快照缩览图前面的 窗口中单击，即可将当前快照设置为历史恢复点，此时 显示为 ，且利用 工具对图像进行恢复时，将恢复到当前快照的图像状态。

（2）快照缩览图：被记录为快照的图像状态。

（3）当前记录：图像当前的编辑状态。

（4）从当前状态创建新文档 ：基于当前操作步骤中图像的状态创建一个新文件。

（5）创建新快照 ：基于当前的图像状态创建一个快照。

（6）删除当前状态 ：选择一个历史记录，单击该按钮，可将该步骤及后面的操作删除。

在 Photoshop 中对面板、颜色设置、动作和首选项做出的更改不是对某个特定图像的更改，因此不会记录在"历史

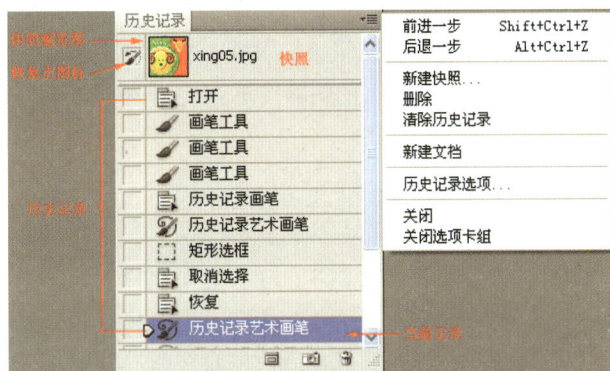

▶图 7-53 "历史记录"面板

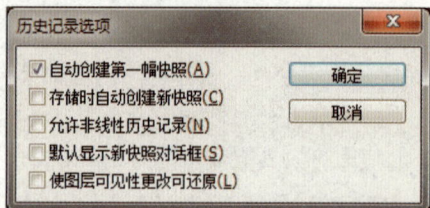

▶ 图 7-54　"历史记录选项"面板

记录"面板中。

要想保留更多的操作步骤，可利用面板菜单中的"历史记录选项"命令进行进一步的设置，选择此命令，弹出"历史记录选项"面板，如图 7-54 所示。

（1）自动创建第一幅快照：打开图像文件时，图像的初始状态会自动创建为快照。

（2）存储时自动创建新快照：在编辑过程中，每保存一次文件，Photoshop 都会自动创建一个快照。

（3）允许非线性历史记录：对选定状态进行更改，而不会删除它后面的状态。通常情况下，选择一个状态并更改图像时，所选状态后面的所有状态都将被删除。

小提示

"历史记录"面板将按照所做编辑步骤的顺序来显示这些步骤的列表。通过以非线性方式记录状态，可以选择某个状态、更改图像并且只删除该状态。更改将附加到列表的结尾。

（4）默认显示新快照对话框：选择该选项，Photoshop 会强制性提示操作者输入快照名称，即使使用面板上的按钮也会出现提示。

（5）使图层可见性更改可还原：该选项可以保存对图层可见性的更改。

5．创建快照

"历史记录"面板保存的步骤有限，而一些操作需要很多步骤才能完成。例如，利用"画笔工具"绘画，每在文档窗口中单击一次，即在"历史记录"面板中显示为一个步骤。在这种情况下，我们可以利用创建新快照来保存这些步骤，当操作发生错误时，单击某一阶段的快照即可将图像恢复到该状态，这样就可以弥补历史记录保存数量的局限。

选择需要创建为快照的状态后，单击"历史记录"面板底部的 按钮，即可创建新快照。在某一个步骤上单击右键也可以创建快照，并且在其弹出的对话框中还可以为快照命名。

6．删除快照

在"历史记录"面板中单击需要删除的快照，然后执行面板菜单中的"删除"命令，或单击面板底部的删除按钮 ，在弹出的询问对话框中单击 是(Y) 按钮，即可删除快照。

7.2.4　修饰工具组

修饰工具组中的工具包括模糊工具、锐化工具、涂抹工具。使用时主要在其属性栏中设置笔头大小、形状、混合模式和强度等属性，然后在图像需要修饰的位置单击或拖曳鼠标即可完成相应效果的处理。

1．模糊工具

模糊工具可以将图像中的硬边缘进行柔化处理，降低图像色彩反差，以改善图像的细节。其使用方法非常简单：选取模糊工具，在画面中拖动鼠标即可将画面进行模糊处理。如图 7-55 所示为模糊工具属性栏。

▶▶图 7-55　模糊工具属性栏

（1）画笔：可以选择模糊处理时的画笔笔头。

（2）模式：用来设置模糊处理时的混合模式。

（3）强度：用来设置该工具在使用时的强度大小。强度越大，模糊时的效果越明显；强度越低，模糊时的效果越不明显。

（4）对所有图层取样：勾选该选项，可以对所有可见图层中的数据进行模糊处理；取消勾选时，只能对当前图层中的数据进行模糊处理。当图像只有一个背景层时，勾选与不勾选该选项产生的模糊效果相同。

2．锐化工具

锐化工具可以增强图像中相邻像素间的对比，增大图像色彩反差，从而提高图像的清晰度，其使用方法与模糊工具相同。

锐化工具的工具选项栏和模糊工具的工具选项栏相同。值得注意的是，在使用锐化工具时不能在某个区域反复涂抹，否则画面会失真。

模糊工具和锐化工具主要用于小面积的图像处理，要进行大面积的模糊和锐化处理时，需要利用"滤镜"菜单中的"模糊"命令。

3．涂抹工具

涂抹工具模拟将手指拖过湿油漆时所产生的效果。该工具可拾取涂抹开始位置的颜色，并沿拖动的方向展开这种颜色。在画面中按下鼠标左键并拖动即可进行涂抹，其属性栏如图 7-56 所示。

▶▶图 7-56　涂抹工具属性栏

（1）强度：决定涂抹开始位置的颜色用量的多少。

（2）勾选"对所有图层取样"，可利用所有可见图层中的颜色数据来进行涂抹；如果取消选择此选项，则涂抹工具只使用当前图层中的颜色。

（3）勾选"手指绘画"，可使用每个涂抹起点处的颜色进行涂抹；如果取消选择该选项，涂抹工具会使用每次涂抹的起点处指针所指的颜色进行涂抹。

图 7-57 为原图与运用了模糊、锐化和涂抹三种工具后的对比效果。在使用此三种工具时一定要注意调整参数，图 7-57 所示效果只是为了表现该工具，所以参数值设置在最大值。

| （a）原图 | （b）模糊效果 | （c）锐化效果 | （d）涂抹效果 |

▶▶图 7-57　三种工具对比效果

7.2.5　明暗工具组

明暗工具组中的工具包括减淡工具🔍、加深工具🖐、海绵工具🖌。

1．减淡工具

利用减淡工具可以使图像变亮，其使用方法也很简单，在画面中按下鼠标拖动即可。如图 7-58 所示为减淡工具属性栏。

▶▶图 7-58　减淡工具属性栏

（1）范围：用于选择要修改的色调，默认选择"中间调"。当选择"阴影"时，可处理图像的暗色调；选择"高光"时，可处理图像的亮色调。因此在处理对象时一定要根据色调的具体情况选择不同的选项。

（2）曝光度：用于设置曝光程度，该值越高效果越明显。

（3）保护色调：勾选该选项，可以保护图像的色调不受影响。

2．加深工具

加深工具的效果与减淡工具的效果正好相反，加深工具可以使图像变暗，其使用方法和工具属性栏与减淡工具的相同。

3．海绵工具

利用海绵工具可以修改图像的色彩饱和度，在灰度模式下可以使灰阶远离或靠近中间灰色来增加或降低对比度。它的使用方法与减淡、加深工具的使用方法一样，如图 7-59 所示为海绵工具属性栏。

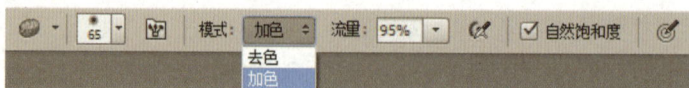

▶▶图 7-59　海绵工具属性栏

（1）模式：可以选择更改颜色色彩的方式。选择"去色"，可以降低饱和度；选择"加色"，可以增加饱和度。

（2）流量：用来指定海绵工具的流量，该值越高，工具的强度越大，效果也越明显。

（3）自然饱和度：勾选该项，可以在增加饱和度时防止颜色过度饱和。

图 7-60 为原图与运用了减淡、加深和海绵三种工具后的对比效果。在使用此三种工具时一定要注意调整参数，图 7-60 所示效果只是为了表现该工具，所以参数值设置在最大值。

（a）原图　　　　　　　（b）减淡效果　　　　　　（c）加深效果　　　　　　（d）海绵效果

▶ 图 7-60　三种工具对比效果

7.3　实例解析

Step 01　新建文件，设置如图 7-61 所示参数，单击"确定"按钮。

Step 02　如图 7-62 所示，前景色设置为浅蓝色并填充背景层。

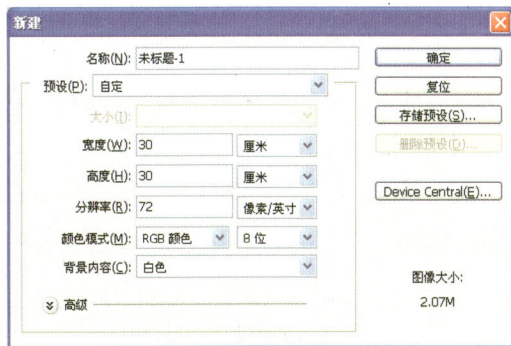

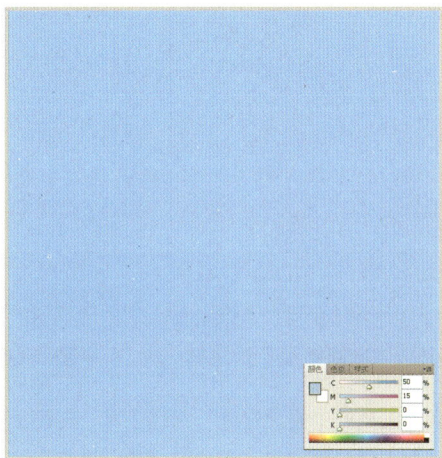

▶ 图 7-61　新建文件　　　　　　　　　　▶ 图 7-62　填充浅蓝色

Step 03　如图 7-63 所示，在图层面板中，新建"图层 1"。

Step 04　前景色设置为白色。激活工具箱中的"自定形状"工具，在其属性栏中选择心形形状，在画面中绘制一个心形，大小如图 7-64 所示。

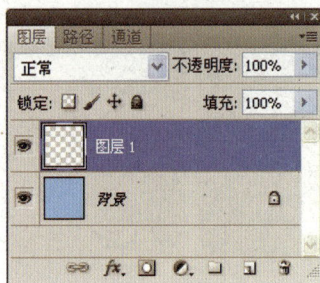

▶图 7-63　新建图层 1

▶图 7-64　绘制心形图案

Step 05 单击菜单"滤镜"→"模糊"→"高斯模糊"命令，如图 7-65 所示，在对话框中设置半径为"50"像素。

Step 06 单击"确定"按钮，则制作高斯模糊后的效果如图 7-66 所示。

Step 07 如图 7-67 所示，在图层面板中，新建"图层 2"。

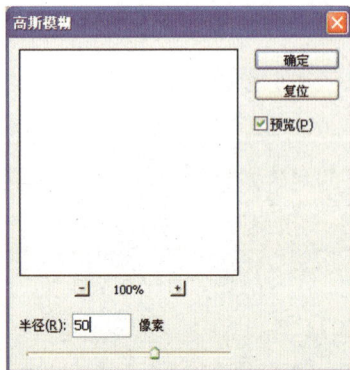

▶图 7-65　"高斯模糊"对话框

▶图 7-66　高斯模糊效果

▶图 7-67　新建图层 2

Step 08 激活工具箱中的"钢笔"路径工具，在画面中绘制一个兔子的头部形态（先绘制基本形状，然后在绘制完成后使用工具箱中的"直接选择"工具调整节点和线条），效果如图 7-68 所示。

Step 09 如图 7-69 所示，在路径面板中单击底部的"将路径作为选区载入"按钮，将路径转化为选区。

Step 10 设置前景色为深紫色，单击菜单"编辑"→"描边"命令，如图 7-70 所示，设置宽度为"5"。

Step 11 单击"确定"按钮，则执行"描边"命令后的效果如图 7-71 所示。

Step 12 取消选区。激活工具箱中的"套索"工具，如图 7-72 所示，将耳朵部分多余的线条选取并删除，或者使用"橡皮"工具直接擦除。

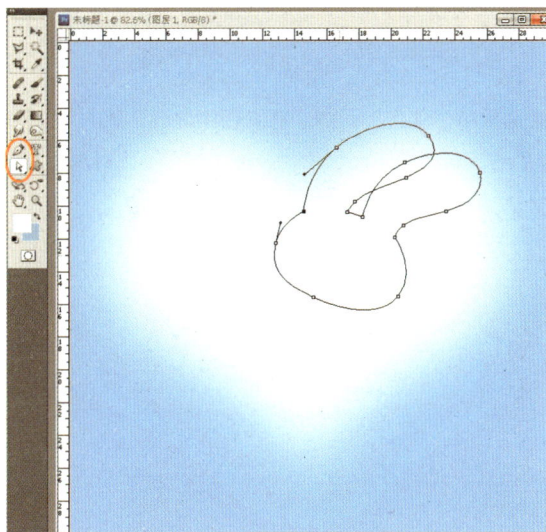

▶▶图 7-68 绘制兔子头部轮廓

▶▶图 7-69 单击选区载入按钮　　▶▶图 7-70 设置描边宽度　　▶▶图 7-71 描边效果　　▶▶图 7-72 删除多余线条

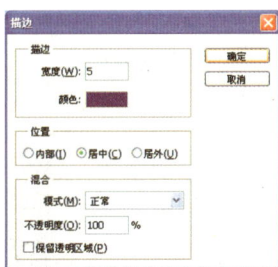

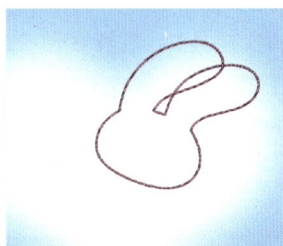

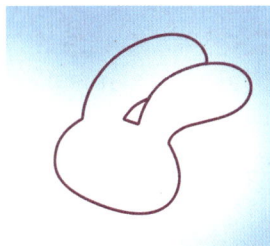

Step ⑬ 激活工具箱中的"魔术棒"工具,如图 7-73 所示,选取兔子头部线条内部区域并填充白色。

Step ⑭ 设置前景色为淡粉色。激活工具箱中的"毛笔"工具,在其属性栏中设置笔头大小及"不透明度",如图 7-74 所示,在兔子头部边缘部分进行描绘。

Step ⑮ 激活工具箱中的"加深"工具,如图 7-75 所示,在其属性栏中设置笔头大小及"不透明度",在局部(背光面)进行加深(注意不要加深过度)。

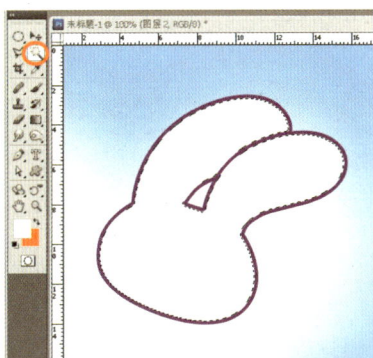

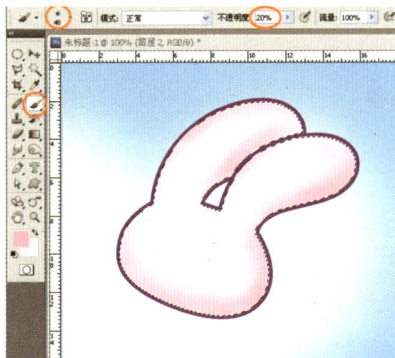

▶▶图 7-73 填充白色　　　　　▶▶图 7-74 设置毛笔属性　　　▶▶图 7-75 设置加深工具属性

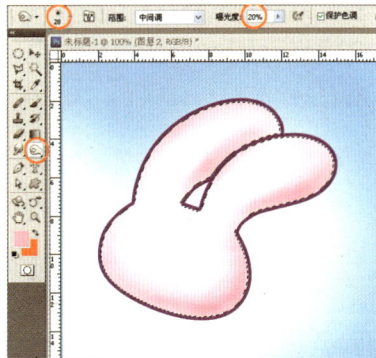

Step **16** 激活工具箱中的"钢笔"工具，在兔子脸部绘制两个如图 7-76 所示的形状，注意调整线条使之圆滑、流畅。

Step **17** 如图 7-77 所示，在路径面板中，单击下面的"将路径作为选区载入"按钮，将路径转化为选区。

Step **18** 填充比刚才设置的浅粉色略微深一些的粉红色，并用"加深"工具局部加深，效果如图 7-78 所示。

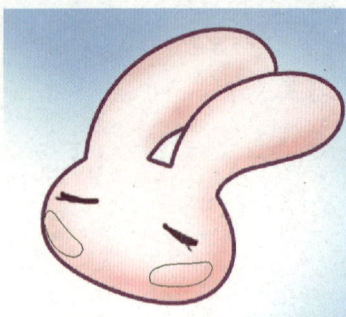

▶ 图 7-76 绘制新的形状路径 ▶ 图 7-77 将路径 2 载入选区 ▶ 图 7-78 局部加深

Step **19** 如图 7-79 所示，在图层面板中新建"图层 3"。

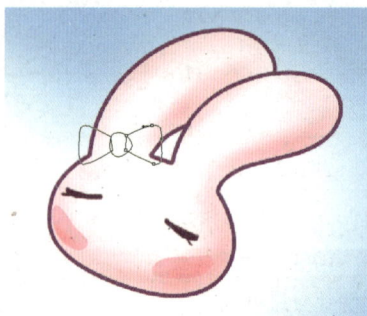

Step **20** 激活工具箱中的"钢笔"工具并绘制蝴蝶结，效果如图 7-80 所示。

Step **21** 如图 7-81 所示，在路径面板中，单击下面的"将路径作为选区载入"按钮，将路径转化为选区。

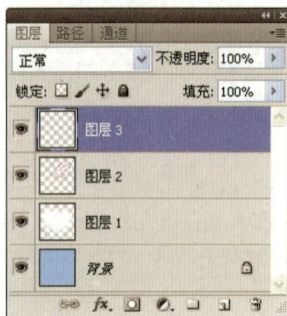

▶ 图 7-79 新建图层 3 ▶ 图 7-80 绘制蝴蝶结 ▶ 图 7-81 将路径 3 载入选区

Step **22** 设置前景色为深紫色，单击菜单"编辑"→"描边"命令，效果如图 7-82 所示。

Step **23** 用同样的方法将蝴蝶结上面多余的线条删除，效果如图 7-83 所示。

Step **24** 激活工具箱中的"魔术棒"工具，选取蝴蝶结线条内的区域并填充浅蓝色，效果如图 7-84 所示。

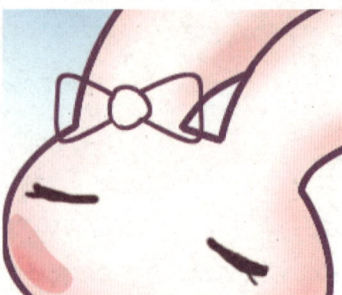

▶ 图 7-82 描边效果 ▶ 图 7-83 删除蝴蝶结多余线条 ▶ 图 7-84 为蝴蝶结填充浅蓝色

Step 25 设置前景色为浅粉色。激活工具箱中的"毛笔"工具,在其属性栏中设置笔头大小及"不透明度",在蝴蝶结上面绘制几个圆点,效果如图 7-85 所示。

Step 26 激活"加深"工具将背光部分加深,再激活"提亮"工具将受光部分减淡,效果如图 7-86 所示。

▶️图 7-85　绘制圆点　　　　　　　　　▶️图 7-86　蝴蝶结局部调整

Step 27 如图 7-87 所示,在图层面板中新建"图层 4",并拖移到"图层 1"的上面。

Step 28 激活工具箱中的"钢笔"工具绘制兔子身体部分,效果如图 7-88 所示。

Step 29 如图 7-89 所示,在路径面板中,单击底部的"将路径作为选区载入"按钮,将路径转化为选区。

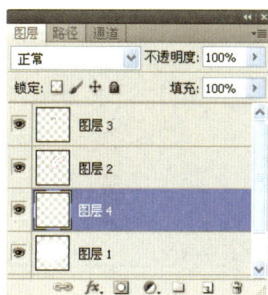

▶️图 7-87　新建图层 4　　▶️图 7-88　绘制路径(身体部分)　　▶️图 7-89　将路径 4 载入选区

Step 30 如图 7-90 所示,先用深紫色描边,再选取线条内部分填充深一点的粉色,然后使用"加深"工具局部加深,最后使用"毛笔"工具绘制几个深粉色的圆形装饰。

Step 31 如图 7-91 所示,在图层面板中新建"图层 5",并放置在"图层 1"的上面。

Step 32 激活工具箱中的"钢笔"工具,绘制兔子的手和脚,效果如图 7-92 所示。

▶️图 7-90　身体部分局部调整　　▶️图 7-91　新建图层 5　　▶️图 7-92　绘制路径(手和脚)

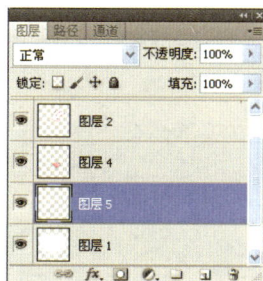

Step 33 如图 7-93 所示，在路径面板中，单击底部的"将路径作为选区载入"按钮，将路径转化为选区。

Step 34 如图 7-94 所示，像绘制头部效果一样绘制手和脚。

Step 35 如图 7-95 所示，在图层面板中新建"图层 6"，并放置在"图层 1"的上面。

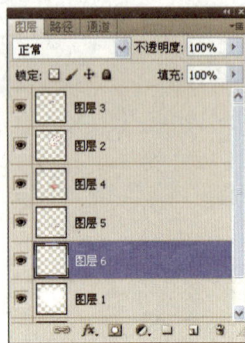

▶▶图 7-93　将路径 5 载入选区　　▶▶图 7-94　手和脚绘制效果　　▶▶图 7-95　新建图层 6

Step 36 激活工具箱中的"钢笔"工具，绘制一个心形的气球，效果如图 7-96 所示。

Step 37 如图 7-97 所示，在路径面板中，单击底部的"将路径作为选区载入"按钮，将路径转化为选区。

Step 38 设置前景为偏绿色的蓝色并描边，效果如图 7-98 所示。

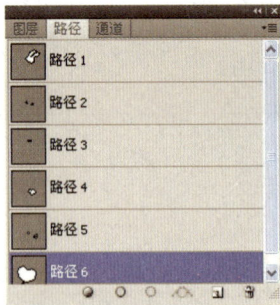

▶▶图 7-96　绘制图形(气球)　　▶▶图 7-97　将路径 6 载入选区　　▶▶图 7-98　描边效果

Step 39 激活"魔术棒"工具，选取气球内部区域并填充比边线稍微浅一点的蓝色，效果如图 7-99 所示。

Step 40 激活"毛笔"工具，在气球上面绘制大小、形状、颜色不一的斑点，效果如图 7-100 所示。

Step 41 用同样的方法，激活"加深"工具将背光部分加深，再激活"提亮"工具将受光部分提亮，效果如图 7-101 所示。

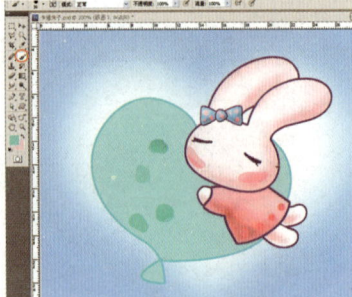

▶▶图 7-99　填充蓝色　　▶▶图 7-100　绘制斑点　　▶▶图 7-101　加深、提亮效果

Step 42 如图 7-102 所示，在图层面板中，复制"图层 6"为"图层 6 副本"。

Step 43 以"图层 6 副本"为当前层，按 Ctrl+T 组合键，旋转一定角度并缩小，效果如图 7-103 所示。

Step 44 单击菜单"图像"→"调整→"色相/饱和度"命令，如图 7-104 所示，在对话框中调整参数。

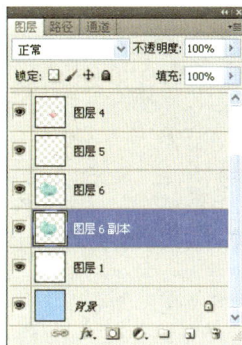

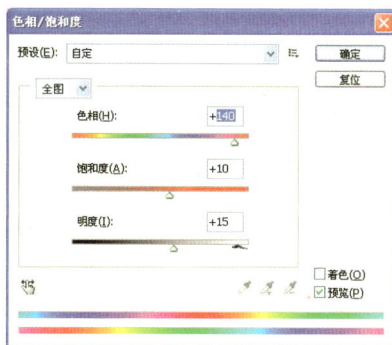

▶图 7-102　复制图层 6　　▶图 7-103　将气球旋转角度并缩小　　▶图 7-104　调整"色相/饱和度"参数(1)

Step 45 单击"确定"按钮，调整后的气球效果如图 7-105 所示。

Step 46 在图层面板中，复制"图层 6 副本"为"图层 6 副本 2"，并放置在"图层 6 副本"的下面，如图 7-106 所示。

Step 47 调整气球大小和位置，效果如图 7-107 所示。

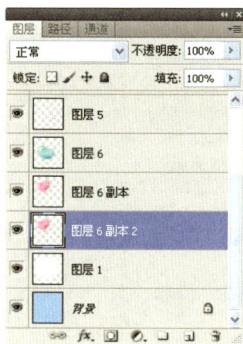

▶图 7-105　调整后的气球效果（1）　　▶图 7-106　复制图层 6 副本　　▶图 7-107　调整气球大小和位置

Step 48 单击菜单"图像"→"调整"→"色相/饱和度"命令，如图 7-108 所示，在对话框中调整参数。

Step 49 单击"确定"按钮，调整后的气球效果如图 7-109 所示。

Step 50 激活工具箱中的"横排文字"工具，如图 7-110 所示，在画面右下角输入英文单词"Dream"。

Step 51 如果对上述文本的字体、大小不满意，如图 7-111 所示，可以打开字符面板调整字体和大小。

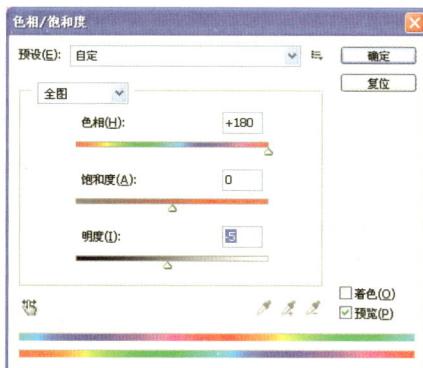

▶图 7-108　调整"色相/饱和度"参数（2）

▶图 7-109　调整后的气球效果（2）　　▶图 7-110　输入文本　　　　▶图 7-111　字符面板

Step 52 如图 7-112 所示，以文字层为当前层，单击菜单"类型（文字）"→"栅格化文字图层"命令，将文字层栅格化。

Step 53 设置前景色为浅粉色，单击菜单"编辑"→"描边"命令，如图 7-113 所示，设置宽度为"6"，位置"居外"。

Step 54 单击"确定"按钮，则描边后的效果如图 7-114 所示。

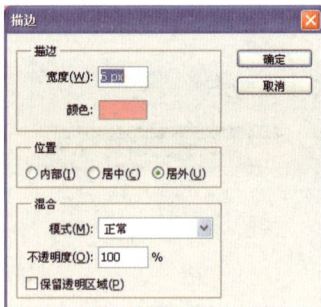

▶图 7-112　栅格化文字　　　▶图 7-113　"描边"参数设置（1）　　▶图 7-114　描边效果（1）

Step 55 设置前景色为白色，如图 7-115 所示，设置"描边"宽度为"8"，单击"确定"按钮，效果如图 7-116 所示。

Step 56 激活"钢笔"工具，绘制翅膀的形态，填充白色并用浅粉色描边（描边宽度设置为 3），效果如图 7-117 所示。

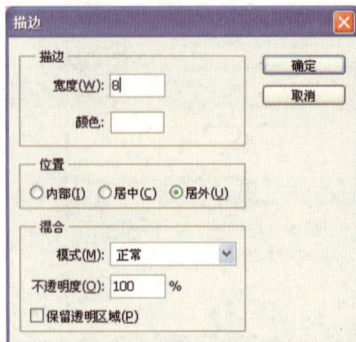

▶图 7-115　"描边"参数设置（2）　　▶图 7-116　描边效果（2）　　　▶图 7-117　翅膀效果

Step 57 如图 7-118 所示，在图层面板中以"背景"层为当前选择层。

Step 58 激活工具箱中的"加深"工具，在其属性栏中设置笔头大小，将四个边角部分适当加深（右下角较深些），效果如图 7-119 所示。

Step 59 最终封面的基本效果如图 7-120 所示。此时文件中所有的图层如图 7-121 所示。

▶▶图 7-118　设置当前层　　　▶▶图 7-119　加深效果　　　▶▶图 7-120　封面效果

Step 60 下面主要完成立体效果。根据书籍尺寸新建文件，参数设置如图 7-122 所示。

Step 61 激活工具箱中的"移动"工具，将合并后的卡通兔子图形拖入新建文件中，如图 7-123 所示，在图层面板中复制"图层 1"为"图层 1 副本"。

▶▶图 7-121　图层面板　　　▶▶图 7-122　新建文件　　　▶▶图 7-123　复制图层 1

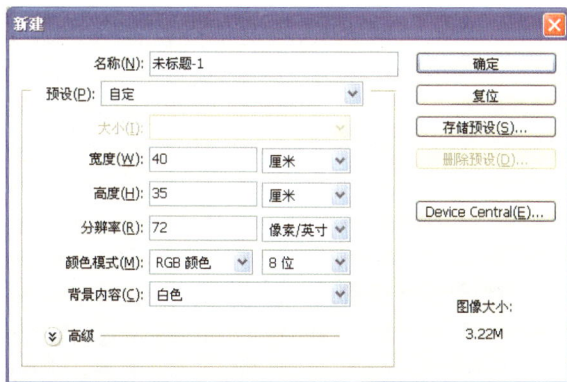

Step 62 激活"移动"工具，调整"图层 1 副本"图形，使之呈现如图 7-124 所示效果。

Step 63 在图层面板中，如图 7-125 所示，以"图层 1"为当前选择层。

Step 64 单击菜单"图像"→"调整"→"曲线"命令，如图 7-126 所示设置曲线参数，单击"确定"按钮，效果如图 7-127 所示。

Step 65 如图 7-128 所示，在图层面板中，在"图层 1"的上面新建"图层 2"。

Step 66 激活工具箱中的"多边形套索"工具，在图形左上角位置绘制如图 7-129 所示选区，并填充深蓝色。

▶▶ 图 7-124　调整图层位置

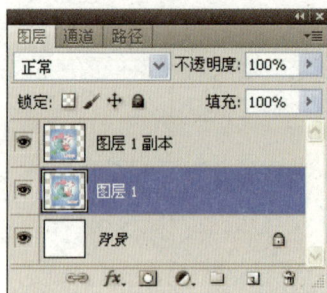

▶▶ 图 7-125　设置图层 1 为当前层

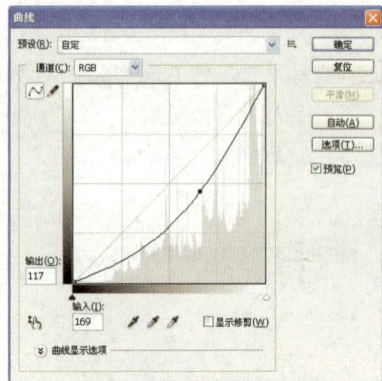

▶▶ 图 7-126　设置曲线参数

▶▶ 图 7-127　调整曲线效果

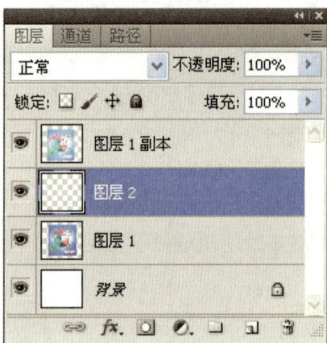

▶▶ 图 7-128　新建图层

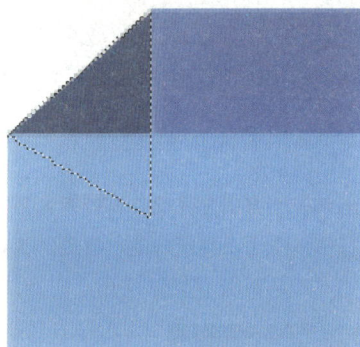

▶▶ 图 7-129　绘制选区

Step 67　在图层面板中，以"图层 1 副本"为当前选择层，单击菜单"编辑"→"变换"→"扭曲"命令，将图形调整为如图 7-130 所示形态。

Step 68　在图层面板中，如图 7-131 所示，复制"图层 1"为"图层 1 副本 2"，并将其安置在"图层 1 副本"下面，按下"锁定"按钮。

Step 69　设置前景色为浅土黄色，单击菜单"编辑"→"填充"→"前景色"命令，效果如图 7-132 所示。

▶▶ 图 7-130　变形封面

▶▶ 图 7-131　再次复制图层 1

▶▶ 图 7-132　填充效果

Step 70 激活工具箱中的"加深"工具，如图 7-133 所示，调整笔头大小（选择带有羽化边缘的笔头）和"曝光度"，将靠近封面边缘部分适当加深。

Step 71 如图 7-134 所示，在图层面板中，在"图层 2"的上面新建"图层 3"。

Step 72 激活工具箱中的"多边形套索"工具，在图形顶部位置绘制如图 7-135 所示选区并填充淡土黄色。

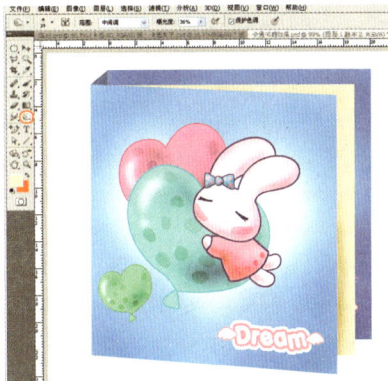

▶ 图 7-133　设置参数　　　　　▶ 图 7-134　新建图层 3　　　　　▶ 图 7-135　绘制选区并填充

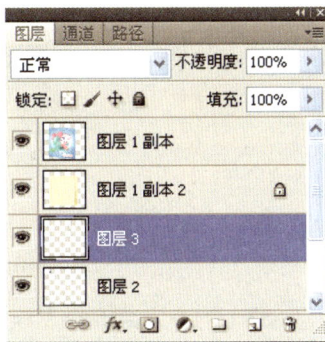

Step 73 激活"加深"工具，将左侧加深，再激活"减淡"工具，将中部以右部分减淡，效果如图 7-136 所示。

Step 74 采用同样的方法绘制右侧，效果如图 7-137 所示。

▶ 图 7-136　加深、减淡效果　　　　　　　　　▶ 图 7-137　侧面效果

Step 75 设置前景色为白色，激活工具箱中的"直线"工具，在其属性栏中选择"直接填充像素"选项，粗细设置为"1px"，在图形的顶部和右侧绘制几道白色线条，效果如图 7-138 所示。

Step 76 如图 7-139 所示，在图层面板中以"图层 1"为当前选择层。

Step 77 单击图层面板下方的"添加图层样式"按钮，添加"斜面和浮雕"效果，如图 7-140 所示设置参数。

Step 78 单击"确定"按钮，则添加"图层样式"后的效果如图 7-141 所示。

Step 79 如图 7-142 所示，在图层面板中以"图层 1 副本"为当前选择层，单击图层面板下面的"添加图层样式"按钮。

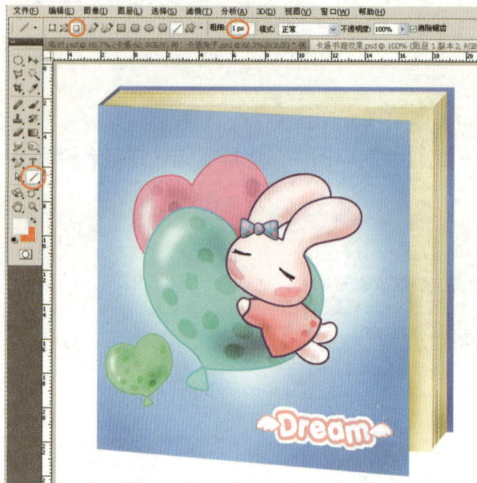

▶图 7-138　绘制白色线条

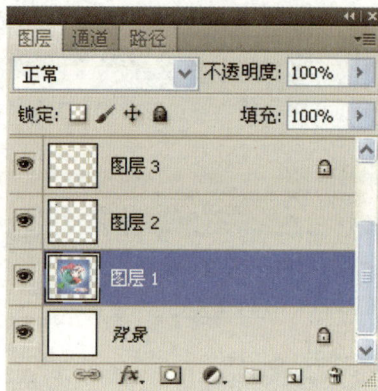

▶图 7-139　设置图层 1 为当前层

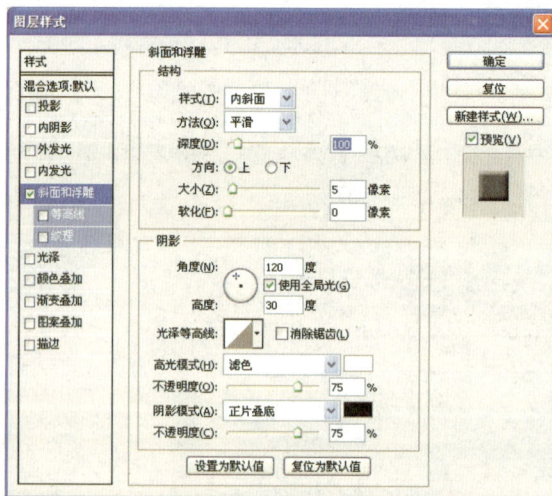

▶图 7-140　设置图层样式参数

▶图 7-141　图层样式效果

▶图 7-142　设置图层 1 副本为当前层

Step⑧⓪ 在弹出的对话框中，如图 7-143 所示，在"投影"图层样式中，设置"不透明度"为"60%"，距离为"10"像素，大小为"30"像素，然后单击"确定"按钮。

Step⑧① 在图层面板中，如图 7-144 所示，按住 Shift 键选择除"背景层"以外的所有图层并将其合并为"图层 1 副本"，如图 7-145 所示。

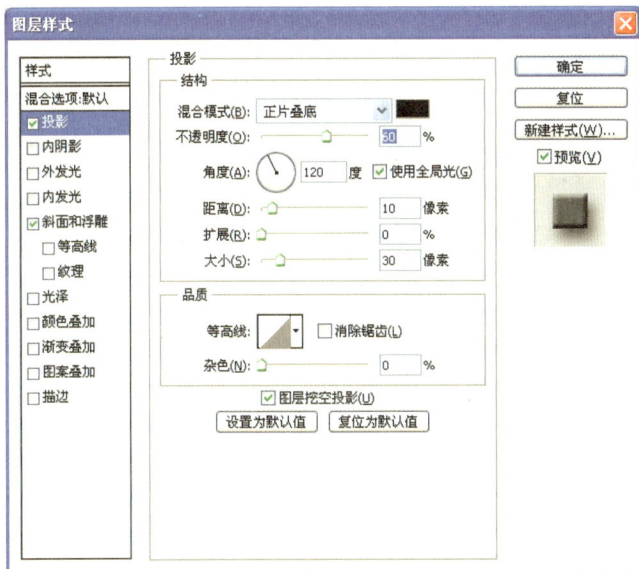

▶▶图 7-143　设置投影参数　　　　　　　　　　　▶▶图 7-144　选择图层

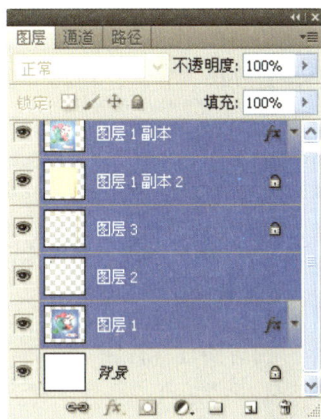

Step⑧② 单击"图层 1 副本"面板下方的"添加图层样式"按钮，在弹出的对话框中，如图 7-146 所示，设置"投影"图层样式参数。单击"确定"按钮，最终效果如图 7-1 所示。

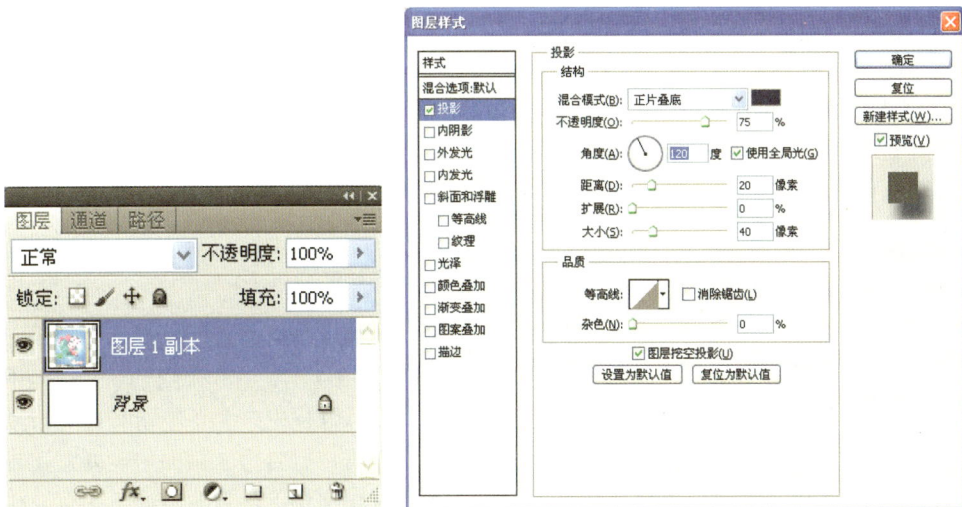

▶▶图 7-145　合并图层　　　　　　　　　▶▶图 7-146　"图层样式"对话框

7.4 相关知识链接

7.4.1 封面设计的基本要求

首先应该确立表现手法要为书的内容服务的形式，采用最感人、最形象、最易被视觉接受的表现形式，所以封面的构思就显得十分重要，要充分理解书稿的内涵、风格、体裁等，做到构思新颖、切题，有感染力。构思的过程与方法大致可以有以下几种。

1. 想象

想象是构思的基点，是形成意象、知觉和概念的能力。我们所说的灵感，也就是知识和想象的积累与结晶，它对设计构思而言是一个开窍的源泉。

2. 舍弃

构思的过程往往"叠加容易，舍弃难"，构思时常常想得很多，堆砌得很多，对多余的细节不忍心放弃。张光宇先生说"多做减法，少做加法"，就是真切的经验之谈。对不重要的、可有可无的形象与细节，坚决忍痛割爱。

3. 象征

象征性的手法是艺术表现非常得力的语言，可以用具象形象来表达抽象的概念或意境，也可以用抽象的手法来表达具体的事物，都能为人们所接受。

4. 探索创新

流行的形式、常用的手法、俗套的语言要尽可能避开不用；熟悉的构思方法、常见的构图、习惯性的技巧，都是创新构思表现的大敌。构思要新颖，就要做到不落俗套，标新立异。要有创新的构思，就必须有孜孜不倦的探索精神。

7.4.2 封面的文字设计

封面上简练的文字主要是书名（包括丛书名、副书名）、作者名和出版社名，这些留在封面上的文字信息在设计中起着举足轻重的作用。在设计过程中，为了丰富画面，可重复出现书名，加上拼音或外文书名，或目录和适量的广告语。有时为了画面的需要，在封面上也可以不安排作者名或出版社名，让它们出现在书脊和扉页上，封面只留下不可缺少的书名。

封面文字中除书名外，均选用印刷字体，所以这里主要介绍书名的字体。常用于书名的字体分为三大类：书法体、美术体、印刷体。

1．书法体

书法体笔画间追求无穷的变化，具有强烈的艺术感染力和鲜明的民族特色，以及独到的个性，且字迹多出自社会名流之手，具有名人效应，受到读者广泛的喜爱。如《求是》、《娃娃画报》等书刊均采用书法体作为书名字体。

2．美术体

美术体又可分为规则美术体和不规则美术体两种。前者作为美术体的主流，强调外形的规整，点画变化统一，具有便于阅读、便于设计的特点，但较呆板。不规则美术体则在这方面有所不同。它强调自由变形，无论从点画处理或字体外形均追求不规则的变化，具有变化丰富、个性突出、设计空间充分、适应性强、富有装饰性的特点。不规则美术体与规则美术体及书法体比较，既具有个性又具有适应性，所以许多书刊均选用这类字体。

3．印刷体

印刷体沿用了规则美术体的特点，早期的印刷体较呆板、僵硬，现在的印刷体在这方面有所突破，吸纳了不规则美术体的变化规则，大大丰富了印刷体的表现力，而且借助计算机使印刷体在处理方法上既便捷又丰富，弥补了其个性上的不足。

有些国内书籍刊物在设计时将中英文刊名加以组合，形成独特的装饰效果。如《世界知识画报》用"W"和中文刊名的组合形成自己的风格。

刊名的视觉形象并不是一成不变地只能使用单一的字体、色彩、字号来表现，把两种以上的字体、色彩、字号组合在一起会令人耳目一新。可将刊名中的书法体和印刷体结合起来，使两种不同外形特征的字体产生强烈的对比效果。

7.4.3　封面的图片设计

封面的图片以其直观、明确、视觉冲击力强、易与读者产生共鸣的特点，成为设计要素中的重要部分。图片的内容丰富多彩，最常见的是人物、动物、植物、自然风光，以及一切人类活动的产物。封面上的图形形式包括摄影、插图和图案。有写实的，有抽象的，还有写意的。

图片是书籍封面设计的重要要素，它往往在画面中占很大面积，成为视觉中心，所以图片设计尤为重要。一般青年杂志、女性杂志均为休闲类书刊，它的标准是大众审美，封面通常选择当红影视歌星、模特的图片；科普刊物选图的标准是知识性，常选用与大自然有关的或体现先进科技成果的图片；而体育杂志则选择体坛名将及竞技场面图片；新闻杂志选择新闻人物和相关场面，它的标准既不是年轻貌美，也不是科学知识，而是新闻价值；摄影、美术刊物的封面选择优秀的摄影和艺术作品，它的标准是艺术价值。

7.4.4　封面的色彩设计

封面的色彩处理是设计的重要一关。得体的色彩表现和艺术处理能在读者的视觉中产生夺目的效果。色彩的运用要考虑内容的需要，用不同色彩对比的效果来表达不同的内容和思想。在对比中求得统一协调，以间色互相配置为宜，使对比色统一于协调之中。书名的色彩运用在封面上要有一定的分量，纯度若不够，就不能产生显著夺目的效果。另外，除了绘画色彩用于封面外，还可用装饰性的色彩表现。文艺书封面的色彩不一定适用于教科书，教科书、理论著作的封面色彩也不适合儿童读物。要辩证地看待色彩的含义，不能形而上学地使用。

一般来说，设计幼儿刊物的色彩要针对幼儿娇嫩、单纯、天真、可爱的特点，色调往往处理成高调，减弱各种对比的力度，强调柔和的感觉；女性书刊的色调可以根据女性的特征，选择温柔、妩媚、典雅的色彩系列；体育杂志的色彩则强调刺激、对比，追求色彩的冲击力；而艺术类杂志的色彩就要求具有丰富的内涵，要有深度，切忌轻浮、媚俗；科普书刊的色彩可以强调神秘感；时装杂志的色彩要新潮，富有个性；专业性学术杂志的色彩要端庄、严肃、高雅，体现权威感，不宜强调高纯度的色相对比。

色彩配置上除了协调外，还要注意色彩的对比关系，包括色相、纯度、明度对比。封面上没有色相冷暖对比，就会让人感到缺乏生气；封面上没有明度深浅对比，就会使人产生沉闷透不过气来的感觉；封面上没有纯度鲜明对比，就会显得古旧和平俗。因此，要在封面色彩设计中掌握住明度、纯度、色相的关系，同时用这三者关系去认识和寻找封面上产生弊端的缘由，以便提高色彩修养。

上面谈到了书籍封面设计四个基本要素的设计方法，要将这些要素有序地组合在一个画面里方能构成书籍的封面。掌握封面设计的基本方法，绝不能教条地套用，而要有针对性，才能设计出优秀的书籍封面，使读者一见钟情，爱不释手。

7.4.5　版面设计的基本要求

版式设计所涉及的内容比较多，其中，除了一些印刷装帧中的工艺技术因素外，最主要的方面就在于艺术设计上。一般来说，书籍的封面装帧设计有其具体的设计要求或标准，主要体现在以下几个方面。

主题性：书籍封面的装帧设计要充分体现出书籍的内容、主题和精神，这也是书籍封面设计的目的。主题性要求书籍的封面设计要根据书籍的内容主题来确定设计的风格、形式，使封面成为读者直接感知书籍内容信息的重要途径。

原创性：创意是任何设计的灵魂所在，只有创造出新的设计形式、新的设计风格和新的图像图形视觉，才能使设计不流于一般对内容简单的图解，而是对具体内容表达的再创造。

装饰性：在设计手法、设计形式上，版式设计具有很强的装饰性和形式感，要灵活运用各种形式语言、色彩语言来进行视觉美感的创造。

可读性：设计的目的是为了更好地传达书籍的内容信息，故设计要有清晰明了的形式和主题。没有信息传达的准确性和形式设计的可读性，设计就有可能是混乱的、失败的。

7.4.6 美术设计的基本要求

（1）护封设计和封面设计是否符合书籍的内容和要求。要把书脊看作一个完整的平面，除了保持书脊的文字等功能性的元素之外，图形类的元素可以组成一幅完整的画面。

（2）护封设计和封面设计是否组合在整体方案之中（例如，文字、色彩）。

（3）封面选用的材料是否合理。

（4）封面设计是否适应书籍装订的工艺要求（例如，封面与书脊连接处，平装书的折痕和精装书的凹槽等）。

（5）图片（照片、插图、技术插图、装饰等）是否组合在基本方案之中，以及是否符合书籍的要求，都是经过选择的。

（6）技术：版面是否均衡（字距有没有太宽或太窄）。

（7）版面：目录索引、表格和公式的版面质量应与立体部分相称，字距与字的大小和字的风格要相适应（在正文字体、标题字体和书名字体方面，标点符号和其他专门符号的字距是否合适）；字距整体设置要恰当，标题的断行要符合文字的含义。字体的醒目程度与字体的风格相适应；同时注意，版面不仅要左边整齐，右边同样要和谐统一。

（8）拼版：拼版是否连贯和前后一致；标题、章节、段、图片等的间隔是否统一；是否避免了标点在页面第一行第一个字位置的情况出现。

第8章

数码图像合成设计——动作、通道、蒙版的应用

图像合成，属于图像处理的范畴，主要指把两个以上的视频或图像信号通过加工处理，叠加或组合在一起，创作出新的图像效果；对原始素材的深度加工处理，使之产生新的艺术效果。若将传统的影视制作比作以时间为轴的叙述，图像合成则是于同一时刻在空间的领域进行创作，在二维的画面中表现出空间的层次感，增强画面的表现力，使之所传递的信息越来越丰富，形成一套独特的创作手法。

随着数字技术、计算机技术的迅猛发展，近几年来图像技术在不断优化的同时也发生质的飞跃，到如今特色各异的合成软件以及功能强大的数字合成系统，合成的概念正在被逐步完善。

8.1 数码影像案例分析

1. 创意定位

徐志摩那首《再别康桥》中飘离的诗意常常袭扰着我：轻轻地我走了，正如我轻轻地来，挥一挥衣袖，不带走一片云彩……曾几何时，面对墙上的照片，怀念之情油然而生，有始无结。自己动手将这些相片制作成桌面壁纸，如图 8-1 所示，使刻板的图片变得含蓄而丰富多彩，如此，心情也会变得愉悦一些。

▶ 图 8-1　影像合成效果

2．所用知识点

❖ 滤镜命令（高斯模糊、彩色半调、水波纹等）；
❖ 快速蒙版的使用；
❖ 蒙版和通道（颜色通道和 Alpha 通道）；
❖ 图层透明度的调整；
❖ 图层模式。

3．制作分析

❖ 制作过程分为 3 个环节：
❖ 为了使原始图像更加出色，用到了"图像"→"调整"中的相关命令；
❖ 将人物保存至选区，用到了快速蒙版与通道；
❖ 将人物粘贴到选区中，用到了图层蒙版。

8.2 知识卡片

8.2.1 动作与通道的应用

在 Photoshop CC 中，用户可以将一系列命令组合为某个动作，从而使任务执行自动化。例如，当用户希望将创建某个案例效果的过程中所用到的一系列滤镜效果记忆下来，以便将来应用于其他对象效果中时，只需将上述动作全部或部分录制即可。

1．内置动作命令的载入与运行

在 Photoshop CC 中已经为用户设置了许多动作效果，单击菜单"窗口"→"动作"命令，打开动作浮动面板，然后单击倒三角图标，如图 8-2 所示。这些内置的动作命令将常用效果的制作过程分为 10 类，分别是"默认动作""命令""画框""图像效果""黑白技术""制作""流星""文字效果""纹理""视频动作"。这 10 类动作命令组各自又包含多种不同的效果命令，每一种效果由一系列命令组合在一起，用户只需单击运行命令即可对对象添加指定的效果。若在组合命令中设置了中断点，则运行至该处时处理过程暂时中断，等待用户输入参数，然后继续运行命令，直至结束，这样便可达到预期的效果。同样，用户也可用"动作"面板录制自己设定的某些特殊效果，以便将来运用。

范例操作 内置动作应用

Step 01 打开图像如图 8-3 所示，如果所打开的图像带有图层，则要将所有图层合并后再执行相关命令。

Step 02 单击图 8-2 中的"图像效果"命令，在其展开的下拉菜单中选择"仿旧照片"命令，然后单击如图 8-4 所示底部的播放按钮，效果如图 8-5 所示。

Step 03 载入"画框"动作，选择图 8-6 中的"拉丝铝画框"命令，然后单击其底部的播放按钮，效果如图 8-7 所示，一副精装画作完成。

▶▶ 图 8-2　动作浮动面板

▶▶ 图 8-3　原图

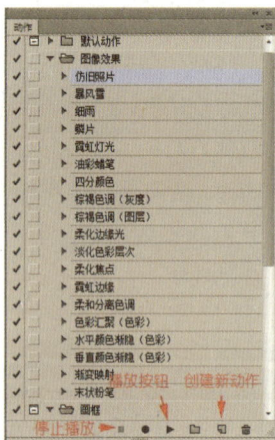

▶▶ 图 8-4　选择"仿旧照片"命令
并单击播放按钮

▶▶ 图 8-5　"仿旧照片"效果

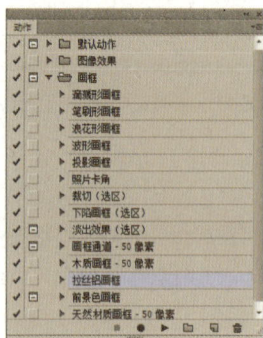

▶▶ 图 8-6　选择"拉丝铝画框"选项

▶▶ 图 8-7　"拉丝铝画框"效果

2．用户自定义动作命令

创建新动作前首先应新建一个动作组，以便将动作保存在动作组中，如果不创建新的动作组，则新建的动作会保存在调板中当前的动作组中。

范例操作　　自定义动作应用

Step 01 打开素材图片，如图 8-8 所示，按 Ctrl+T 组合键，找到图像的中心点，单击菜单"视图"→"标尺"命令，打开标尺，按住鼠标左键从标尺的水平与垂直方向分别拖出辅助线至中心点位置，双击鼠标左键，取消变换命令，效果如图 8-9 所示。

Step 02 新建"图层 1"。激活"路径"工具，绘制如图 8-10 所示形状路径。在绘制过程中可以通过路径中的其他调整工具协助完成，保证图形轮廓线自然流畅（为了便于观察，关闭背景层）。

▶图 8-8　原图　　　　　▶图 8-9　添加辅助线　　　　▶图 8-10　绘制路径

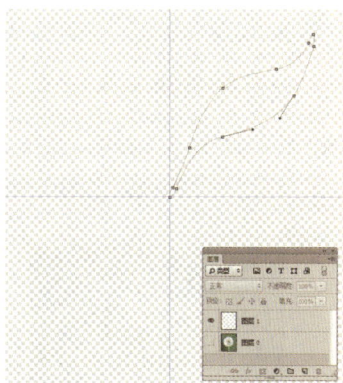

Step 03 激活"路径选择"工具将路径全选，将其复制、粘贴后，单击菜单"编辑"→"变换路径"→"旋转 180"命令，然后移动至对称位置，效果如图 8-11 所示。

Step 04 单击路径面板底部的"将路径作为选区载入"按钮，将路径转换为选区，效果如图 8-12 所示。

Step 05 打开动作面板，单击面板中的"新建动作"按钮打开对话框，如图 8-13 所示，单击"记录"按钮，新建一个"动作 1"。此时所有操作过程都会被录制，因此建议此后的每一步都应非常清楚，不要出现后悔的动作处理。

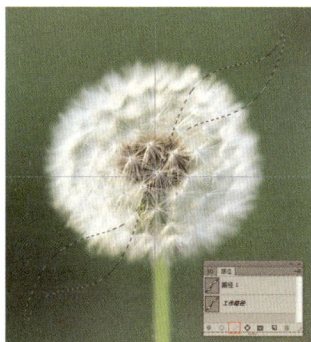

▶图 8-11　复制路径　　　　▶图 8-12　载入选区　　　　▶图 8-13　"新建动作"对话框

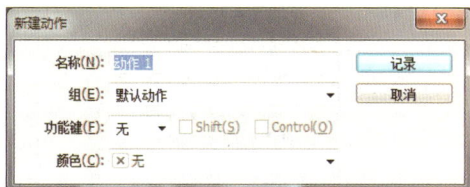

Step 06 确保选区存在。单击菜单"编辑"→"填充"命令，在弹出的对话框中设置参数，如图 8-14 所示，选择填充的图案。单击"确定"按钮，效果如图 8-15 所示。

Step 07 单击菜单"编辑"→"描边"命令，在弹出的对话框中，如图 8-16 所示，选择必要的描边色彩。单击"确定"按钮，效果如图 8-17 所示。

▶ 图 8-14 设定填充参数   ▶ 图 8-15 "填充"效果   ▶ 图 8-16 设定描边参数

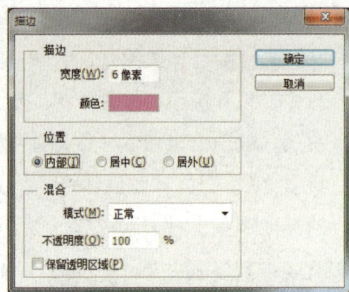

Step 08 合并图层 1 至背景层。保持选区存在，继续新建"图层 1"，重复"填充"与"描边"命令，然后按 Ctrl + T 组合键，如图 8-18 所示设置等缩比例和旋转角度等参数，双击鼠标左键，效果如图 8-19 所示。

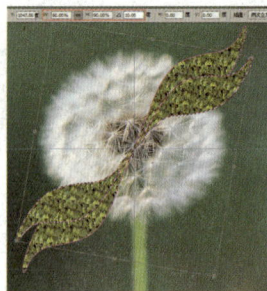

▶ 图 8-17 "描边"效果   ▶ 图 8-18 设置参数   ▶ 图 8-19 执行效果

Step 09 如图 8-20 所示，单击动作面板右边的倒三角图标，在弹开的菜单中选择"停止记录"命令，即可完成动作录制过程。

Step 10 单击"动作 1"，回到起点。然后重复单击"播放"按钮即可完成如图 8-21 所示效果。此时动作面板如图 8-22 所示。采用同样的方法可以逆时针旋转与放大，效果如图 8-23 所示。

▶ 图 8-20 停止记录   ▶ 图 8-21 "播放"效果

▶图 8-22　动作面板

▶图 8-23　逆时针效果

8.2.2　蒙版与通道

　　蒙版与通道是 Photoshop 中两个较为抽象的概念，二者在图像处理与合成的过程中起着非常重要的作用，特别是在创建和保存特殊选区及制作特殊效果方面更有其独特的灵活性。

1．蒙版的概念

　　蒙版是将不同灰度色值转化为不同的透明度，并作用到它所在的图层中，使图层不同部位的透明度产生相应的变化。黑色为完全透明，白色为完全不透明。蒙版还具有保护和隐藏图像的功能，当对图像的某一部分进行特殊处理时，利用蒙版可以隔离并保护其余的图像部分不被修改或破坏。

　　根据创建方式的不同，蒙版可分为图层蒙版、矢量蒙版、剪贴蒙版和快速编辑蒙版共 4 种类型。

　　图层蒙版是位图图像，与分辨率相关，是由绘图工具或选框工具创建的；矢量蒙版与分辨率无关，是由"钢笔"路径工具或形状工具创建的；剪贴蒙版是由基底图层和内容图层创建的；快速编辑蒙版是利用工具箱中的 ◰ 按钮直接创建的。

2．创建和编辑图层蒙版

　　在图层面板中选择要添加图层蒙版的图层或图层组，执行下列任一操作即可。

　　（1）单击"图层"→"图层蒙版"→"显示全部"命令，可创建出显示整个图层的蒙版。如果图像中有选区存在，可单击"图层"→"图层蒙版"→"显示选区"命令，可根据选区创建显示选区内图像的蒙版。

　　（2）单击"图层"→"图层蒙版"→"隐藏全部"命令，可创建出隐藏整个图层的蒙版。如果图像中有选区存在，可单击"图层"→"图层蒙版"→"隐藏选区"命令，可根据选区创建隐藏选区内图像的蒙版。

　　在图层面板中单击蒙版缩略图使其成为当前状态，然后在工具箱中选择任意绘图工具，执行下列任一种操作即可。

　　❖　在蒙版图像绘制黑色，可增加蒙版被屏蔽的区域，并显示更多的图像。

❖ 在蒙版图像绘制白色，可减少蒙版被屏蔽的区域，并显示更少的图像。

❖ 在蒙版图像绘制灰色，可创建半透明效果的屏蔽区域。

3．创建和编辑矢量蒙版

矢量蒙版是由形状工具和路径工具创建的，执行下列任一操作即可。

（1）单击"图层"→"矢量蒙版"→"显示全部"命令，可创建出显示整个图层的矢量蒙版。

（2）单击"图层"→"矢量蒙版"→"隐藏全部"命令，可创建出隐藏整个图层的矢量蒙版。

（3）当图像中有路径存在且处于显示状态时，单击"图层"→"矢量蒙版"→"当前路径"命令，可创建显示形状内容的矢量蒙版。

在图层面板或路径面板中单击矢量蒙版缩略图，使其处于当前状态，然后利用钢笔工具或路径编辑工具更改路径形状，即可编辑矢量蒙版。

在图层面板中选择要编辑的矢量蒙版层，然后单击"图层"→"栅格化"→"矢量蒙版"命令，可将矢量蒙版转化为图层蒙版。

4．停用和启用蒙版

添加蒙版后，单击"图层"→"图层蒙版"→"停用"命令，或"图层"→"矢量蒙版"→"停用"命令，可将蒙版停用，此时图层蒙版中蒙版缩略图上会出现红色的交叉符号，且图像文件中会显示不带蒙版效果的图层内容。按住 Shift 键反复单击图层蒙版中的蒙版缩略图，可在停用和启用蒙版之间切换。

5．应用或删除图层蒙版

完成图层蒙版的创建后，既可以应用蒙版使其更改永久化，也可以删除蒙版而取消更改。

1）应用图层蒙版

单击"图层"→"图层蒙版"→"应用"命令，或单击图层面板下方的 按钮，在弹出的对话框中单击"应用"按钮即可。

2）删除图层蒙版

单击"图层"→"图层蒙版"→"删除"命令，或单击图层面板下方的 按钮，在弹出的对话框中单击"删除"按钮即可。

6．取消图层与蒙版的链接

默认状态下，图层与蒙版处于链接状态。当使用移动工具移动图层或蒙版时，该图层及其蒙版会在图像文件中一起移动，取消它们之间的链接后可以单独移动。

单击菜单"图层"→"图层蒙版"→"取消链接"或"图层"→"矢量蒙版"→"取消链接"命令即可取消链接。

在图层面板中，单击图层缩略图与蒙版缩略图之间的"链接"图标，"链接"图标消失，表明图层与蒙版之间已取消链接；再次单击，则"链接"图标出现，表明图层与蒙版之间重新链接。

7. 创建剪贴板蒙版

将两个或两个以上的图层创建剪贴板蒙版，将利用"创建剪贴蒙版层"下方对象的轮廓来剪切上面的图层内容，从而保证两个图层的外轮廓对齐。

范例操作 剪贴板蒙版应用

Step 01 打开图像，如图 8-24 所示。激活路径工具，绘制如图 8-25 所示路径，单击路径面板底部的"将路径作为选区载入"按钮，将路径转换为选区。

Step 02 单击菜单"选择"→"调整边缘"命令，在弹出的对话框中设置参数，如图 8-26 所示，单击"确定"按钮，效果如图 8-27 所示。

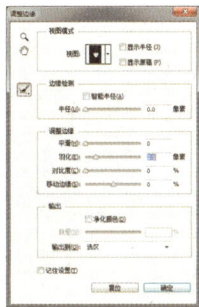

▶ 图 8-24　打开原图　　▶ 图 8-25　绘制路径　　▶ 图 8-26　调整边缘　　▶ 图 8-27　羽化边缘

Step 03 新建"图层 1"，将前景色设置为任意色彩，激活"渐变填充"工具，如图 8-28 所示作由上至下垂直渐变。

Step 04 取消选区。打开素材图像，如图 8-29 所示，激活"移动"工具，将其拖移至文件中，考虑到水果装入杯中的角度，可适当调整角度、大小与位置，效果如图 8-30 所示。

▶ 图 8-28　填充渐变色　　　▶ 图 8-29　打开素材（1）　　　▶ 图 8-30　复制素材

Step 05 此时图层面板如图 8-31 所示。以"图层 2"为当前层，单击菜单"图层"→"创建剪贴蒙版"命令，效果如图 8-32 所示，此时图层面板如图 8-33 所示。

Step 06 同理，打开图像，如图 8-34 所示，复制后形成"创建剪贴蒙版"效果，如图 8-35 所示。调整"图层 2"位置，最终效果如图 8-36 所示。

▶图 8-31　图层面板（1）　　▶图 8-32　创建剪贴蒙版效果（1）　　▶图 8-33　图层面板（2）

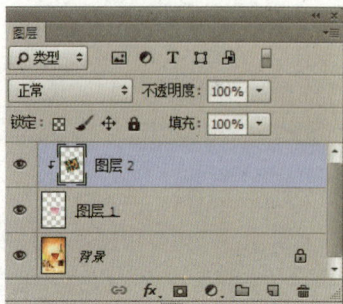

▶图 8-34　打开素材（2）　　▶图 8-35　创建剪贴蒙板效果（2）　　▶图 8-36　最终效果

8．释放剪贴蒙版

（1）在图层面版中，选择剪贴蒙版中的任一图层，然后单击菜单"图层"→"释放剪贴蒙版"命令，即可释放蒙版，将图层还原为相互独立的状态。

（2）按住 Alt 键将光标放置在分隔两组图层的线上，当光标显示为其他形状时单击，即可释放剪贴蒙版。

8.2.3　通道的运用

通道是保存不同颜色信息的灰度图像，可以存储图像中的颜色数据、蒙版或选区。每幅图像根据色彩模式不同，都有一个或多个通道，通过编辑通道中的各种信息可以对图像进行编辑处理。

在通道中，白色代替图像中的透明区域，表示要处理的部分，可以直接添加选区；黑色表示不处理的部分，不能直接添加选区。

▶图 8-37　显示不同通道

1．通道类型

根据通道存储的内容不同，可以分为复合通道、单色通道、专色通道和 Alpha 通道，如图 8-37所示。

（1）复合通道（RGB 通道）：不同色彩模式的图像通道数量不同，默认状态下，位图、灰度和索引色模式的图像只有一个通道，RGB 和 Lab 模式的图像有 3 个通道，CMYK 色彩模式的图像有 4 个通道。

通道面板最上面的一个通道称为复合通道，代表每个通道叠加后的图像颜色，下面的通道是拆分后的单色通道。

（2）单色通道（红、绿、蓝通道）：在通道面板中都显示为灰色，它通过 0～255 级亮度的灰度表示颜色。在通道中很难控制图像的颜色效果，所以一般不采取直接修改颜色通道的方法改变图像的颜色。

（3）专色通道：在进行颜色比较多的特殊印刷时，除了默认的颜色通道，还可以在图像中创建专色通道。如印刷中常见的烫金、烫银或企业专有色等，都需要在图像处理时进行通道专有色的设定（在图像中添加专色通道以后，必须将图像转换为多通道模式才能够进行印刷的输出）。

（4）Alpha 通道：单击通道面板底部的 █ 按钮，可以创建新的 Alpha 通道。Alpha 通道是为保存选区而专门设计的通道，其作用主要是保存图像中的选区和蒙版。通常在创建一个新的图像时，并不一定生成 Alpha 通道，一般是在图像处理过程中为了制作特殊选区或蒙版而人为生成的，并可从中提取选区信息。因此在输出制版时，Alpha 通道会因为与最终生成的图像无关而被删除。但有时也要保留 Alpha 通道，特别是在三维软件最终输出作品时，会附带生成一个 Alpha 通道，方便在平面软件中做后期处理。

2．通道面板

单击菜单"窗口"→"通道"命令，即可打开通道面板。利用通道面板可以对通道做如下操作。

（1）"指示通道可视性"图标 ◉：此图标与图层面板中的相同，单击此图标可以在显示与隐藏该通道之间切换。注意，当通道面板中某一单色通道被隐藏后，复合通道会自动隐藏；当选择或显示复合通道后，所有的单色通道全部显示。

（2）通道缩略图：图标 ◉ 右侧为通道缩略图，其主要作用是显示通道的颜色信息。

（3）通道名称：它使用户快速识别各种通道。通道名称的右侧为切换该通道的快捷键。

（4）"将通道作为选区载入"按钮 ▦：单击此按钮，或按住 Ctrl 键单击某个通道，可以将该通道中颜色较淡区域载入为选区。

（5）"将选区存储为通道"按钮 ▢：单击此按钮，可将图像中的选区存储为 Alpha 通道。

（6）"创建新通道"按钮 █：单击此按钮可以创建一个新通道。

（7）"删除当前通道"按钮 🗑：单击此按钮可以将当前选择或编辑的通道删除。

3．创建新通道

新建的通道主要有两种形式，分别为 Alpha 通道和专色通道。

（1）Alpha 通道的创建：单击通道面板右上方的按钮 ▤，在弹出菜单中选择"新建通道"选项，或按住 Alt 键单击通道面板下方的 █ 按钮，在弹出的对话框中，如图 8-38 所示，选择相应参数，单击"确定"按钮。

（2）专色通道的创建：单击通道面板右上方的按钮 ▤，在弹出菜单中选择"新建专色通道"选项，或按住 Ctrl 键单击通道面板下方的 █ 按钮，在弹出的对话框中，如图 8-39 所示，选择相应参数，单击"确定"按钮。

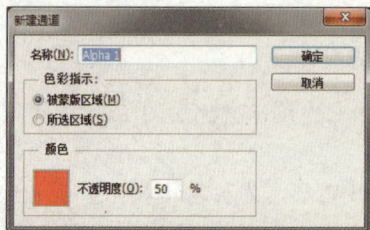

▶图 8-38　"新建通道"对话框　　　　▶图 8-39　"新建专色通道"对话框

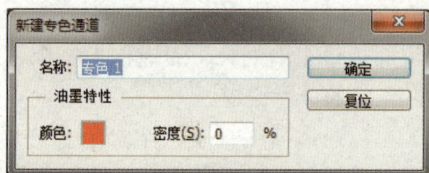

4．通道的复制与删除

单击通道面板右上方的按钮，在弹出菜单中选择"复制或删除通道"选项即可对当前通道执行复制或删除操作。也可以将要复制或删除的通道作为当前通道，单击鼠标右键，在弹出的菜单中，如图 8-40 所示，选择相应选项即可。

5．将颜色通道显示为原色

默认状态下，单色通道以灰色图像显示，也可以将其以原色显示。单击菜单"编辑"→"首选项"→"界面"命令，在其对话框中选择"用彩色显示通道"复选项，单击"确定"按钮即可，如图 8-41 所示。

▶图 8-40　复制或删除通道　　　　▶图 8-41　"首选项"对话框

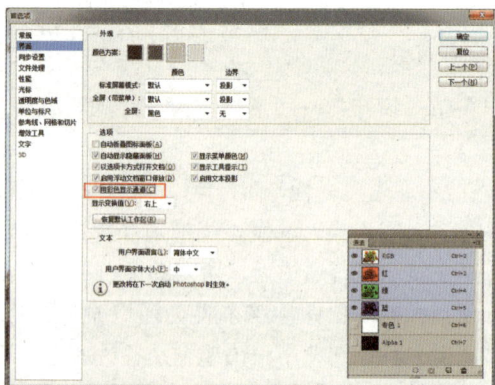

6．分离通道

在图像处理过程中，有时需要将通道分离为多个单独的灰色图像，然后分别编辑处理，从而制作出各种特殊的图像效果。

对于只有背景层的图像文件，单击通道面板右上方的按钮，在弹出菜单中选择"分离通道"选项，即可将图像中的颜色通道、Alpha 通道和专色通道分离出多个独立的灰度图像。此时源图像被关闭，生成的灰度图像以原文件名和通道缩写形式重新命名。

7．合并通道

分离后的图像同样可以再次合并为彩色图像。将改造后的相同像素、尺寸的任意一幅灰度图像作为当前文件，单击通道面板右上方的按钮，在弹出菜单中选择"合并通道"选项，在打开的"合并通道"对话框中选择必要的参数，如图 8-42 所示，单击"确定"按钮即可。

模式：用于指定合并图像的颜色模式，其下拉列表中包括"RGB 颜色"、"CMYK 颜色"、"Lab 颜色"和"多通道"4 种颜色模式。

通道：决定合并图像的通道数目，该数值由图像的色彩模式决定。当选择"多通道"模式时，可以有任意多的通道数目。

▶ 图 8-42 　 "合并通道"对话框

8.2.4 应用图像命令

单击菜单"图像"→"应用图像"命令，打开"应用图像"对话框，如图 8-43 所示。

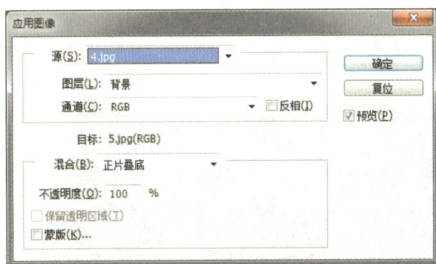

▶ 图 8-43 　 "应用图像"对话框

源：设置与目标对象合成的图像文件。如果当前窗口中打开了多个图像文件，在此选项的列表中会一一罗列出来，供与目标对象合成时选择。

图层与"通道"：设置要与目标对象合成时参与的图层和通道。如果图像文件包含多个图层，则在图层列表中选择"合并图层"时，将使用源图像文件的所有图层与目标对象进行合成；如果只有背景层，则反映出来的只有"背景"。

反相：选择此复选项，将在混合图像时表现为通道内容的负片效果。

目标：当前将要执行的文件。

不透明度：用于设置目标文件的不透明度。

保留透明区域：选择此复选项，混合效果只应用到结果图层中的不透明区域。

蒙版：选择此复选项，将通过蒙版表现混合效果。可以选择任何颜色通道、选区或 Alpha 通道作为蒙版。

范例操作 　"应用图像"命令的应用

如果要将两幅图像执行"应用图像"命令，其先决条件是这两幅图像必须是打开的，且具有相同的大小尺寸与分辨率。打开如图 8-44 和图 8-45 所示的两个图像，目的是变换越野吉普车的环境。

▶ 图 8-44 　 原图 1

▶ 图 8-45 　 原图 2

Step 01 单击菜单"图像"→"应用图像"命令，在弹出的对话框中，如图 8-46 所示，单击"确定"按钮，效果如图 8-47 所示。

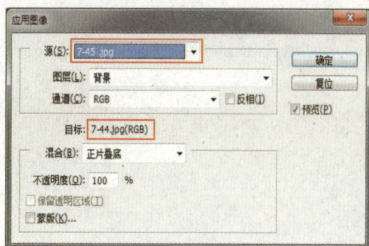

▶ 图 8-46 "应用图像"对话框

▶ 图 8-47 "应用图像"效果

Step 02 激活"历史记录画笔"工具，设置一个边缘较为虚化的笔头，在吉普车上仔细拖曳鼠标，注意时刻更换笔头的大小，效果如图 8-48 所示。

Step 03 单击菜单"图像"→"调整"→"亮度对比度"命令，调整参数，效果如图 8-49 所示。

▶ 图 8-48 修复效果

▶ 图 8-49 调整效果

8.2.5 计算命令

计算命令用于混合一个或多个图像的单个通道，可以将混合后的效果应用到当前图像的选区中，也可以应用到新图像或者新通道中。应用此命令可以创建新的选区和通道，也可以创建新的灰度图像文件，但无法生成彩色图像。

单击菜单"图像"→"计算"命令，弹出"计算"对话框，如图 8-50 所示。

"源 1"和"源 2"：可在其打开的下拉列表中分别选择二者。系统默认的源图像文件为当前选中的图像文件。

图层：可在其打开的下拉列表中分别选择参与运算的图层，当选择"合并图层"时，则使用源图像文件中的所有图层参与运算。

通道：用于选择参与计算的通道。

结果：可在此下拉列表中选择混合放入的位置，包括"新建文档"、"新建通道"和"选区"3 个选项。

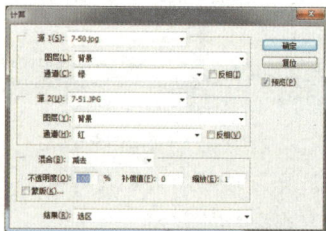

▶ 图 8-50 "计算"对话框

范例操作　　"计算"命令的应用

Step 01 打开素材图片，如图 8-51、图 8-52 所示，目的是将图 8-51 的背景改变为图 8-52 中的瀑布效果。

▶图 8-51　原图 1

▶图 8-52　原图 2

Step 02 将图 8-52 全选后复制到图 8-51 中，此时图层面板如图 8-53 所示。单击菜单"图像"→"计算"命令，在弹出的对话框中设置参数，如图 8-54 所示，单击"确定"按钮，效果如图 8-55 所示。

▶图 8-53　图层面板

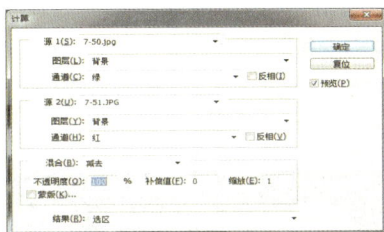

▶图 8-54　"计算"对话框

Step 03 此时观察选区可以看到许多细小的多余选区，可以通过选择工具减去，或者单击属性栏中的"调整边缘"按钮，在弹出的对话框中设置参数，如图 8-56 所示，单击"确定"按钮，效果如图 8-57 所示。

▶图 8-55　"计算"效果

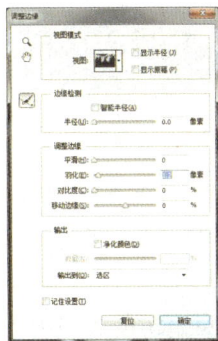

▶图 8-56　"调整边缘"对话框

Step 04 按 Delete 键，最终效果如图 8-58 所示。

▶图 8-57　"调整边缘"效果

▶图 8-58　最终效果

8.3 实例解析

8.3.1 影像合成案例 1

下面主要利用通道来进行简单的图像合成。

Step 01 打开图片"旧书",如图 8-59 所示,然后激活"多边形套索"工具,在书的局部绘制选区。

Step 02 保持选区存在。单击菜单"窗口"→"通道"命令,在通道面板上新建 Alpha1 通道,将选区中填充默认白色,效果如图 8-60 所示。

Step 03 取消选区,单击菜单"滤镜"→"模糊"→"高斯模糊"命令,如图 8-61 所示,设置参数半径为 15。单击"确定"按钮,效果如图 8-62 所示。

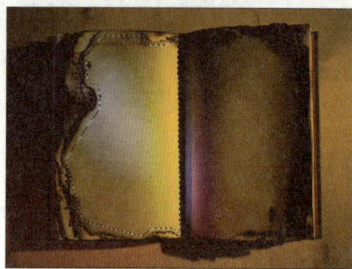
▶图 8-59 素材

▶图 8-60 填充 Alpha1 通道

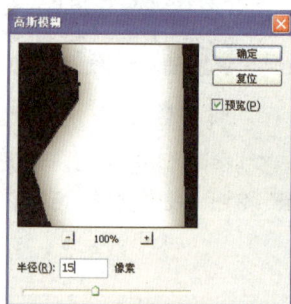
▶图 8-61 "高斯模糊"对话框

Step 04 单击 RGB 通道,回到标准状态。按住 Ctrl 键的同时单击 Alpha1 通道,载入选区。返回图层面板,单击该图层(若是背景层,双击背景层,如图 8-63 所示,单击"确定"按钮可将背景层转化为图层 0),则在通道中设置的选区已完成。

▶图 8-62 "高斯模糊"效果

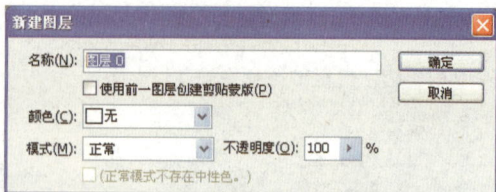
▶图 8-63 "新建图层"面板

Step 05 这一步制作神奇的"合成"效果。打开图片,如图 8-64 所示,按 Ctrl+A 组合键全选该图片并复制。激活"旧书"图层,单击菜单"编辑"→"选择性粘贴"→"贴入"命令,如图 8-65 所示,按 Ctrl+T 组合键调整至适合大小。

Step 06 此时的合成还显得很生硬。将图层面板中的图层模式"正常"改为"正片叠底"模式，这样两张图片就非常自然地合成在一起了，效果如图 8-66 所示，一本带有岁月痕迹的书呈现于眼前。

▶ 图 8-64　素材　　　　▶ 图 8-65　粘贴并调整素材　　　　▶ 图 8-66　"正片叠底"效果

8.3.2　影像合成案例 2

下面介绍用快速蒙版来进行简单的图像合成。

本案例主要解决人物动作与形体的改造，从弹跳到入水，发生一连串动作的变化过程。

Step 01 打开图像并选择人物（利用魔术棒等相关工具），如图 8-67 所示，将其复制形成"图层 1"，以背景层为标准，防止在变化过程中发生太大变化。

Step 02 考虑落水动作的规范，应该将双手适当合并，因此该过程主要通过编辑菜单中的"操控变形"命令来完成双手合并的动作。如图 8-68 所示，根据主要关节部位，从右边依次添加图钉并调整位置，然后再调整左边。在调整的过程中，根据情况变化，需要在右边继续添加图钉，效果如图 8-69 所示。

▶ 图 8-67　复制图像　　　　▶ 图 8-68　调整左臂　　　　▶ 图 8-69　调整右臂

Step 03 打开另外一张图片，将调整好的人物复制后并旋转，效果如图 8-70 所示。此时图层面板如图 8-71 所示。

▶ 图 8-70　复制新文件　　　　▶ 图 8-71　图层面板

Step 04 以背景层为当前层，激活"椭圆"选区工具，在如图 8-72 所示位置绘制选区。

Step 05 单击菜单"滤镜"→"扭曲"→"水波"命令，在弹出的对话框中设置参数，如图 8-73 所示，单击"确定"按钮，效果如图 8-74 所示。

▶ 图 8-72　绘制选区

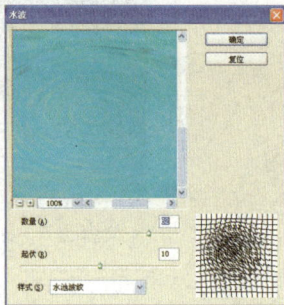

▶ 图 8-73　"水波"对话框

Step 06 以"图层 1"为当前层，单击工具箱底部的"快速蒙版"按钮，如图 8-75 所示。激活"渐变"工具，从人物中间部位向下拖移，形成入水的效果，如图 8-76 所示。

▶ 图 8-74　水波效果

▶ 图 8-75　快速蒙版

▶ 图 8-76　入水的效果

8.3.3　影像合成案例 3

Step 01 打开图片，如图 8-77 所示。单击图层面板底部的"创建新图层"按钮，新建"图层 1"并将其填充为白色。

Step 02 打开通道面板，单击底部的"创建新通道"按钮，新建通道"Alpha1"，效果如图 8-78 所示。

▶ 图 8-77　素材

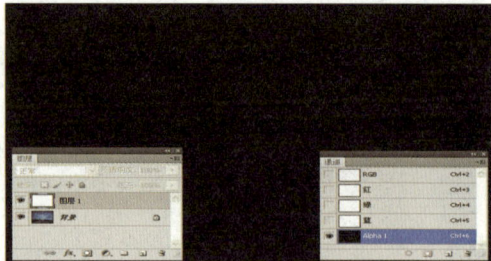

▶ 图 8-78　新建通道"Alpha1"

Step 03 激活矩形选框工具，绘制如图 8-79 所示矩形。再激活渐变工具，设置渐变参数，如图 8-80 所示，从选区中心向下垂直制作渐变效果。

▶图 8-79　绘制选区

▶图 8-80　制作渐变效果

Step 04 取消选区。单击菜单"滤镜"→"模糊"→"高斯模糊"命令，在弹出的对话框中设置参数，如图 8-81 所示，单击"确定"按钮，效果如图 8-82 所示。

▶图 8-81　"高斯模糊"对话框

▶图 8-82　"高斯模糊"效果

Step 05 单击菜单"滤镜"→"像素化"→"彩色半调"命令，在弹出的对话框中设置参数，如图 8-83 所示，单击"确定"按钮，效果如图 8-84 所示。

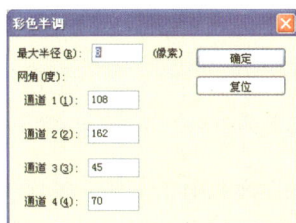

▶图 8-83　"彩色半调"对话框

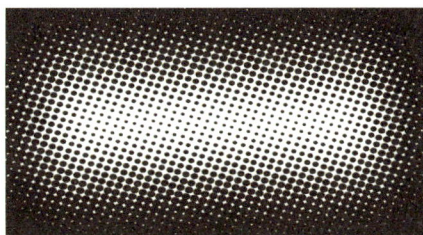

▶图 8-84　"彩色半调"效果

Step 06 如图 8-85 所示，单击 RGB 通道返回原状态，按住 Ctrl 键单击 Alpha1 通道。激活渐变工具，填充"红绿"渐变色，效果如图 8-86 所示。

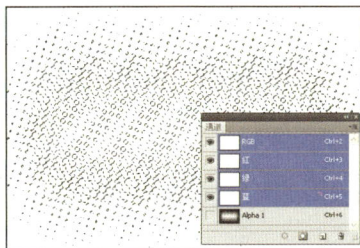

▶图 8-85　RGB 通道效果

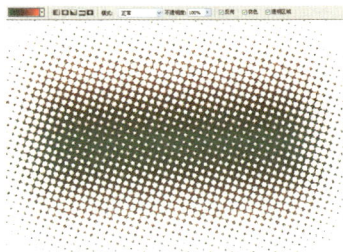

▶图 8-86　填充效果

Step **07**　单击菜单"选择"→"反向"命令，然后按 Delete 键删除选区内容，效果如图 8-87 所示。

Step **08**　调整图层面板上的"透明度"，如图 8-88 所示，输入必要的文字即可。这就是经典的"波尔卡夫点"的制作过程。

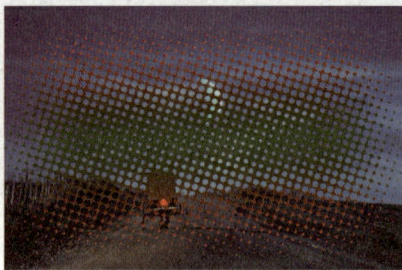

▶▶图 8-87　删除内容　　　　　　　　　　　　　▶▶图 8-88　改变透明度效果

8.4　常用小技巧

　　Photoshop 中的大多数命令和工具操作都可以记录在动作中，即使有些操作不能被记录，例如使用绘画工具等，但也可以通过插入停止命令，使动作在执行到某一步时暂停，然后便可以对文本进行修改，修改后可继续播放后续的动作。Photoshop 可记录的动作大致包括用选框、移动、多边形、套索、魔棒、裁剪、切片、魔术橡皮擦、渐变、油漆桶、文字、形状、注释、吸管和颜色取样器等工具执行的操作，也可以记录在"色板"、"颜色"、"图层"、"样式"、"路径"、"通道"、"历史纪录"和动作面板中执行的操作。

8.5　相关知识链接

1. 数码摄影应注意的问题

　　（1）拍摄时尽可能使用三角架，一方面可以提高图像在实际像素下的清晰度，另一方面为了保证曝光量。

　　（2）合理使用感光度（ISO 值）。数码相机感光度值一般分为 ISO 50，100，200，400，800，甚至 1600。在光线充足的情况下使用低感光度，如阳光充足的海边沙滩；光线较弱时使用高感光度（这样快门速度相对提高，减弱因快门速度过慢而引起的图像模糊），如灯光昏暗的酒吧。

　　在调整感光度时不可忽视的一点是，低感光度拍摄噪点相对少，图像较细腻；高感光度拍摄噪点相对多，图像较粗糙。

　　（3）正确使用白平衡。白平衡通俗地讲就是数码相机感光元件对实际光线色温的一种调整，使画面颜色还原度达到最佳。白平衡一般分为阳光、阴影、白炽灯和荧光灯，拍摄时选择与拍摄场景的光线相对应的模式即可。

　　在使用闪光灯的情况下拍摄人像，请使用防红眼功能。

　　数码相机与传统相机的区别在于感光元件的不同。数码相机的感光元件随着工作时间的加长温度会提高，这时所拍摄的图像噪点明显。建议适当关闭相机给其一个降温的时间，特别是长时间的曝光之后。

2. 数码照片后期处理

Photoshop 尤其在数码照片后期处理方面功能强大，但是切忌忽视拍摄，片面依赖后期处理。好的图片在拍摄时就已经产生，经过后期处理会更加出色。

数码照片后期处理，在图像的调整方面务必谨慎，以免"伤"图，图片中的大量信息会因为调整不当而丢失影响层次，除非有特殊效果要求。

数字输出方式的成熟，只有短短十来年的历史，而色彩管理的运用更是近些年的事情，尽管历史不长，但数字技术所带来的技术进步是有目共睹的。数字技术将视觉艺术引领至一个崭新的时代。

第**9**章

网页设计——图像调节技术应用

网页设计除去技术问题外，它仍属于平面设计范畴。因此网页设计说到底就是版式设计，既然作为版式设计，那么网页的布局设计就变得越来越重要。虽然内容很重要，但只有当网页布局和网页内容成功结合时，这种网页或者说站点才是受人欢迎的。

而主页的设计应以醒目优先。切勿堆砌太多不必要的细节，或使画面过于复杂。要做到这一点，首先，要在整体上规划好自己网站的主题和内容，确定自己需要传达给访问用户的主要信息，然后仔细斟酌，把自己所有要表达的意念合情合理地组织起来；其次，设计一个富有个性的页面式样，务求尽善尽美。这样制作出来的主页才会清晰、明了、内容充实。切记，主页面给人的第一观感最为重要！网上到处浏览网站的人很多，如果主页给人的第一印像没有吸引力，则很难令人深入观赏，恐怕也不会再访问你的网站了。

一般制作网页都使用 Dreamweaver 软件，也可以使用 Photoshop 在网页设计中制作各种效果。同时，许多网页使用了 Flash 动画影像，使网页更加生动。其实在网页设计中运用 Photoshop 软件，多数情况下都是制作静态效果。下面的案例主要通过静态画面的一些效果展示 Photoshop CC 的魅力。

9.1 网页案例分析

1. 创意定位

网络是生活中不可缺少的一部分，越来越多的人已经拥有了自己的博客，若是能自己设计个性的界面上传使用则是非常有意思的。本章主要学习 Photoshop CC 在网页设计中的一些元素案例应用。

网页设计把握的原则是主题突出、主次分明、巧设机关、善用材质。本网页就是依据这些原则而设计的，如图 9-1 所示。

▶图 9-1　个性化网页

2．所用知识点

❖ 滤镜；

❖ 图层样式；

❖ 网格命令；

❖ 填充命令；

❖ 变换等命令。

3．制作分析

本案例主要通过 3 个环节完成：

❖ 制作网页的形象页，主要运用网格及变换命令形成空间效果；

❖ 制作按钮，利用前面学过的图形工具和填充工具；

❖ 将制作好的素材融合在一起。

9.2 知识卡片

9.2.1 图像调节技术应用

图像调节主要是调节图像的层次、色彩、清晰度、反差。层次调节就是调节图像的高调、中间调、暗调之间的关系，使图像层次分明；色彩调节主要是纠正图像的偏色，使颜色与原稿保持一致或追求特殊设计效果对色彩的调节；清晰度调节主要是调节图像的细节，以使图像在视觉上更清晰；反差调节就是调节图像的对比度。该组命令主要以菜单"图像"→"调整"展开的命令为主，如图 9-2 所示，下面将对其一一解释。

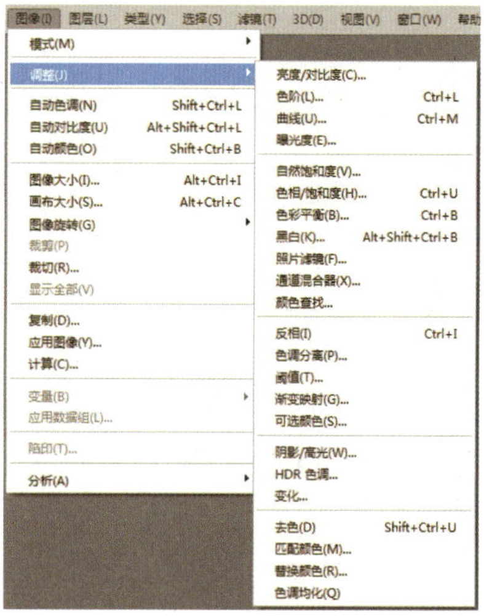

如果被调节的图像是用于印刷品的设计，则在开始图像调节之前，首先要做的工作是确定图像的色彩模式是 CMYK。

1．亮度/对比度调整

单击菜单"图像"→"调整"→"亮度/对比度"命令可以调整图像的亮度和对比度，在"亮度/对比度"对话框中移动滑块或输入数值，即可对图像作简单的处理，如图 9-3 所示。

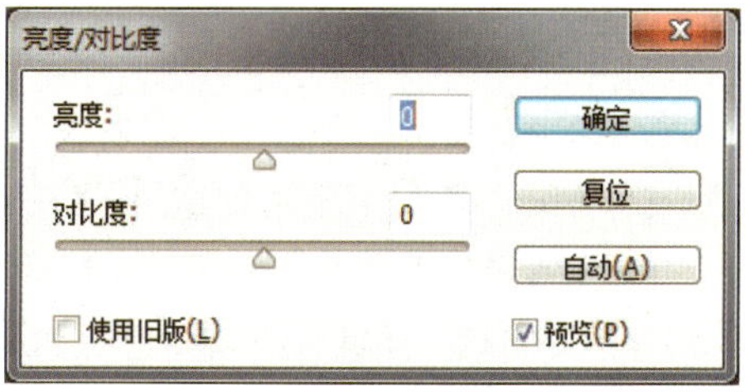

▶图 9-2 "图像"下拉菜单

▶图 9-3 "亮度/对比度"对话框

2．色阶分布调节

色阶（Levels）是图像阶调调节工具，它主要用于调节图像的主通道以及各分色通道的阶调层次分布，对改变图像的层次效果明显。色阶对图像的亮调、中间调和暗调的调节有较强的功能，但不容易具体控制到某一网点百分比附近的阶调变化。打开阶调调节菜单，弹出"色阶"对话框，通过此对话框可以调节图像的阶调分布，如图9-4所示。

图9-4中标注：
- 通道选择
- 亮调调节滑块，向左移动图像变浅，对亮调影响最大
- 暗调调节滑块，向右移动图像变深，对暗调影响最大
- 白场吸管
- 中间调吸管
- 黑场吸管
- 暗调调节滑块，向右移动图像变深，对暗调影响最大
- 中间调调节滑块，向右移动图像变浅向左移动图像变深，影响全色调
- 亮调调节滑块，向左移动图像变深，对亮调影响最大

▶▶图9-4　"色阶"对话框

1）确定图像的黑、白场

图像的黑、白场是指图像中最暗和最亮的地方。通过黑、白场的确定控制图像的深浅和阶调。确定方法就是用图9-4中的黑、白场吸管放到图像中最暗和最亮的位置。

白场的确定应选择图像中较亮或最亮的点，如反光点、灯光、白色的物体等。白场的确定值C、M、Y、K的色值应在5%以下，以避免图像的阶调有太大的变化。

黑场的确定应选择图像中的黑色位置，且选择的点应有足够的密度。正常的原稿，黑场点的K值应在95%左右。如果图像原稿暗调较亮，则黑场可选择较暗的点，将图像阶调调深；如果图像中暗调不足，则应选择相对较暗的位置设置黑场。

中间调吸管一般很少用到，因为中间色调是很难确定的。对一些图像阶调较平，很难找到亮点和黑点的图像，不一定非要确定黑、白场。

2）通过滑块调节图像阶调

色阶工具可以对图像混合通道和单个通道的颜色和层次进行调节。

通道部分包含RGB或CMYK复合通道或单一通道的色彩信息通道的选择，色阶工具可以对图像混合通道和单个通道的颜色和层次分别进行调节。

当输出色阶的黑白三角形滑块重合，即所有色阶升级在一点时，图像就变成中性灰。

在实际应用中，色阶工具主要用于对图像的明暗层次进行改变与调整，虽然其具备纠正颜色偏色的功能，但在调整过程中有时效率并不高。

3．曲线调节

曲线命令与色阶命令类似，但曲线调节与色阶调节相比，其调节色调层次比色阶功能更强、更直观，调节图像偏色比色阶更方便。在选择两种工具对图像调节时，建议只是涉及高光和暗调的时候和调节图像黑场白场时，采用色阶命令，细致调节时使用曲线命令。如图9-5所示，在"曲线"对话框中，坐标曲线的横轴表示图像当前的色阶值，纵轴表示图像调整后的色阶值。

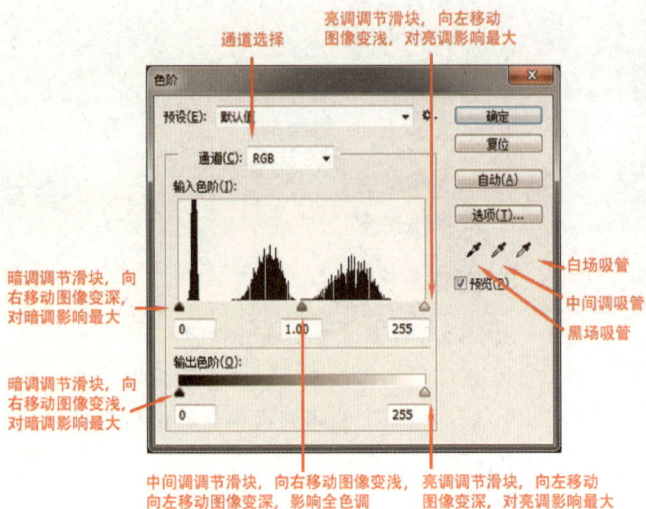

1）图像整体调整

图像整体调整一般采用曲线调节中的"S"形曲线调整。在大多数情况下，图像可用"S"形曲线进行调整。"S"曲线是根据人眼的视觉特性绘制的，可以使相近的亮色调之间变化得自然，并且可加大对比度。如果单纯将亮调曲线上移，而曲线仍保持一条直线，会使图像最亮的色调区域较暗且缺少层次。

2）偏色的调整

曲线对图像偏色的调节，一般通过对某一通道产生作用来纠正偏色。在"曲线"对话框的"通道"选项中选择某个通道进行调整。

3）特殊效果调节

曲线工具还可通过笔来绘制图像的调节曲线，一般此种操作不用来调节图像，而用来产生一些特殊效果。这种绘制式的调节带有很大的随机性。

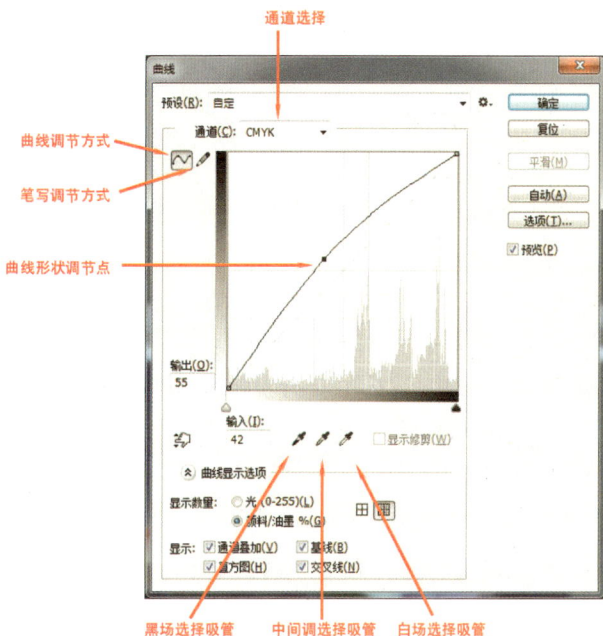

▶图 9-5　"曲线"对话框

4. 曝光度

单击菜单"图像"→"调整"→"曝光度"命令即可打开如图 9-6 所示的"曝光度"对话框，在对话框中可以拖动滑块调整图像的各项选项，但是该命令对 CMYK 色彩模式不适用。

（1）预设：在该选项中可以选择一种预设的曝光效果。

（2）曝光度：在该选项中拖动滑块可以调整图像的整体曝光度。

（3）位移：该选项可以使阴影和中间调变暗，对高光的影响很小。

（4）灰度系数校正：该选项可以使用简单的乘方函数调整图像的灰度系数。

5. 自然饱和度

单击菜单"图像"→"调整"→"自然饱和度"命令，弹出如图 9-7 所示的"自然饱和度"对话框。该命令对 CMYK 色彩模式不适用。

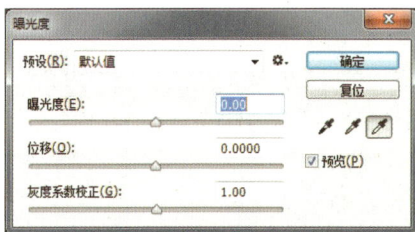

▶图 9-6　"曝光度"对话框　　　　▶图 9-7　"自然饱和度"对话框

（1）自然饱和度：用该选项调整图像的饱和度，可以将更多调整应用于不饱和的颜色，并在颜色接近饱和时进行修减。

（2）饱和度：用该选项调整图像的饱和度时，可以将相同的饱和度调整量用于所有颜色。

6. 色相/饱和度

色相/饱和度（Hue/Saturation）调整是根据颜色的属性——色相、亮度、饱和度来对图像进行调节的。

单击菜单"图像"→"调整"→"色相/饱和度"命令，弹出"色相/饱和度"对话框，如图 9-8 所示。它可对图像的所有颜色或指定的 C、M、Y、R、G、B 进行调节。对特定颜色的色相、亮度、饱和度属性的改变作用很大。该工具按颜色作为调节对像，对某一颜色调整时，不影响其他颜色，有较强的选择性与针对性，是对图像进行色彩调整时的主要工具。

在使用色相/饱和度调节图像时有一点需要注意，调节不要过量，如果调节过量不但达不到调节的目的，反而会破坏图像。

7. 色彩平衡调节

色彩平衡（Color Balance）调节是主要用来调节颜色平衡的工具，可以分别对图像的暗调、中间调、亮调进行调节。单击菜单"图像"→"调整"→"色彩平衡"命令，弹出"色彩平衡"对话框，如图 9-9 所示，其中的三角形颜色调整滑块向哪个方向移动，颜色便偏向哪个方向。

▶▶图 9-8　"色相/饱和度"对话框　　▶▶图 9-9　"色彩平衡"对话框

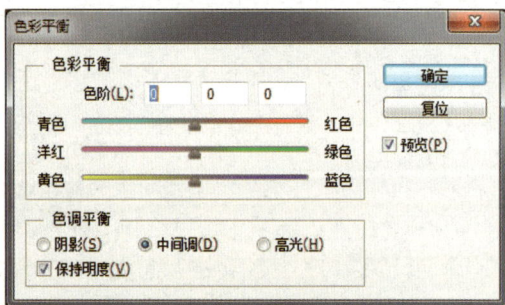

色彩平衡工具在调节某一种颜色时，会对其他颜色产生影响，而且也会对图像的层次带来不可预料的变化，所以色彩平衡一般只用来对颜色进行幅度不大的调整。一般情况下建议少用为佳。

8. 黑白

单击菜单"图像"→"调整"→"黑白"命令，弹出如图 9-10 所示"黑白"对话框。当执行该命令后，可以将图像变为灰度图像。在对话框中还可以为图像选择一种单色，将图像转换为单色图像。

（1）预设：在该选项的下拉列表中可以选择一种预设的调整设置。

（2）颜色滑块：拖动颜色滑块可以调整不同颜色的亮度，向左拖动时可以将颜色变暗，向右拖动时可以将图像变亮。

（3）色调：勾选此选项后，调整下方的"色相"和"饱和度"选项的滑块，可以对灰度图像应用单色调。

（4） 自动(A) ：单击该按钮，可以设置基于图像颜色值的灰度混合，并使灰度值分布最大化。自动混合通常会产生极佳的效果，并可以用作使用颜色滑块调整灰度值的起点。

9. 可选颜色调整

单击菜单"图像"→"调整"→"可选颜色"命令，弹出"可选颜色"对话框，如图 9-11 所示。可选颜色是另外一种校色方法，它针对性更强，可以针对图像的某个色系选择颜色调整，其最大优点在于对其他颜色几乎没有影响，所以在调节图片偏色时非常有用，是设计师常用的校色工具。

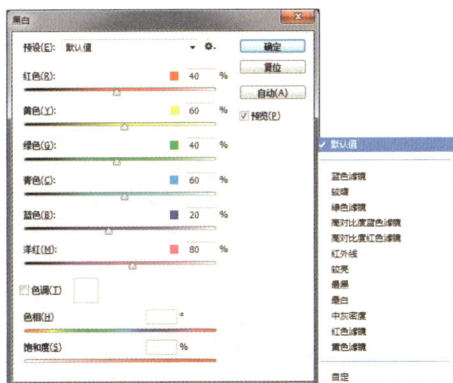

▶▶图 9-10 "黑白"对话框　　▶▶图 9-11 "可选颜色"对话框

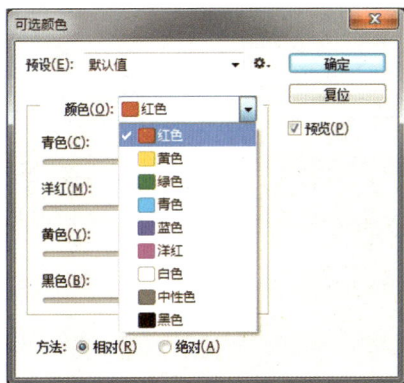

应用"可选颜色"命令调整图像颜色时应注意以下几点：

（1）在调整过程中注意不要对不需要调节的色彩产生影响。

（2）一般情况下，应使用"相对"方式，以免使图像阶调变化太大。

（3）进行颜色调整时，要确定色彩模式是 CMYK。

以上是 Photoshop CC 中几个常用的图像色彩调整工具，每个工具各有特点，各有所长。从美术创作角度讲，色相/饱和度的调整更合适；而可选颜色，是从网点的百分比来进行调节的，所以更适合于印刷品设计的颜色调整。

9.2.2　图像清晰度调节

Photoshop 除了在图像的色彩、阶调等方面对图像有较好的调节外，对于设计师来说，最常用到的就是对图像清晰度的调节。图像清晰度的调节主要包括两个方面，一个是图像清晰度的强调，一个是图像的去噪。这是两个相反的过程，强调清晰度会产生噪声，去噪则会降低清晰度。

图像清晰度的强调和图像的去噪，都主要适用于扫描的图像。因为扫描的图像清晰度都不高，并且由于存在着印刷网纹，图像也会比较粗糙，即存在噪声。

1. 图像的去噪

对印刷品进行扫描时，要对原稿进行去网处理，通过去网消除图像上的网纹，这个过程实际上是通过图像虚化的方式实现的，去噪就是消除或减少印刷品经扫描后产生的网纹。Photoshop 中有两种工具可以对图像去噪。

❖ 单击菜单"滤镜"→"杂色"→"去斑"命令，可以完成图像的去噪。但是去斑命令没有可调节的参数，只能按一个整体去除，所以功能较弱。

❖ 执行菜单"滤镜"→"杂色"→"蒙尘和划痕"命令。蒙尘和划痕命令调节图像既能去除图像的噪声又能保持图像的清晰度，通过调节相应参数完成图像的去噪。

下面通过参数的调整观察一下图像的变化，以图 9-12 为原图进行对比说明。

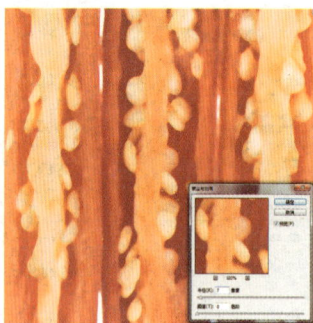

图 9-13 为增加去噪半径，可以看到框内的图像已经变得模糊不清，半径越大，去噪效果越强。

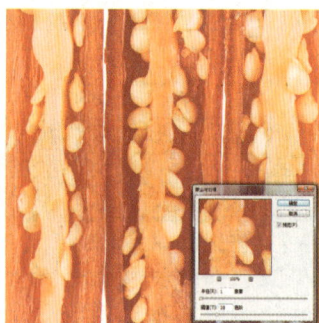

图 9-14 为提高去噪的阈值，可以看到图像去噪作用很小，因为阈值数值越大，去噪效果越小。

▶▶图 9-12　原图　　　　　▶▶图 9-13　增加去噪半径　　　　　▶▶图 9-14　提高去噪的阈值

图 9-15 为半径与阈值同时调整，可以将图像调节得恰到好处。

这里介绍一下利用通道去除噪声。

利用通道去除噪声是获得较好去噪效果的一种有效方式。尤其是对各通道噪声不一致的图像效果更好。通过这种通道的分别处理，可保证没有噪声通道的清晰度，也就保证了整个图像的清晰度。

如图 9-16 所示，打开通道面板后，依次选取不同的通道进行去噪声处理，具体方法同上。

2. 图像的清晰度调节

并不是所有的图像清晰度都符合要求，尤其是扫描后的图像。对于清晰度不高的图像，需要在图像软件中进行调整。下面以 Photoshop CC 软件为例，介绍如何调节图像清晰度。

在 Photoshop CC 中调节图像清晰度的方式有以下几种，如图 9-17 所示。

▶▶图 9-15　半径与阈值同时调整

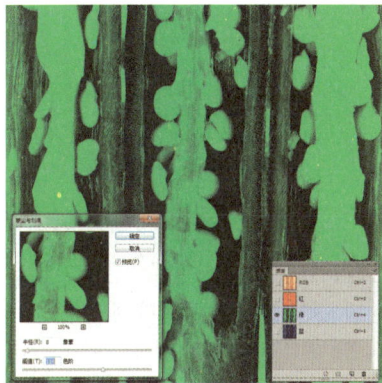

▶ 图 9-16 选择单一通道

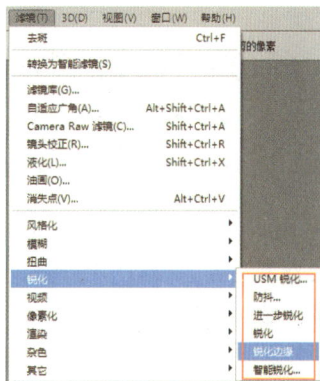

▶ 图 9-17 锐化菜单

在上述几种清晰度调节方式中，只有"USM 锐化"具有参数调节功能，可以对图像的清晰度进行细微的调节。

如图 9-18 所示，调节参数说明如下。

❖ 数量：是清晰度调节的幅度，数值越大调节幅度越大。

❖ 半径：是以某一个像素为中心时，进行数学计算的像素范围。为避免图像调节过度，半径以低于2.0为佳。

❖ 阈值：是指像素灰度值与正在处理的中心像素值的差值大小。阈值越大，清晰度变化幅度越小。

打开"USM 锐化"命令，观察图像显示框内的图像。将鼠标移到图像上，单击鼠标显示框内参数。显示框内图像清晰度发生变化，显示了"USM 锐化"命令对图像清晰度的调节结果。

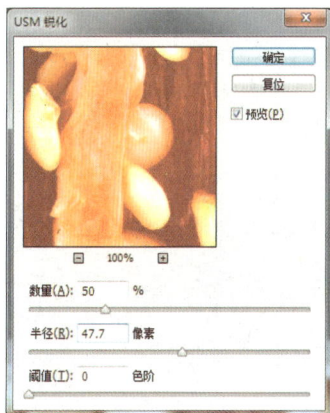

▶ 图 9-18 "USM 锐化"对话框

"USM 锐化"命令对图像清晰度的调节没有什么定值，但有一个原则：当图像显示比例为 100%时，图像中没有地方出现白边或颗粒。出现了细小颗粒意味着不能再继续调节。在调节过程中需要注意的是半径越大，出现白边的可能性越大，如图 9-19 所示为调节过度出现白边的实例。

"USM 锐化"命令不但可以调节局部整个图像的清晰度，还可以对图像局部的清晰度做调整。如果调节局部的清晰度，则用选择工具将该区域选择，打开"USM 锐化"命令进行调节即可。需要注意的是，选择区选好后，应该对选择区边缘进行羽化，以避免边缘的生硬。

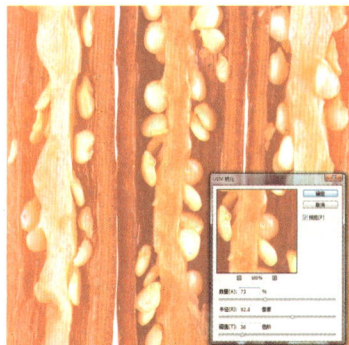

▶ 图 9-19 调节参数

9.3 网页设计实例解析

9.3.1 水晶按钮设计

其实在网页界面构成中还有一个不可忽视的元素，那就是"按钮"。当前在页面里要强调的链接自然会以按钮的形式表现，尤其所谓重量级按钮是促成观者完成页面功能的一个重要的部分，所以对于其本身来讲，应该具有"吸引眼球"的效果。对于一个可以起到"吸引"作用的按钮，建议从下面几个方面来思考。

1. 按钮本身的用色

按钮的颜色应该区别于它周边的环境色。好的按钮其设计颜色一定是与众不同的，通常它要更亮而且有高对比度的颜色，如图 9-20 所示。

▶▶ 图 9-20 紫色的按钮

2. 按钮的位置

设置按钮位置时需要仔细考究，基本原则是要容易找到，如产品旁边、页头、导航的顶部右侧，特别重要的按钮应该处在画面的中心位置，如图 9-21 所示。

▶▶ 图 9-21 按钮位置清晰可见

3．按钮上面的文字表述

在按钮上使用什么文字传递给用户非常重要。需要言简意赅，直接明了，如注册、下载、创建、免费试玩、增值服务等，甚至有时候用"单击进入"。需要注意的是千万不要让浏览者去思考，越简单、越直接越好，同样，也不能误导或欺骗用户。

4．按钮的尺寸

通常来讲，一个页面当中按钮的大小决定了其本身的重要级别，但并不是越大越好，尺寸应该适中。因为按钮大到一定程度，会让人觉得不像按钮，潜意识里认为那是一块区域，导致没有点击欲望，如图 9-22 所示。

▶▶图 9-22　恰当的按钮尺寸

5．按钮应充分通透

按钮不能和网页中的其他元素挤在一起。它需要充足的外边距才能更加突出，也需要更多的内边距才能让文字更容易阅读，如图 9-23 所示。

6．注意鼠标滑过的效果

有些时候，对于一些重要的按钮，可以适当添加一些鼠标滑过的效果，会有力地增强按钮的单击感，给用户带来良好的用户体验，起到画龙点睛的作用。但要注意的是，这种效果不太适合按钮集中的地方。如果每个按钮都增加高亮的鼠标滑过的效果，就会造成视觉过于杂乱，影响用户浏览的舒适度，所以要强调的是"恰当"地添加鼠标滑过的效果，如图 9-24 所示。

▶▶图 9-23　极易辨认的按钮

▶▶图 9-24　每个按钮都有不同的特效

其实，在我们平常的设计当中有很多按钮需要"低调"处理，也就是说在一个页面当中，众多的按钮是有功能优先级别的，这样就务必让一堆按钮也呈现出视觉的优先级别。按钮群除了大小、位置区了优先级之外，很重要的一点是色块的区分，高饱和色块的按钮群是不建议存在的。高饱和色调的应用往往是为了突出重点，而非强调整体，所以这种局部的处理方式建议用众多的低饱和色调来衬托小部分高饱和的重点信息。

7. 游戏按钮视觉表现

在众多的游戏官网中，可以看到各式各样的游戏按钮，相对于一般商务型按钮来讲，游戏型按钮更加在意的是质感上的表现，如金属、石头、玻璃、木头、塑胶等，通过质感的选择表现来表达游戏本身的特质。

在对游戏按钮进行设计的时候，应该尽可能结合游戏的特质，究其独特性，细腻地刻画，然后做到系统地应用，达到视觉的统一性，这一点在游戏官网上的应用尤为重要。

通常，别样的按钮基本都是整个画面的重点视觉诉求，也是功能的重要点，根据每次要表达的主题，变化设计按钮，最终的效果是以求达到整体画面的协调与重点的突出。

下面主要以水晶心形按钮为例，展示按钮的设计思路。

Step 01 打开如图 9-25 所示"玫瑰花"素材。

Step 02 激活工具箱中的"快速选择"工具，如图 9-26 所示，将白色底色部分全部选取。

Step 03 单击菜单"选择"→"修改"→"扩展"，在如图 9-27 所示对话框中，将"扩展量"设置为"1"像素，单击"确定"按钮。

Step 04 激活工具箱中的"吸管"工具，如图 9-28 所示，吸取玫瑰花瓣中较暗（但不是最暗）的红色部分。

▶图 9-25　素材　　　　▶图 9-26　选取白色部分　　　　▶图 9-27　"扩展选区"对话框

Step 05 单击菜单"编辑"→"填充"命令，在弹出的对话框中选择前景色，单击"确定"按钮，效果如图 9-29 所示。

Step 06 激活工具箱中的"钢笔"工具，单击属性栏中的"路径"按钮，在图中相应位置绘制半个心形路径，通过"直接选择"工具调整节点，使形态完美，曲线流畅，效果如图 9-30 所示。

▶▶图 9-28　设置前景色　　　　▶▶图 9-29　填充选区　　　　▶▶图 9-30　绘制路径

Step 07 单击路径面板右侧的三角形按钮，在弹出的下拉菜单中选择"存储路径"命令，将刚创建的心形路径存储为"路径 1"，然后单击面板下方的"将路径作为选区载入"按钮，将心形路径转换为选区，效果如图 9-31 所示。

Step 08 在图层面板中，如图 9-32 所示新建"图层 1"。

Step 09 单击菜单"编辑"→"填充"命令，在弹出的对话框中选择白色，将半个心形填充为白色（临时颜色），效果如图 9-33 所示。

▶▶图 9-31　将路径转换成选区　　　▶▶图 9-32　新建图层 1　　　▶▶图 9-33　填充选区

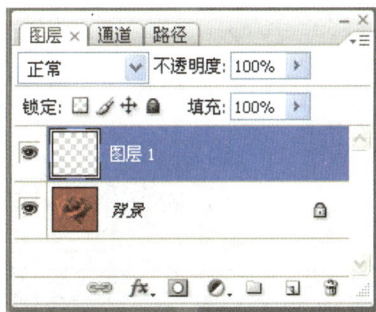

Step 10 如图 9-34 所示，复制"图层 1"为"图层 1 副本"。

Step 11 单击菜单"编辑"→"变换"→"水平翻转"命令，激活工具箱中的"移动"工具，按住 Shift 键将复制的半个心形水平移动至如图 9-35 所示位置，使得两个图形对接成为一个完整的心形。

Step 12 如图 9-36 所示，将"图层 1 副本"合并至"图层 1"。

Step 13 单击菜单"选择"→"载入选区"命令，如图 9-37 所示，在弹出对话框的"通道"中选择"图层 1 透明"，单击"确定"按钮载入选区。

Step 14 在图层面板中，如图 9-38 所示，以"背景"层作为当前选择层，并关掉"图层 1"的眼睛。

图 9-34 复制图层 1

图 9-35 移动半个心形

图 9-36 合并图层

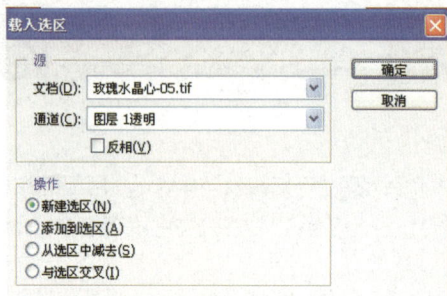
图 9-37 载入选区

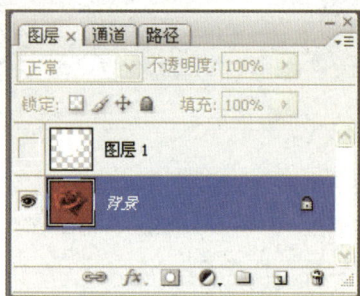
图 9-38 关掉"图层 1"

Step 15 如图 9-39 所示，单击菜单"选择"→"反向"命令，将选区反选。

Step 16 按 Delete 键删除周围红色部分，效果如图 9-40 所示。

Step 17 如图 9-41 所示，在图层面板中，以"图层 1"为当前选择层，并将眼睛打开。

图 9-39 载入并反选选区

图 9-40 删除红色部分

图 9-41 打开"图层 1"

Step 18 激活工具箱中的"渐变填充"工具，单击属性栏中的"编辑渐变"按钮，在弹出的"渐变编辑器"对话框中设置浅红色到深红色渐变，如图 9-42 所示。

Step 19 在属性栏中单击"径向渐变"按钮，以心形的中心偏上位置为起点，拖动鼠标至心形外框处为终点，效果如图 9-43 所示。

Step 20 如图 9-44 所示，在图层面板中，设置图层 1 的"不透明度"为"50%"，效果如图 9-45 所示。

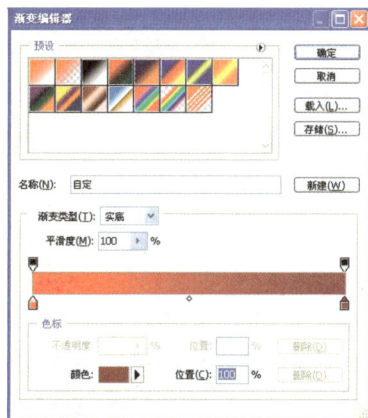

▶图 9-42　设置渐变色　　　　　　▶图 9-43　填充渐变色　　　　　　▶图 9-44　改变图层透明度

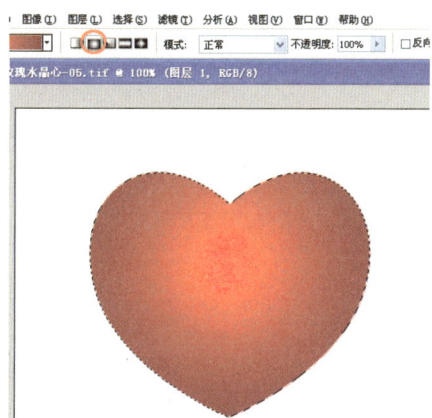

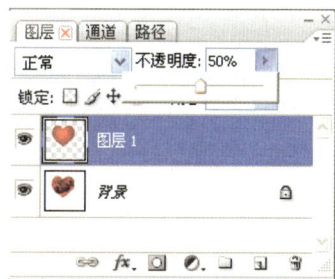

Step 21 如图 9-46 所示，在图层面板中新建"图层 2"。

Step 22 激活"钢笔"工具，绘制如图 9-47 所示形状路径并调整线条，使之流畅圆滑。

Step 23 单击面板下方的"将路径作为选区载入"按钮，将路径转换为选区，效果如图 9-48 所示。

▶图 9-45　改变透明度效果　　▶图 9-46　新建图层 2　　▶图 9-47　绘制路径　　▶图 9-48　将路径转换为选区

Step 24 激活工具箱中的"渐变填充"工具，如图 9-49 所示，在属性栏中选择渐变方式为"前景到透明"，
单击"线性渐变"按钮，设置前景色为白色。

Step 25 如图 9-50 所示，在图中拖动鼠标的跨度，拖动时按 Shift 键，从而保证垂直直线渐变效果。

Step 26 合并图层，"玫瑰水晶心"最终效果如图 9-51 所示。如果调整"色相与饱和度"参数，可以达到如
图 9-52 所示"紫色玫瑰水晶心"效果，大家不妨尝试一下。

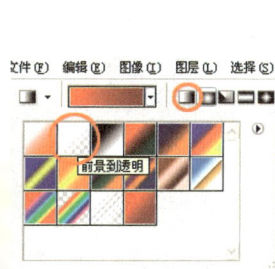

▶图 9-49　设置渐变方式　　　▶图 9-50　填充渐变色　　　　▶图 9-51　最终效果　　　▶图 9-52　紫色效果

9.3.2 网页设计

Step 01 新建文件，设置参数如图 9-53 所示，单击"确定"按钮。

Step 02 前景色设置为深蓝色，背景色设置为黑色，激活工具箱中的"渐变填充"工具，如图 9-54 所示，在其属性栏中选择"径向"渐变，从左上到右下填充渐变效果。

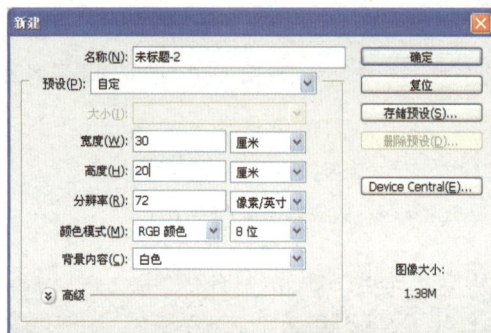

▶图 9-53 新建文件

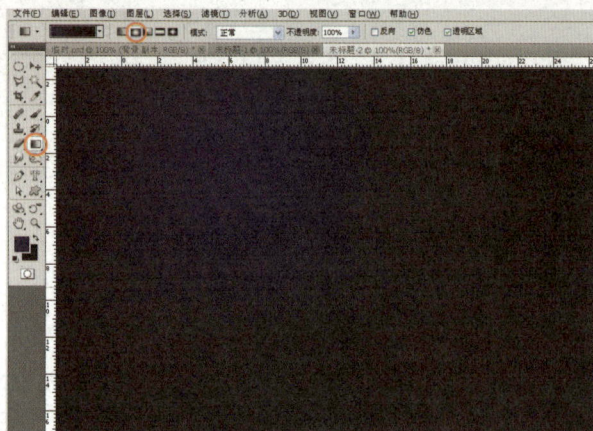

▶图 9-54 填充渐变色

Step 03 如图 9-55 所示，在图层面板中新建"图层 1"。

Step 04 单击菜单"视图"→"显示"→"网格"命令，勾选网格选项，如图 9-56 所示。

▶图 9-55 新建图层 1

▶图 9-56 打开网格选项

Step 05 如图 9-57 所示，单击菜单"视图"→"对齐到"→"网格"命令，确保绘制的对象会自动与网格线对齐。

Step 06 单击菜单"编辑"→"首选项"→"参考线、网格和切片"命令，在弹出的如图 9-58 所示对话框中，设置网格线间隔为"20"毫米。

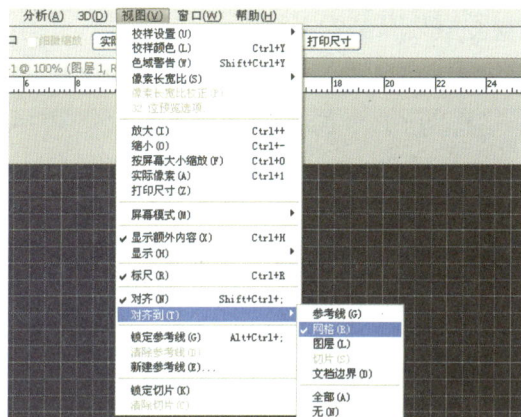

▶图 9-57　设置对齐网格

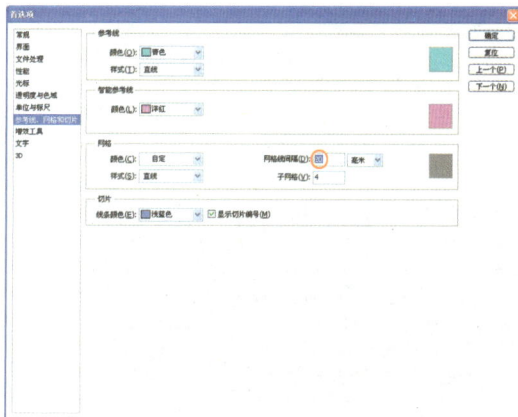

▶图 9-58　设置间隔参数

Step 07　设置前景色为白色。激活工具箱中的"直线"工具，在其属性栏中选择"像素"选项，设置粗细为"2"pix，如图 9-59 所示，在画面左边第一个网格处绘制竖线条。

Step 08　依次绘制其他线条，绘制几条后，为了提高效率，可激活"矩形选框"工具，将几条线条圈选后按 Ctrl+Alt+Shift 键拖移，从而复制到其他网格线处，效果如图 9-60 所示。

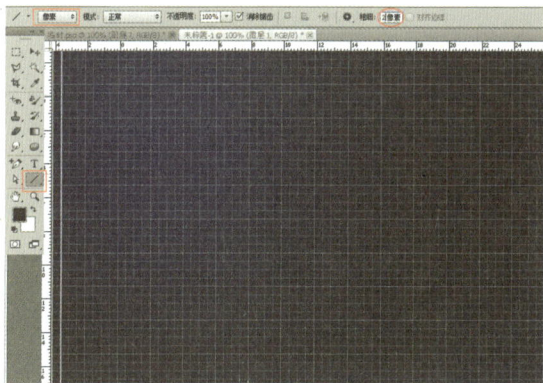

▶图 9-59　绘制竖线条

▶图 9-60　复制线条

Step 09　如图 9-61 所示，在图层面板中新建"图层 2"。

Step 10　用绘制竖线条的方法绘制横线条，效果如图 9-62 所示。

Step 11　在图层面板中，如图 9-63 所示，将"图层 1"和"图层 2"合并为"图层 1"。

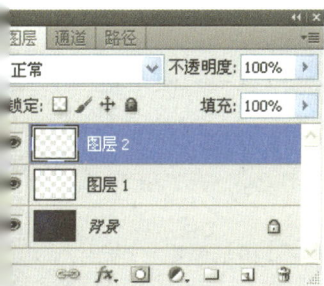

▶图 9-61　新建图层 2

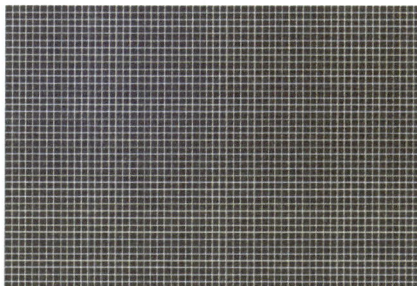

▶图 9-62　绘制横线条

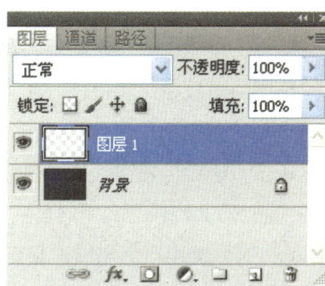

▶图 9-63　合并图层

Step 12 单击菜单"编辑"→"变换"→"扭曲"命令，将网格调整到如图 9-64 所示效果。

Step 13 在图层面板中，改变"不透明度"为"50%"，效果如图 9-65 所示。

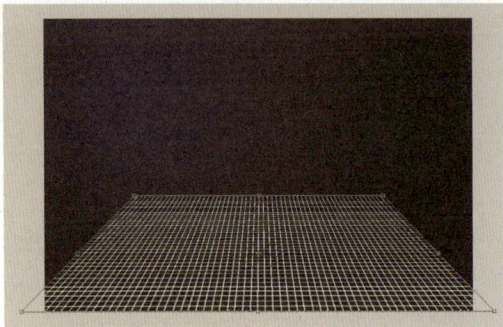
▶图 9-64　变形网格

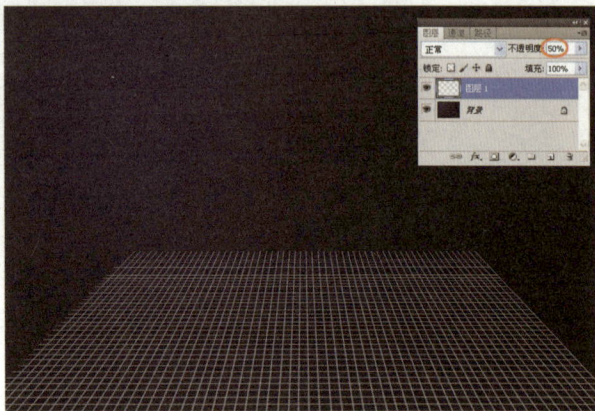
▶图 9-65　改变不透明度

Step 14 设置前景色为黑色，设置背景色为白色。激活工具箱中的"渐变填充"工具，在图层面板中，单击下面的"添加图层蒙版"按钮，按 Shift 键以画面中部为起点向下拖动创建蒙版，效果如图 9-66 所示。

Step 15 打开第 3 章 3.3.1 节中设计制作的"@文字效果"文件，如图 9-67 所示。

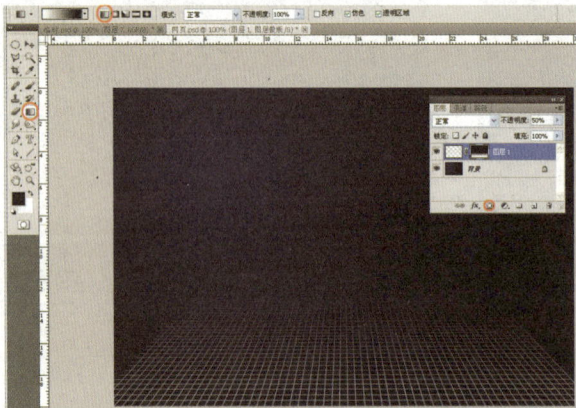
▶图 9-66　创建图层蒙版

▶图 9-67　打开素材

Step 16 如图 9-68 所示，在图层面板中，以"@"文字层为当前选择层。

Step 17 激活工具箱中的"移动"工具，将"@"文字层拖入新文件中，效果如图 9-69 所示。

Step 18 在图层面板中，双击并打开"@"文字层的"图层样式"对话框，如图 9-70 所示，将"样式"选项改为"内斜面"。

Step 19 单击"确定"按钮，则修改后的效果如图 9-71 所示。

Step 20 如图 9-72 所示，在图层面板中新建"图层 2"，并安置在"图层 1"的上面。

Step 21 以"@"文字层为当前选择层，单击菜单"图层"→"向下合并"命令，如图 9-73 所示合并为"图层 2"。

▶▶ 图 9-68　设置当前层

▶▶ 图 9-69　复制文件

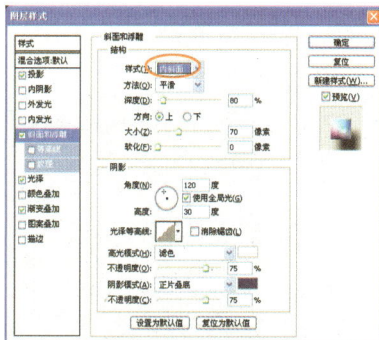

▶▶ 图 9-70　设置参数

▶▶ 图 9-71　图层样式效果

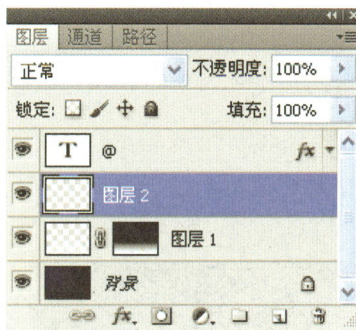

▶▶ 图 9-72　新建图层 2

▶▶ 图 9-73　合并图层

Step 22 单击菜单 "图像" → "调整" → "色相/饱和度" 命令，打开如图 9-74 所示对话框，勾选 "着色" 选项后，再调整色相和饱和度数值。

Step 23 单击 "确定" 按钮，则调整后的效果如图 9-75 所示。

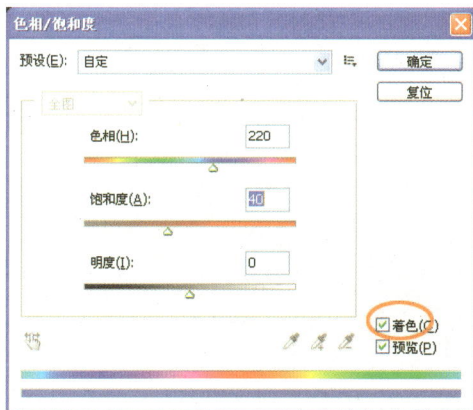

▶▶ 图 9-74　"色相/饱和度" 对话框

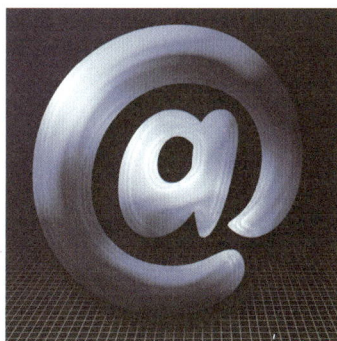

▶▶ 图 9-75　调整色相/饱和度效果

Step 24 设置前景色为白色，背景色为黑色，激活工具箱中的 "渐变填充" 工具，在图层面板中，单击下面的 "添加图层蒙版" 按钮，从 "@" 字母的左上拖动至字母的右下创建蒙版，效果如图 9-76 所示，将 "@" 融入纹理中。

Step 25 如图 9-77 所示，在图层面板中新建"图层 3"。

▶图 9-76　创建蒙版

▶图 9-77　新建图层 3

Step 26 激活工具箱中的"矩形选框"工具，在如图 9-78 所示位置绘制一个矩形并填充白色。

Step 27 按住 Ctrl+Shift+Alt 键移动并复制矩形，共复制 4 个，如图 9-79 所示。

Step 28 单击菜单"编辑"→"变换"→"变形"命令，如图 9-80 所示进行变形调整。

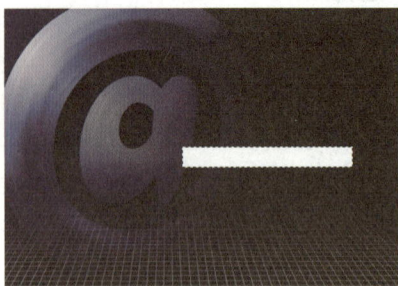

▶图 9-78　绘制矩形

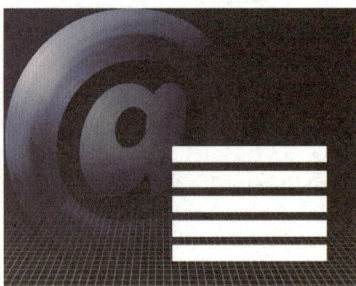

▶图 9-79　复制矩形

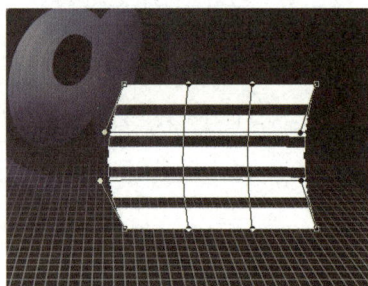

▶图 9-80　变形调整

Step 29 调整曲线后，双击鼠标左键完成变形，效果如图 9-81 所示。

Step 30 在图层面板中，单击底部的"添加图层样式"按钮，在打开对话框中选择添加"投影"选项，如图 9-82 所示设置参数。

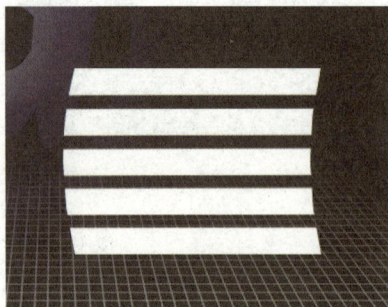

▶图 9-81　变形效果

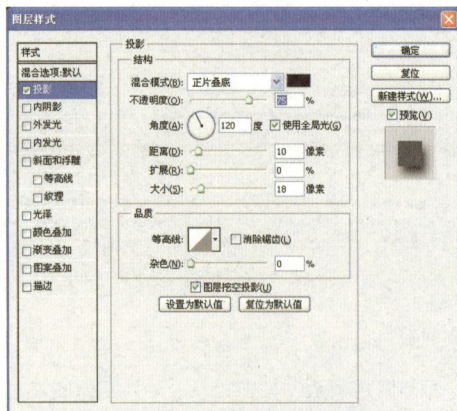

▶图 9-82　设置"投影"参数

Step 31 添加"斜面和浮雕"样式，如图 9-83 所示设置参数。

Step 32 添加"纹理"样式，如图 9-84 所示选择图案效果。

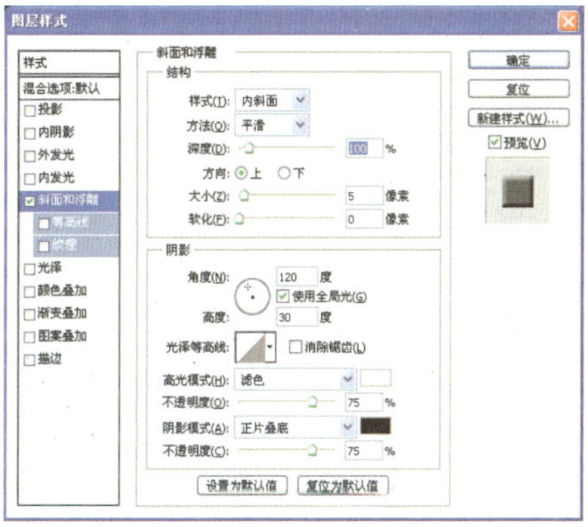

▶图 9-83　设置"斜面和浮雕参数"

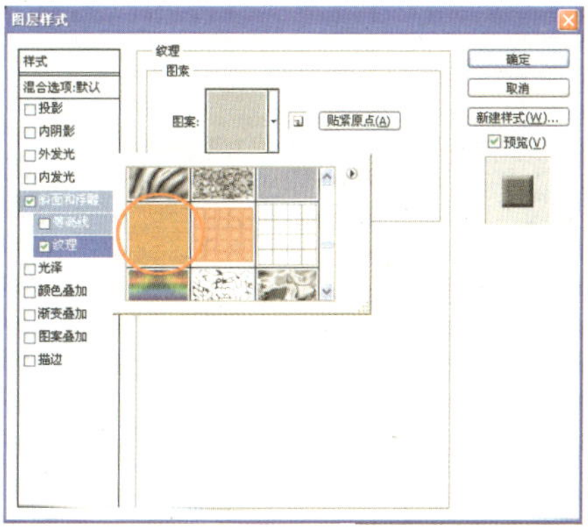

▶图 9-84　设置纹理图案

Step 33 添加"渐变叠加"样式，如图 9-85 所示，设置渐变色从白色渐变到灰色，样式选择"径向"。

Step 34 完成上述系列图层样式参数设置后，单击"确定"按钮，效果如图 9-86 所示。

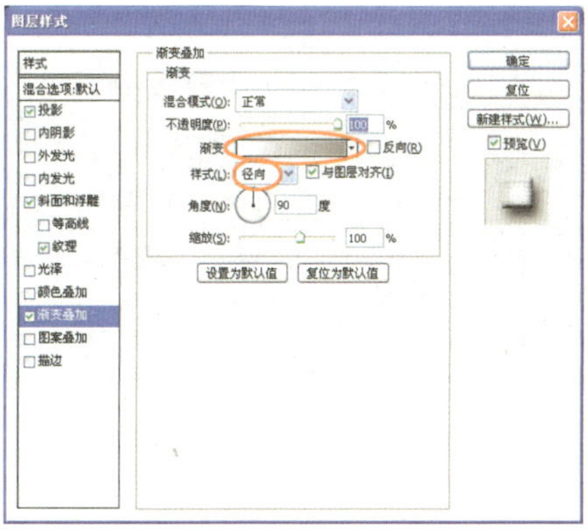

▶图 9-85　设置"渐变叠加"参数

▶图 9-86　图层样式效果

Step 35 激活工具箱中的"横排文字"工具，输入如图 9-87 所示文字并调整字体、大小和行距。

Step 36 在图层面板中，单击底部的"添加图层样式"按钮，选择添加"颜色叠加"选项，如图 9-88 所示，颜色设置为蓝色。

Step 37 添加"描边"样式，如图 9-89 所示，颜色设置为浅蓝色，大小为"2"像素。

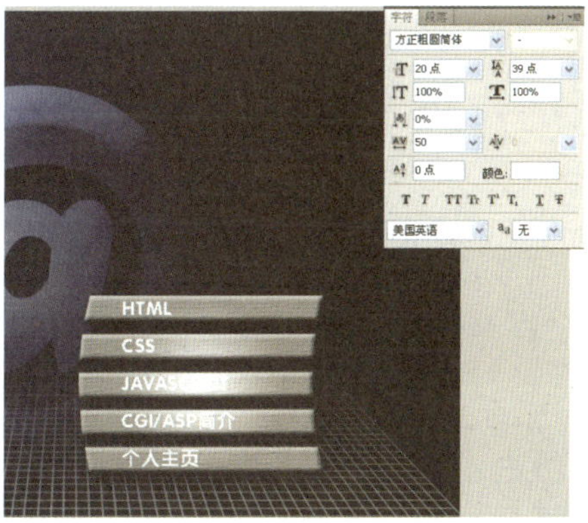

▶图 9-87　输入文字

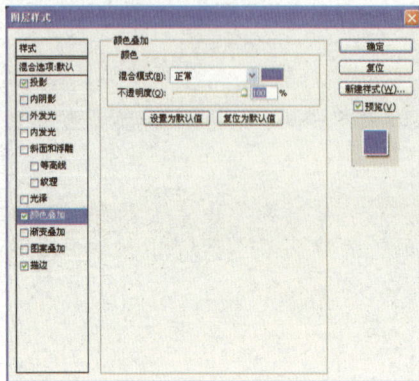
▶▶ 图 9-88　设置"颜色叠加"参数

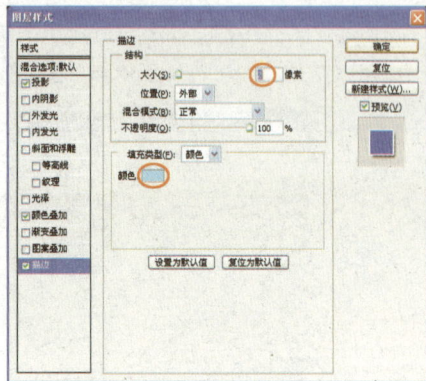
▶▶ 图 9-89　设置"描边"参数

Step 38 添加"投影"样式，如图 9-90 所示设置参数。

Step 39 完成上述系列图层样式参数设置后，单击"确定"按钮，效果如图 9-91 所示。

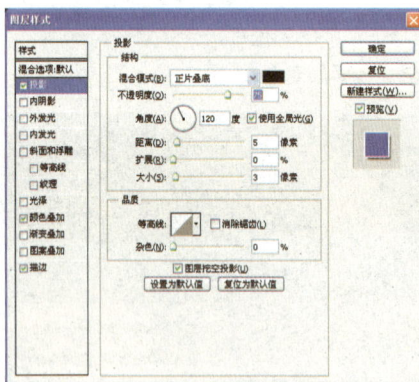
▶▶ 图 9-90　设置"投影"参数

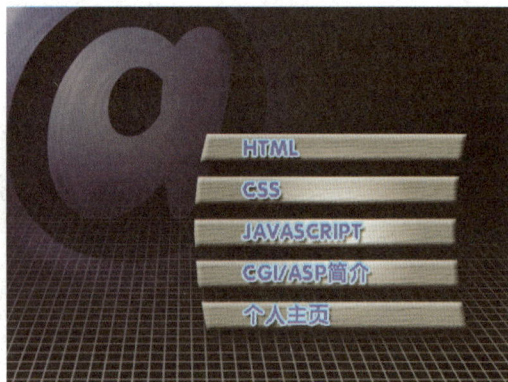
▶▶ 图 9-91　图层样式效果

Step 40 下面来做一个水晶按钮。为方便起见，另外新建一个文件进行制作。新建文件大小及参数设置如图 9-92 所示。

Step 41 如图 9-93 所示，在图层面板中新建"图层 1"。

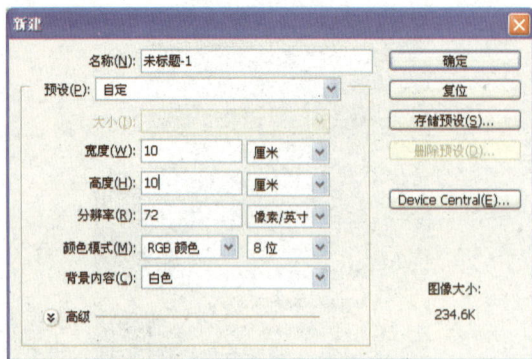
▶▶ 图 9-92　新建文件

▶▶ 图 9-93　新建图层 1

Step 42 激活工具箱中的"椭圆形选框"工具，如图 9-94 所示，按住 Shift 键绘制一个正圆选区。

Step 43 设置前景色为绿色，背景色为深绿色。激活工具箱中的"渐变填充"工具，在其属性栏中选择"径向"渐变，从左上到右下填充渐变色，效果如图 9-95 所示。

▶ 图 9-94　绘制选区

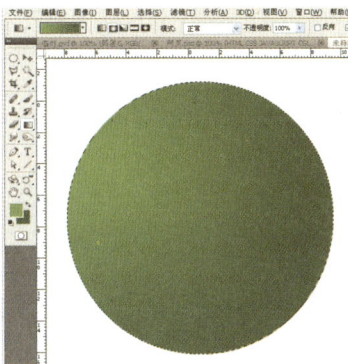
▶ 图 9-95　填充选区

Step 44 在图层面板中，单击底部的"添加图层样式"按钮，选择添加"斜面和浮雕"选项，如图 9-96 所示设置参数。

Step 45 添加"等高线"图层样式，等高线参数设置如图 9-97 所示，调整"范围"至"100%"。

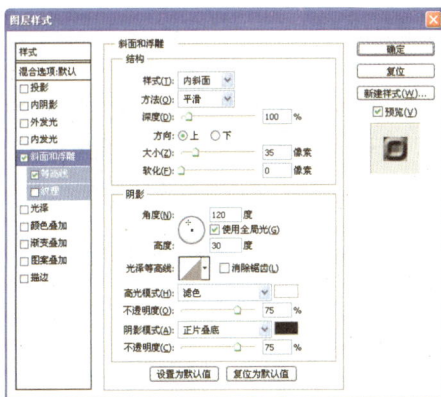
▶ 图 9-96　设置"斜面和浮雕"参数

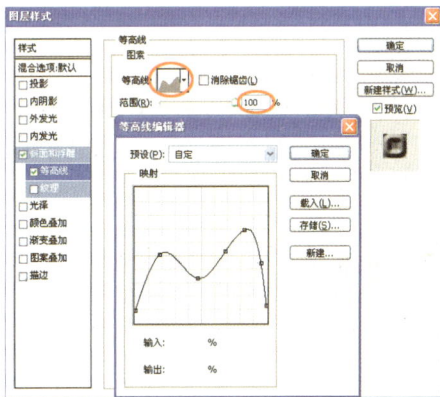
▶ 图 9-97　设置"等高线"参数

Step 46 经过两次参数设置，单击"确定"按钮，效果如图 9-98 所示。

Step 47 如图 9-99 所示，在图层面板中新建"图层 2"。

Step 48 激活工具箱中的"钢笔"路径工具，绘制一条封闭路径，形状如图 9-100 所示。

Step 49 如图 9-101 所示，在路径面板中，单击下面的"将路径作为选区载入"按钮，将路径转化为选区。

图 9-98　图层样式效果

▶ 图 9-99　新建图层 2

▶ 图 9-100　绘制路径

▶ 图 9-101　载入选区

Step 50 设置前景色为黄绿色。激活工具箱中的"渐变填充"工具，在其属性栏中选择"前景色到透明"渐变模式，从选区的左上到右下填充渐变色，效果如图 9-102 所示。

Step 51 如图 9-103 所示，在图层面板中新建"图层 3"。

▶图 9-102　填充渐变效果　　　　　　　　　　　　　　▶图 9-103　新建图层 3

Step 52 以"图层 3"为当前层，激活"钢笔"路径工具，绘制如图 9-104 所示符号"√"。

Step 53 在路径面板中，单击下面的"将路径作为选区载入"按钮，将路径转化为选区后填充白色，效果如图 9-105 所示。

Step 54 如图 9-106 所示，在图层面板中，按住 Shift 键将"图层 1"、"图层 2"、"图层 3"一同选取。

Step 55 单击鼠标右键，在弹出的快捷菜单中选择"合并图层"选项，如图 9-107 所示，将三个图层合并为"图层 1"。

▶图 9-104　绘制选区　　　▶图 9-105　填充色彩　　　▶图 9-106　选取图层　　　▶图 9-107　合并图层

Step 56 激活工具箱中的"移动"工具，将水晶按钮拖入文件中并调整大小、位置，效果如图 9-108 所示。

Step 57 用同样的方法再制作几个不同的水晶按钮，并纵向排列在如图 9-109 所示位置，将所有按钮合并为一个图层。

Step 58 在图层面板中，单击底部的"添加图层样式"按钮，选择添加"外发光"选项，如图 9-110 所示设置参数。

Step 59 单击"确定"按钮，则添加图层样式后的效果如图 9-111 所示。

Step 60 设置前景色为白色，如图 9-112 所示，在图层面板中新建"图层 5"。

Step 61 激活工具箱中的"圆角矩形"工具，在其属性栏中选择"直接填充像素"选项，半径设置为"50"

pix，在画面右上角绘制一个圆角矩形（注意上部和左边都出血），效果如图 9-113 所示。

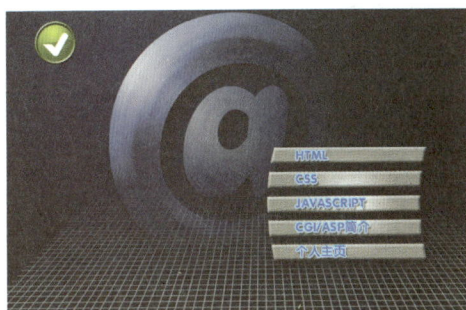

▶ 图 9-108 调整水晶按钮位置大小　▶ 图 9-109 排列按钮　▶ 图 9-110 设置"外发光"参数

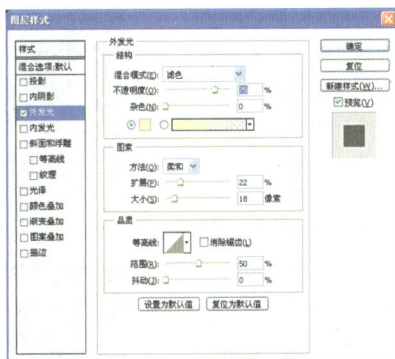

▶ 图 9-111 图层样式效果　▶ 图 9-112 新建图层 5　▶ 图 9-113 绘制圆角矩形

Step 62 使用"圆角矩形"工具，在刚刚绘制的圆角矩形下面再绘制一个圆角矩形，并且一部分与之重叠，效果如图 9-114 所示。

Step 63 仍以图层 5 为当前层，激活工具箱中的"矩形选框"工具，在如图 9-115 所示位置绘制一个矩形选框并按 Delete 键删除选区内容。

▶ 图 9-114 继续绘制圆角矩形　　▶ 图 9-115 绘制选区并删除内容

Step 64 在底边中间位置绘制一个圆角矩形（一半出血），效果如图 9-116 所示。

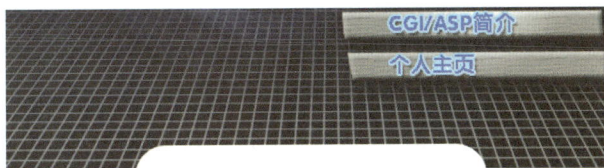

▶ 图 9-116 在底边绘制圆角矩形

Step 65　此时画面的整体效果如图 9-117 所示。

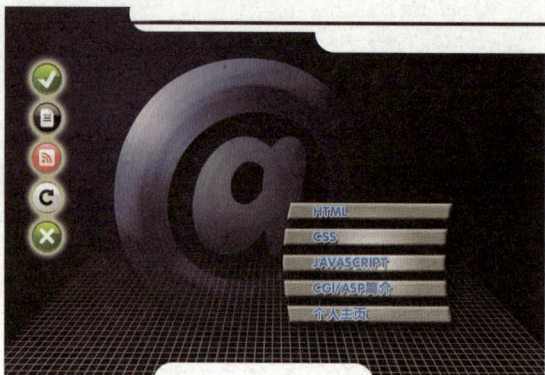

▶ 图 9-117　整体效果

Step 66　在图层面板中，单击底部的"添加图层样式"按钮，选择添加"斜面和浮雕"选项，如图 9-118 所示设置参数。

Step 67　选择添加"纹理"选项，如图 9-119 所示设置参数。

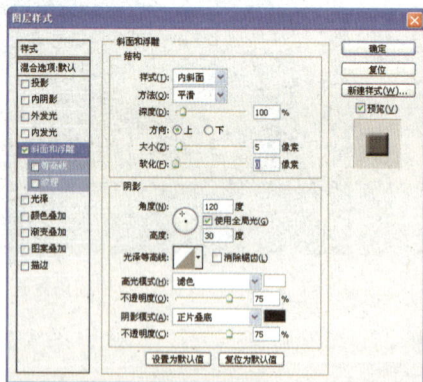

▶ 图 9-118　设置"斜面和浮雕"参数

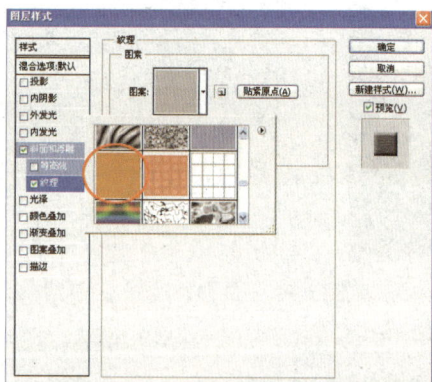

▶ 图 9-119　设置"纹理"参数

Step 68　选择"光泽"样式，等高线选择预设的第二个效果，其他参数设置如图 9-120 所示。

Step 69　选择"渐变叠加"样式，如图 9-121 所示，设置白色到蓝色渐变效果，样式为"径向"，角度为"180"度。

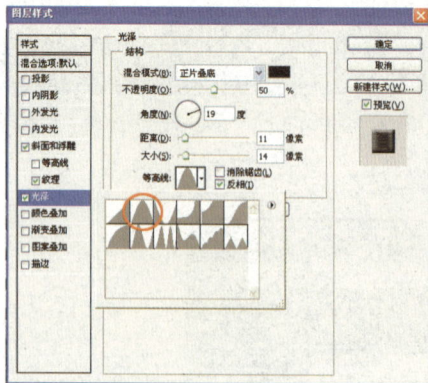

▶ 图 9-120　设置"光泽"参数

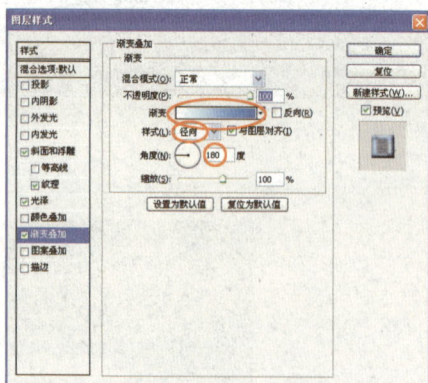

▶ 图 9-121　设置"渐变叠加"参数

Step 70 单击"确定"按钮，则添加系列图层样式后的效果如图 9-122 所示。

Step 71 此时图层面板如图 9-123 所示，新建"图层 6"。

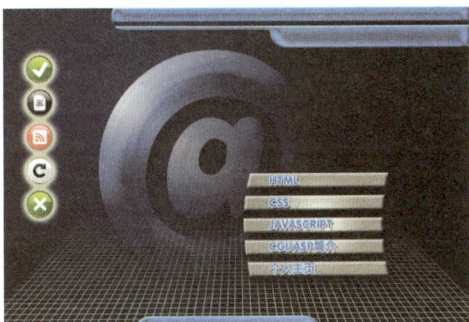

▶▶图 9-122　添加系列图层样式的效果

▶▶图 9-123　图层面板

Step 72 设置前景色为白色，激活工具箱中的"直线"工具，在其属性栏中设置粗细为"2" pix，在如图 9-124 所示位置绘制一条有转折的直线，在几个位置上用"椭圆形选框"工具绘制正圆并填充白色。

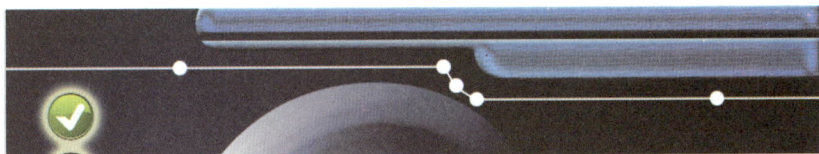

▶▶图 9-124　绘制直线和正圆

Step 73 如图 9-125 所示，在图层面板中，复制"图层 6"为"图层 6 副本"，并单击"锁定"按钮，单击菜单"编辑"→"填充"命令，选择填充"黑色"。

Step 74 如图 9-126 所示，在图层面板中，以"图层 6"为当前选择层。

Step 75 单击菜单"滤镜"→"其他"→"最小值"命令，在如图 9-127 所示对话框中，设置半径为"3"像素。

▶▶图 9-125　复制图层 6

▶▶图 9-126　设置"图层 6"为当前层

▶▶图 9-127　设置最小值参数

Step 76 单击"确定"按钮，则制作最小值后的效果如图 9-128 所示。

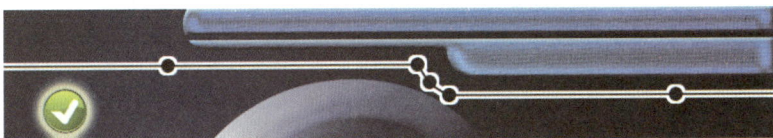

▶▶图 9-128　"最小值"效果

Step 77 单击菜单"滤镜"→"模糊"→"高斯模糊"命令，在如图 9-129 所示对话框中，设置半径为"6"像素。

Step 78 单击"确定"按钮，则制作高斯模糊后的效果如图 9-130 所示。

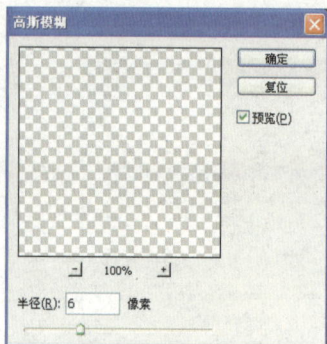

▶ 图 9-129　设置高斯模糊参数

▶ 图 9-130　"高斯模糊"效果

Step 79 如图 9-131 所示，在图层面板中，以"背景"层为当前选择层。

Step 80 打开"网页案例"文件，如图 9-132 所示。

▶ 图 9-131　设置"背景"层为当前层

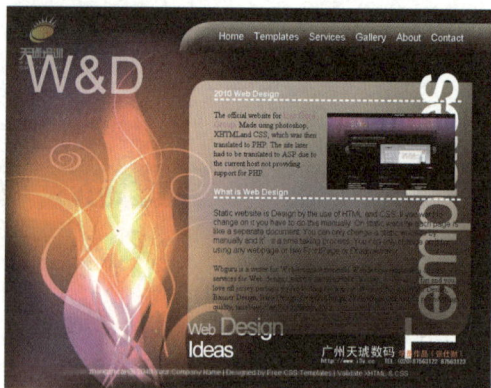

▶ 图 9-132　打开素材"网页案例"

Step 81 激活工具箱中的"椭圆形选框"工具，按住 Shift 键在如图 9-133 所示位置绘制正圆选区。

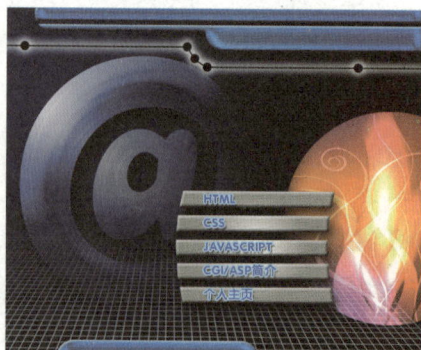

Step 82 激活工具箱中的"移动"工具，将选取部分拖入文件中，并调整大小、位置，效果如图 9-134 所示。

Step 83 如图 9-135 所示，在图层面板中，复制"图层 7"为"图层 7 副本"。

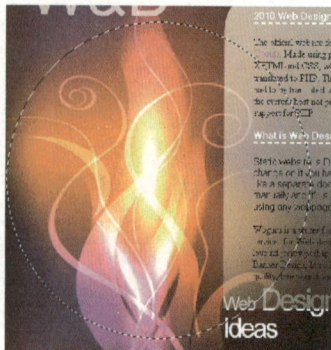

▶ 图 9-133　绘制正圆选区

▶ 图 9-134　复制选区并调整

▶ 图 9-135　复制图层 7

Step 84 调整大小、位置，效果如图 9-136 所示。

Step 85　在图层面板中，以"图层 7"为当前层。单击菜单"图像"→"调整"→"色相/饱和度"，在弹出的对话框中调整色相参数，如图 9-137 所示。

Step 86　单击"确定"按钮，则调整色相后的效果如图 9-138 所示。

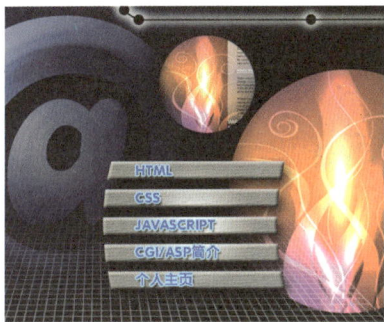
▶ 图 9-136　调整图层

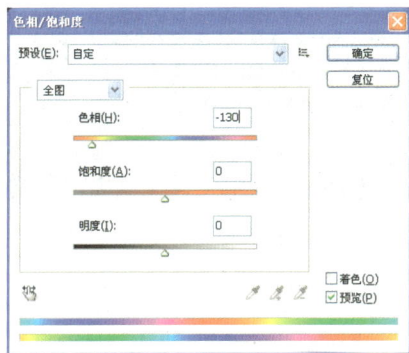
▶ 图 9-137　调整色相参数

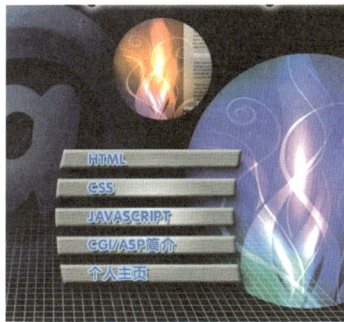
▶ 图 9-138　调整色相后效果

Step 87　打开另一个"网页案例"文件，如图 9-139 所示。

Step 88　激活"椭圆形选框"工具，选取主体部分复制到文件中（在此仅是为了方便），形成"图层 8"，将其调整在"图层 7"和"图层 7 副本"之间，效果如图 9-140 所示。

▶ 图 9-139　打开另一个"网页案例"

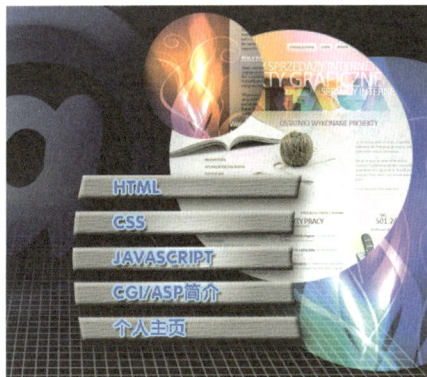
▶ 图 9-140　复制素材

Step 89　以"图层 8"为当前层，单击菜单"图像"→"调整"→"反相"命令，效果如图 9-141 所示。

Step 90　设置前景色为灰色，将"图层 7"、"图层 7 副本"和"图层 8"分别描边，参数设置如图 9-142 所示。

Step 91　单击"确定"按钮，则 3 个图层描边后的效果如图 9-143 所示。

Step 92　激活工具箱中的"横排文字"工具，在如图 9-144 所示位置输入文字"网页设计"，尽量选用较粗的字体（这里选用的是超粗黑）。

▶ 图 9-141　"反相"效果

"]

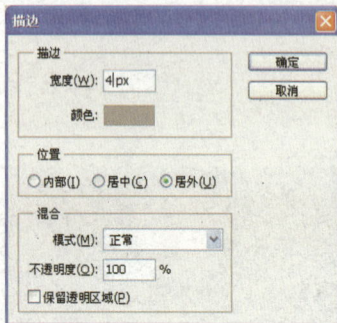

▶图 9-142 描边参数设置　▶图 9-143 描边效果　▶图 9-144 输入文字

Step 93 在图层面板中，如图 9-145 所示，将文字层栅格化并复制，再以"网页设计"层为当前选择层。

Step 94 单击菜单"选择"→"载入选区"命令，如图 9-146 所示选择选项，单击"确定"按钮。再单击菜单"选择"→"存储选区"命令，将选区存储备用。

Step 95 取消选区，单击菜单"滤镜"→"模糊"→"动感模糊"命令，在如图 9-147 所示对话框中，设置"角度"为"90"度，"距离"为"35"像素。

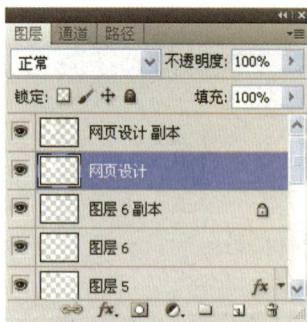

▶图 9-145 栅格化文字层　▶图 9-146 载入选区　▶图 9-147 "动感模糊"对话框

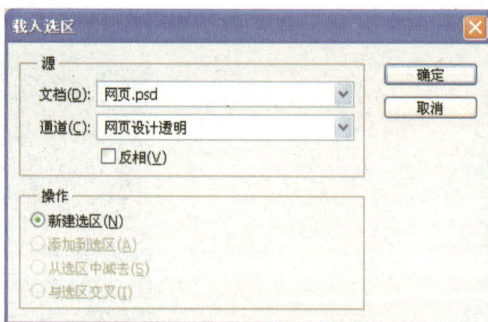

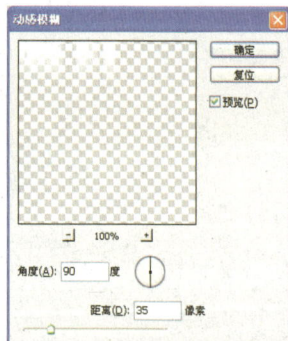

Step 96 单击"确定"按钮，则制作垂直动感模糊后的文字效果如图 9-148 所示。

▶图 9-148 垂直动感模糊效果

Step 97 在图层面板中，以"网页设计副本"层为当前层，单击菜单"滤镜"→"模糊"→"动感模糊"命令，在如图 9-149 所示对话框中，设置"角度"为"0"度，"距离"为"35"像素。

Step 98 单击"确定"按钮，则制作水平动感模糊后的文字效果如图 9-150 所示。

214 ■ Photoshop

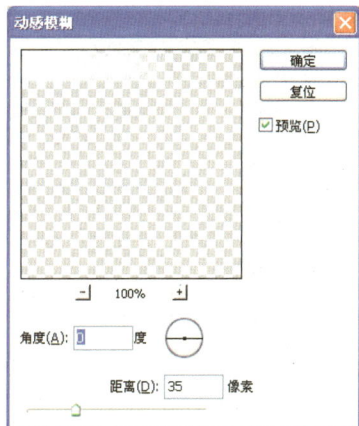

▶图 9-149 "动感模糊"对话框

▶图 9-150 水平动感模糊效果

Step 99 单击菜单"选择"→"载入选区"命令，如图 9-151 所示，载入通道"Alpha1"（刚才存储的选区）并按 Delete 键删除选区内容，效果如图 9-152 所示。

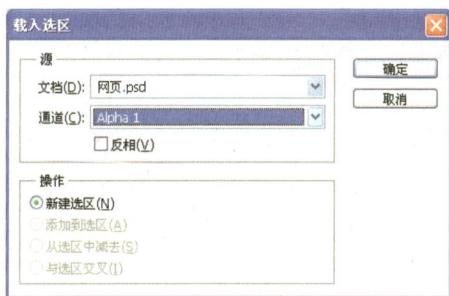

▶图 9-151 载入选区

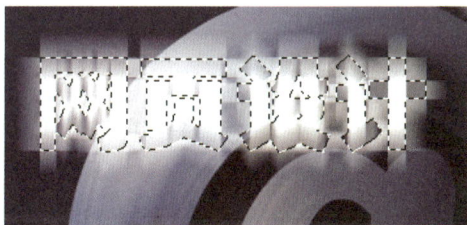

▶图 9-152 载入选区效果

Step 100 确保选区存在，设置前景色为白色，单击菜单"编辑"→"描边"命令，在如图 9-153 所示对话框中设置参数，单击"确定"按钮。

Step 101 如图 9-154 所示，在图层面板中，以"网页设计"层为当前选择层，将"不透明度"设置为"70%"，效果如图 9-155 所示。一幅静态的网页完成，效果如图 9-1 所示。此时图层面板如图 9-156 所示。

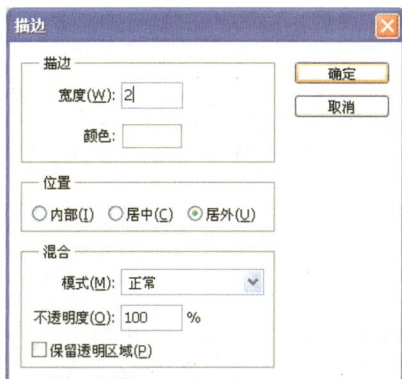

▶图 9-153 "描边"对话框

▶图 9-154 设置"不透明度"参数

▶ 图 9-155 "网页设计"效果

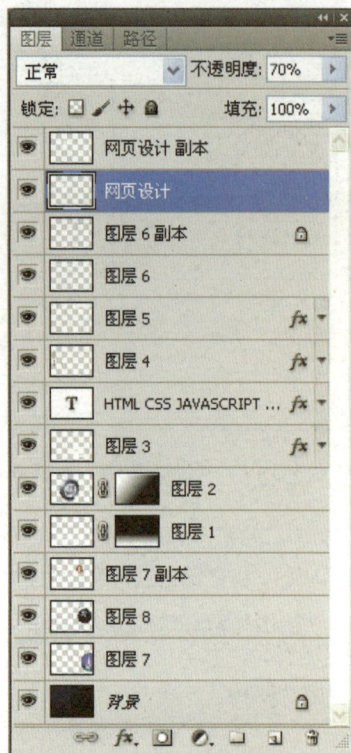
▶ 图 9-156 图层面板

9.4 相关知识链接

　　网页可以说是网站构成的基本元素。当我们轻点鼠标，在网海中遨游，一幅幅精彩的网页会呈现在我们面前，那么，网页精彩与否的因素是什么呢？色彩的搭配、文字的变化、图片的处理等，这些当然是不可忽略的因素。除了这些，还有一个非常重要的因素——网页的布局。下面，我们就有关网页设计的常见问题简单谈论一下。

9.4.1 网页布局类型

　　网页设计如果仅从网页版式构成分类而言，主要有骨骼型、满版型、分割型、中轴型、曲线型、倾斜型、对称型、焦点型、三角型、自由型 10 种。

1. 骨骼型

　　网页中的骨骼型版式是一种规范的、理性的设计形式，类似于报刊的版式。常见的骨骼型有竖向通栏、双栏、三栏、四栏和横向通栏、双栏、三栏、四栏等，如图 9-157、图 9-158 所示。一般以竖向分栏为多。这种版式给人以和谐、理性的美。几种分栏方式结合使用，显得网页既理性、条理，又活泼而富有弹性。

▶▶ 图 9-157 竖栏

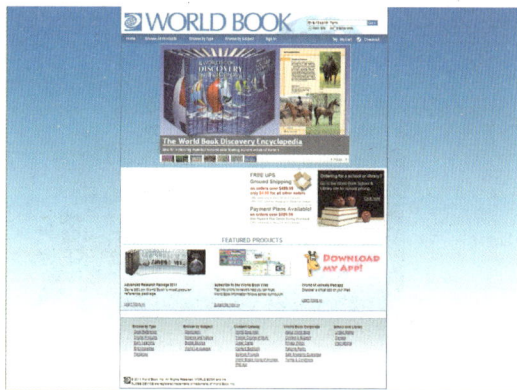

▶▶ 图 9-158 横栏

2. 满版型

满版型网页布局，页面以图像充满整版，如图 9-159 和图 9-160 所示。页面主要以图像为诉求点，将少量文字压制于图像之上。视觉传达效果直观而强烈。满版型给人以舒展、大方的感觉。美中不足的是，限于当前网络宽带对大幅图像的传输速度较慢，这种版式多见于强调艺术性或个性的网页设计中。

3. 分割型

分割型版式设计，是把整个页面分成上下或左右两部分，分别安排图片和文案。两个部分形成明显的对比：有图片的部分感性而有活力，文案部分则理性

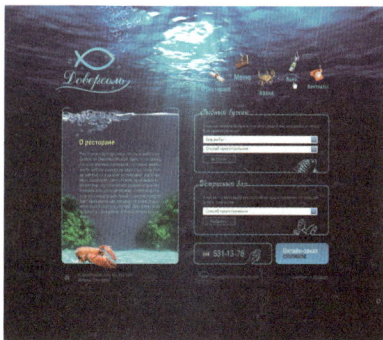

▶▶ 图 9-159 满版型（1）

而平静，如图 9-161 所示。设计实践中，可以通过调整图片和文案所占的面积来调节对比的强弱。如果图片所占比例过大，文案使用的字体过于纤细，字距、行距、段落的安排又很疏落，则易造成视觉的不平衡，显得生硬、强烈。倘若通过文字或图片将分割线虚化处理，就会产生自然和谐的效果。

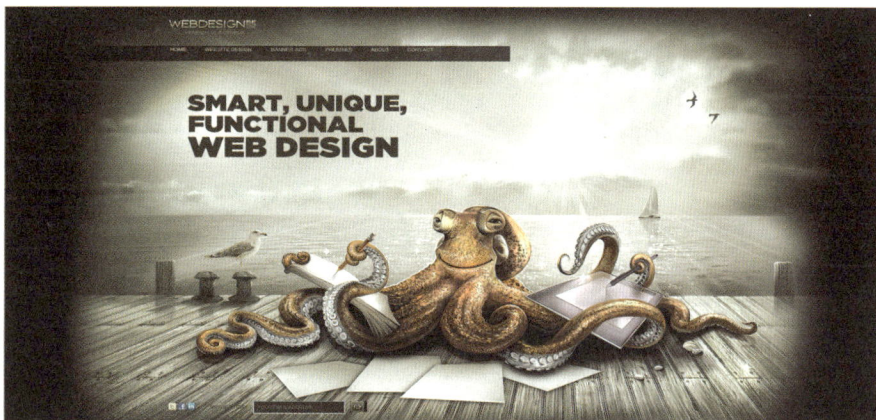

▶▶ 图 9-160 满版型（2）

▶▶图 9-161　分割型

4．中轴型

中轴型版式，是沿着页面的视觉中轴将图片或文字作水平或垂直方向的排列，如图 9-162 所示。水平排列的页面，给人以稳定、平静、含蓄的感觉；垂直排列的页面，给人以舒畅的感觉。

5．曲线型

曲线型版式，由图片或文字在页面上作曲线的编排构成，如图 9-163 所示。这种编排方式能产生韵律感与节奏感。

▶▶图 9-162　中轴型

▶▶图 9-163　曲线型

6．倾斜型

倾斜型版式，是页面主题形象或多幅图片、文字作倾斜编排。它能使页面产生强烈的动感，引人注目。图 9-164 所示为利用倾斜式的图片突出产品。

7．对称型

对称型的页面版式，给人以稳定、严谨、庄重、理性的感受，如图9-165所示。

对称，分为绝对对称和相对对称两种类型。一般采用相对对称的手法，以避免版式呆板。

四角型也是对称型的一种，是在页面四角安排相应的视觉元素。四个角是页面的边界点，重要性不可低估。在四个角安排的任何内容都能产生安定感。控制好页面的四个角，也就控制了页面的空间。越是凌乱的页面，越要注意对四个角的控制。

8．焦点型

焦点型的网页版式，通过对视线的诱导，使页面具有强烈的视觉效果，如图9-166所示。焦点型分为三种情况。

（1）中心：以对比强烈的图片或文字置于页面的视觉中心。

（2）向心：通过视觉元素引导浏览者视线向页面中心聚拢，就形成了一个向心的版式。向心版式是集中的、稳定的，是一种传统的手法。

（3）离心：通过视觉元素引导浏览者视线向外辐射，则形成一个离心的网页版式。离心版式是外向的、活泼的，更具现代感，运用时应注意避免凌乱。

9．三角型

三角形这种版式是网页视觉元素呈三角形排列。正三角形（金字塔形）最具稳定性；倒三角形则产生动感；侧三角形构成一种

▶▶图9-164　倾斜型

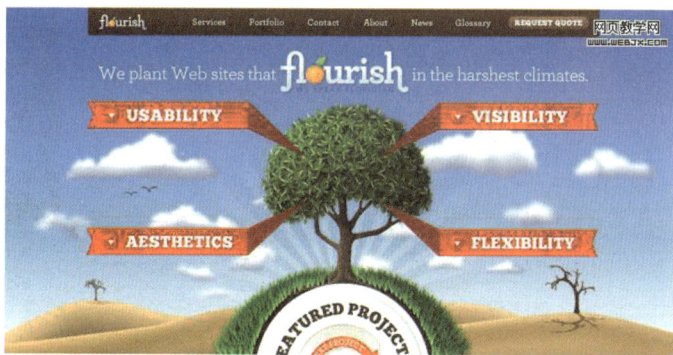

▶▶图9-165　对称型

▶▶图9-166　焦点型

均衡版式，既安定又有动感，如图 9-167 所示。

▶▶图 9-167　三角型

10．自由型

自由型的页面具有活泼、轻快的风格，如图 9-168 所示。

▶▶图 9-168　自由型

9.4.2　关于第一屏

所谓第一屏，是指我们到达一个网站在不拖动滚动条时能够看到的部分。那么第一屏有多"大"呢？其实这是未知的。一般来讲，在 800*600 的屏幕显示模式（这也是最常用的模式）下，在 IE 安装后默认的状态（即工具栏、地址栏等没有改变），IE 窗口内能看到的部分为 778px*435px，通常来说，以这个大小为标准就行了。毕竟，在无法适合所有人的情况下，我们只能为大多数考虑了。

介绍了那么多，无非是一个标准的问题，其实接下来不用说大家也能想到，第一屏当然要放最主要的内容。关键要知道的是，我们要对第一屏能显示的面积有个估计，而不要仅仅以自己的机器为准。其实网页制作一个很麻烦的地方就是浏览者的机器是未知的。因此在网页设计过程中，向下拖动页面是唯一给网页增加更多内容（尺寸）的方法。这里要提醒大家，除非肯定站点的内容能吸引访问者拖动，否则不要让访问者拖动页面超过三屏。如果需要在同一页面显示超过三屏的内容，那么最好能做页面内部链接，以方便访问者浏览。

◼ 9.4.3　设计者应注意的几个问题

（1）页面尺寸设置。

（2）导航栏的变化与统一。

导航栏是指位于页眉区域的、在页眉横幅图片上边或下边的一排水平导航按钮，它起着链接各个页面的作用。

几乎每个网页都有导航栏，对同一个网站内的所有网页来说，导航栏必须在设计风格上统一。

"在统一的基础上寻求变化"——这是设计师应该时刻注意的问题。

（3）网页布局。

网页设计师应尽量熟悉典型网页的基本布局方式，根据客户的需要选择使用。

（4）网页空间中的视觉导向。

每个网页都有一个视觉空间，都有深度、广度和时间流逝的感觉。当打开一个新的网页后，人们的视线首先会聚焦在网页中最引人注意的那一点上——通常称其为"视觉焦点"。

（5）文字信息的设计和编排。

编排网页上的文字信息时需要考虑字体、字号、字符间距和行距、段落版式、段间距等因素。从美学观点看，既保证网页整体视觉效果的和谐、统一，又保证所有文字信息的醒目和易于识别，这是评价该工作的最高标准

（6）色彩的使用技巧。

网页设计中，色彩是艺术表现的要素之一。应根据和谐、均衡和重点突出的原则，将不同的色彩进行组合、搭配来构成美丽的页面。

（7）技术与艺术的紧密结合。

网络技术主要表现为客观因素，艺术创意主要表现为主观因素，网页设计者应该积极主动地掌握现有的各种网络技术规律，注重技术和艺术紧密结合，这样才能穷尽技术之长，实现艺术想象，满足浏览者对网页信息的高质量需求。

第 **10** 章

包装设计——综合命令运用

包装作为人类智慧的结晶，广泛用于生活、生产中。在人类历史发展的长河中，包装设计伴随着人类文明不断向前发展，时至今日，包装已不仅仅停留在保护商品的层面上，它还给人们带来了艺术与科技完美结合的视觉愉悦以及超值的心理享受。因此说包装设计是一门综合性很强的创造性活动，设计师要运用各种方法、手段，将商品的信息传达给消费者。它涉及自然的、社会的、科技的、人文的、生理的和心理的等诸多因素，想要快速、准确地达到设计目标，降低成本，增加产品的附加值，就必须有严格、周密的设计程序和方法。在当前商品竞争日益激烈、消费需求不断增长的市场中，当企业与企业之间的品牌、产品质量和服务质量相差不远时，还能通过什么方式占有更多的市场份额？无可非议，包装起到了相当大的作用。

10.1 产品包装设计案例分析

1. 创意定位

包装装潢也属于平面设计范畴，它是依附于包装立体之上的平面设计。包装不仅是为了促销商品，更重要的是体现一个企业的经营文化，这其中不乏美的存在。

如图 10-1、图 10-2 所示，茶叶包装与光盘包装设计，它们都是"方寸之间见乾坤"的设计，小小的空间内图形、色彩和文字运用得当，可以发挥出平面设计的无穷魅力。

▶▶ 图 10-1　茶叶包装

▶▶ 图 10-2　DVD 包装

通过包装外形的设计和色彩的选择来表现产品的亲和力、潮流性、科技性及神秘性，通过产品的图案设计直接与客户近距离接触，以便在短时间内让客户认识该产品的真正用途，并为客户提供高品质的素材。

2. 所用知识点

上面的包装设计中，主要用到了 Photoshop CC 软件中的以下几个命令：

❖ 多种滤镜命令；
❖ 图层蒙版工具；
❖ 图层混合模式；
❖ 图层样式命令；
❖ 曲线调整等命令。

3. 制作分析

该包装的制作分为以下几个环节：

❖ 茶叶盒平面展开图设计制作；
❖ 茶叶盒立体图设计制作；
❖ 茶叶内包装设计制作；
❖ DVD 封面设计制作；
❖ DVD 封底设计制作；
❖ DVD 展开图设计制作；
❖ DVD 立体图设计制作；
❖ DVD 光盘设计制作。

10.2 实例解析

10.2.1 茶叶包装设计

Step 01 新建文件，参数设置如图 10-3 所示。打开图层面板，如图 10-4 所示新建"图层 1"。

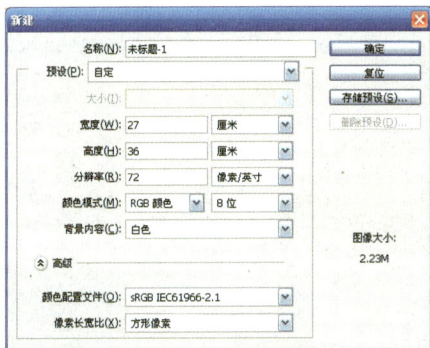

▶▶图 10-3 新建文件

▶▶图 10-4 新建图层 1

Step 02 激活工具箱中的"矩形选框"工具，绘制如图 10-5 所示大小的选区，前景色设置为 C0、M40、Y60、K0 并填充。

Step 03 单击菜单"滤镜"→"杂色"→"添加杂色"命令，在弹出的对话框中设置相应参数，如图 10-6 所示，单击"确定"按钮。

▶图 10-5　绘制选区并填充

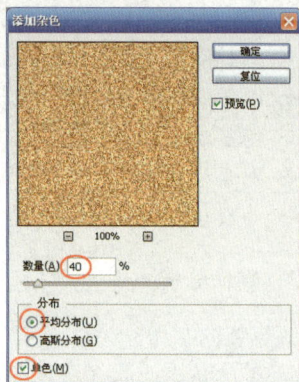

▶图 10-6　"添加杂色"对话框

Step 04 单击菜单"滤镜"→"杂色"→"中间值"命令，在弹出的对话框中设置相应参数，如图 10-7 所示，单击"确定"按钮。两次运用滤镜后，效果如图 10-8 所示。

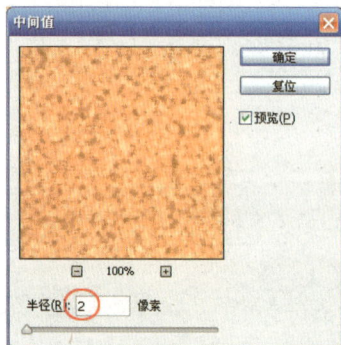

▶图 10-7　"中间值"对话框

▶图 10-8　两次滤镜效果

Step 05 设置前景色为 C0、M40、Y60、K0，背景色设置为白色。单击菜单 "滤镜"→"滤镜库"→"素描"→"半调图案"命令，在弹出的对话框中设置参数，如图 10-9 所示，单击"确定"按钮，效果如图 10-10 所示。

Step 06 按住鼠标左键从上边和左边标尺里各拖出一条辅助线，放置在如图 10-11 所示位置。

Step 07 在图层面板中新建"图层 2"，激活工具箱中的"矩形选框"工具，在如图 10-12 所示位置绘制选区并填充白色。

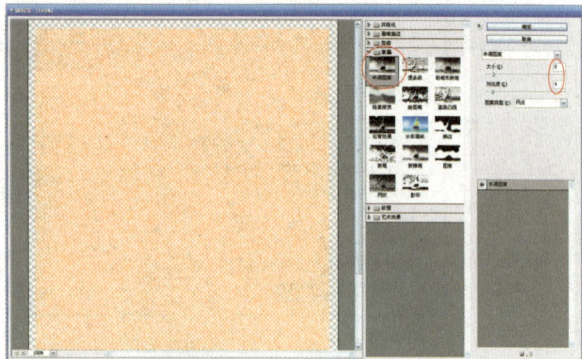

▶图 10-9　"半调图案"对话框

▶图 10-10　滤镜效果　　　　　▶图 10-11　添加辅助线　　　　▶图 10-12　绘制选区并填充白色

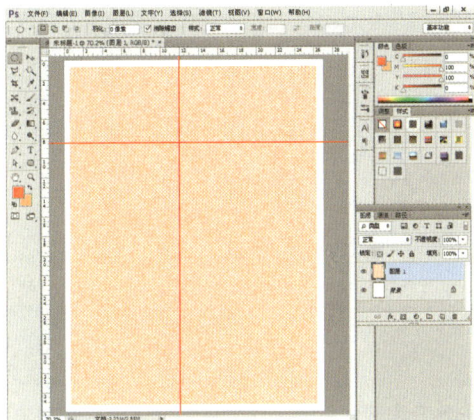

Step 08 打开素材文件"花边"，如图 10-13 所示。

▶图 10-13　素材"花边"

Step 09 激活工具箱中的"魔术棒"工具，选取黑色部分，然后单击菜单"选择"→"选取相似"命令，将花边部分全部选取。

Step 10 激活工具箱中的"移动"工具，将花边拖入包装设计文件中，调整大小与位置，效果如图 10-14 所示。

Step 11 激活工具箱中的"矩形选框"工具，选取花边，如图 10-15 所示。

Step 12 按 Ctrl+Shift+Alt 组合键，激活移动工具，边移动边复制，使花边贯通整个画面，并将复制出来的多余部分删除，效果如图 10-16 所示。

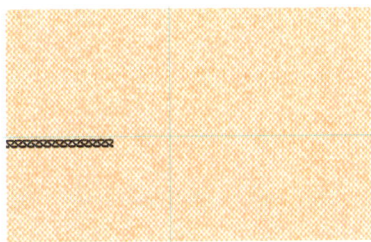

▶图 10-14　复制文件　　　　　▶图 10-15　框选花边　　　　　▶图 10-16　复制花边

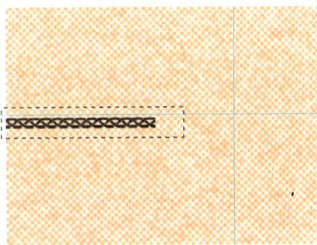

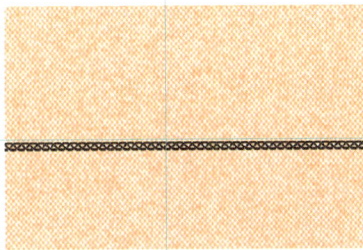

Step 13 如图 10-17 所示，在图层面板中按下"锁定"按钮，将透明部分保护起来。

Step 14 设置前景色为 C0、M40、Y60、K0，单击菜单"编辑"→"填充"命令，在弹出的对话框中设置参数，如图 10-18 所示，单击"确定"按钮，效果如图 10-19 所示。

Step 15 激活工具箱中的"矩形选框"工具，选取花边，按 Ctrl+Shift+Alt 键，复制两条花边，放置在如图 10-20 所示位置。

Step 16 打开素材文件"玫瑰花束"，如图 10-21 所示。

▶ 图 10-17　锁定图层　　　　▶ 图 10-18　"填充"对话框　　　　▶ 图 10-19　填充效果

Step 17 激活"移动"工具，将玫瑰花束拖入包装设计文件中，调整大小与位置，效果如图 10-22 所示。

▶ 图 10-20　框选花边并复制　　　▶ 图 10-21　素材"玫瑰花束"　　　▶ 图 10-22　玫瑰花束粘贴效果

Step 18 打开素材文件"玫瑰花"，如图 10-23 所示。用同样的方法将其复制到包装设计文件中，调整大小与位置，效果如图 10-24 所示。

Step 19 在图层面板中，如图 10-25 所示，复制"图层 5"为"图层 5 副本"。

▶ 图 10-23　素材"玫瑰花"　　　▶ 图 10-24　玫瑰花粘贴效果　　　▶ 图 10-25　复制图层 5

Step 20 单击菜单"编辑"→"变换"→"水平翻转"命令，然后激活"移动"工具，按住 Shift 键将玫瑰花水平移动到画面右侧，效果如图 10-26 所示。

Step 21 激活"矩形选框"工具，选取右侧多余部分，按 Delete 键删除，效果如图 10-27 所示。

▶▶图 10-26 复制并移动对象

▶▶图 10-27 删除多余对象

Step 22 在图层面板中，将"图层 5 副本"与"图层 5"合并。单击菜单"编辑"→"描边"命令，在弹出的对话框中设置参数，如图 10-28 所示，单击"确定"按钮，效果如图 10-29 所示。

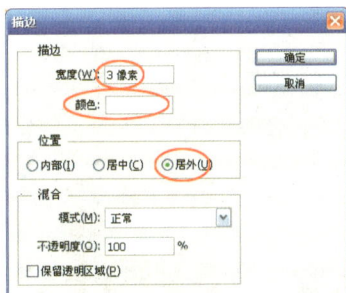

▶▶图 10-28 "描边"对话框

▶▶图 10-29 描边效果

Step 23 打开图层面板，如图 10-30 所示，对每个图层可根据图层内容做名称上的修改，便于以后编辑和选择。

Step 24 激活工具箱中的"横排文字"工具，设置属性栏上的字体、大小和颜色，在如图 10-31 所示位置输入英文"TOTALLY ORGANIC"。

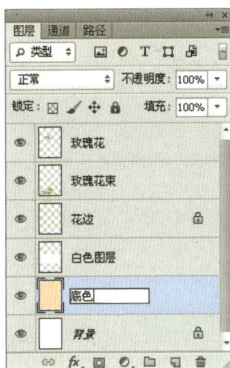

▶▶图 10-30 修改图层名称

▶▶图 10-31 输入文字

Step 25 在如图 10-32 所示图层面板中，点击图层下方的"添加图层样式"按钮，在弹出的对话框中设置参数，如图 10-33 所示，单击"确定"按钮，效果如图 10-34 所示。

▶图 10-32　"添加图层样式"按钮

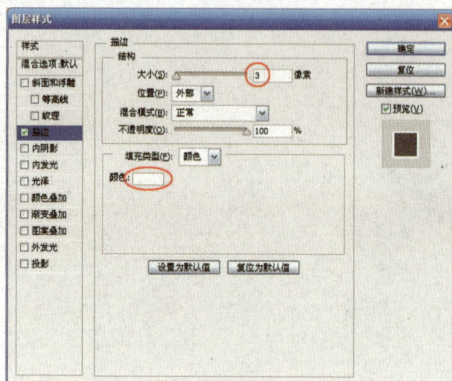

▶图 10-33　"图层样式"对话框

Step 26 用同样的方法，在如图 10-35 所示位置输入英文"PEAR APPLE"，设置相应的字体、大小和颜色。

▶图 10-34　图层样式效果

▶图 10-35　再次输入文字

Step 27 单击图层面板下方的"添加图层样式"按钮，在弹出的对话框中设置参数，如图 10-36、图 10-37 所示，单击"确定"按钮，效果如图 10-38 所示。

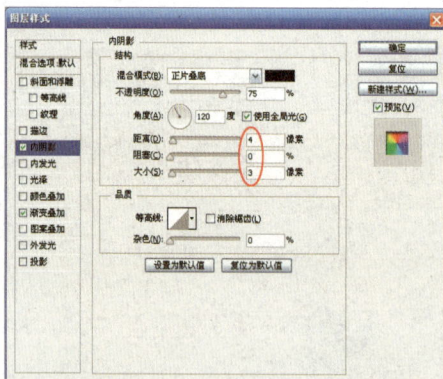

▶图 10-36　设置参数（1）

▶图 10-37　设置参数（2）

Step 28 如图 10-39 所示，在图层面板中，复制"PEAR APPLE"为"PEAR APPLE 副本"。

Step 29 激活"移动"工具，将复制的文字移动到上面，并调整大小，效果如图 10-40 所示。

Step 30 在图层面板中，如图 10-41 所示，双击"PEAR APPLE 副本"图层上的"fx"符号，调出如图 10-42
所示"图层样式"对话框。

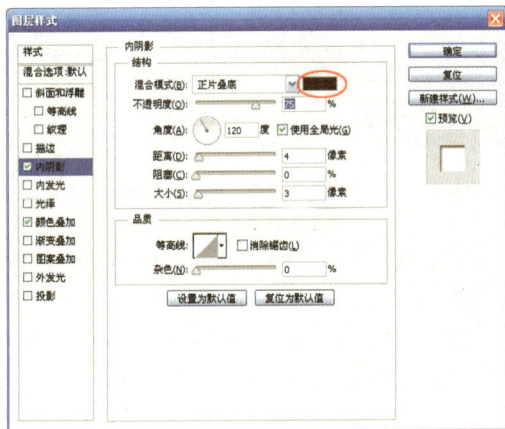

▶图 10-38　图层样式效果　　▶图 10-39　复制图层　　▶图 10-40　调整文字位置　　▶图 10-41　双击"fx"符号

Step 31 在"图层样式"对话框中，去掉"渐变叠加"样式，加选"颜色叠加"样式，重新设置参数，如图 10-43
所示，将"内阴影"样式中的颜色设置为深褐色。单击"确定"按钮，效果如图 10-44 所示。

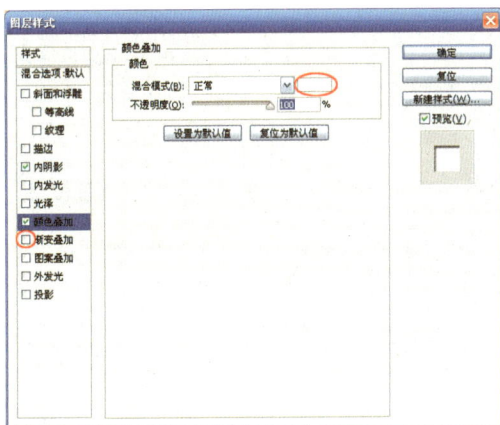

▶图 10-42　"图层样式"对话框　　　　　　　　　▶图 10-43　重新设置参数

Step 32 打开素材文件"苹果和梨"，如图 10-45
所示。

Step 33 激活"移动"工具，将该素材图片拖入包
装设计文件中，调整大小与位置，效果如
图 10-46 所示。

Step 34 单击菜单"编辑"→"描边"命令，在弹
出的对话框中设置参数，如图 10-47 所示，
单击"确定"按钮，效果如图 10-48 所示。

Step 35 在图层面板中，如图 10-49 所示，复制"苹
果和梨"图层为"苹果和梨副本"，并将
复制的苹果和梨图形调整到上面文字位
置，调整大小，效果如图 10-50 所示。

▶图 10-44　重设后的效果

▶▶图 10-45　素材"苹果和梨"

▶▶图 10-46　复制"苹果和梨"素材

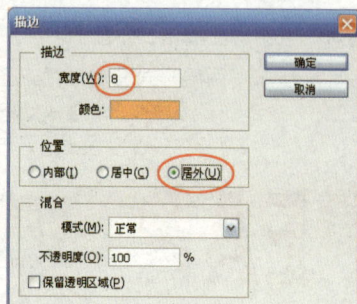
▶▶图 10-47　"描边"对话框

▶▶图 10-48　描边效果

▶▶图 10-49　复制图层"苹果和梨"

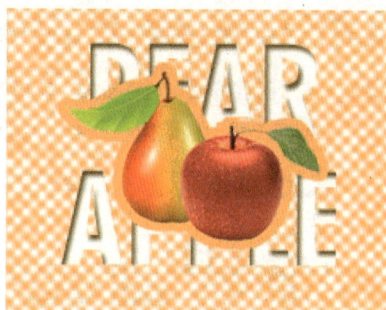
▶▶图 10-50　调整位置

Step 36 激活工具箱中的"横排文字"工具，按住鼠标左键，在左侧白色区域绘制一个文本框，如图 10-51 所示。

Step 37 如图 10-52 所示，输入说明性文字，调整字体和大小。包装设计平面图制作完成，效果如图 10-53 所示。此时图层面板如图 10-54 所示。

▶▶图 10-51　绘制文本框

▶▶图 10-52　输入说明文字

▶▶图 10-53　平面效果

▶▶图 10-54　图层面板

Step 38 下面制作包装立体效果。如图 10-55 所示，在图层面板中，关闭"背景"层的眼睛。单击菜单"图层"→"合并可见图层"命令，效果如图 10-56 所示。合并图层后，打开"背景"层的眼睛。

Step 39 新建文件，命名为"立体图"，如图 10-57 所示设置参数，单击"确定"按钮。设置前景色为 C20、M20、Y25、K0 并填充，效果如图 10-58 所示。

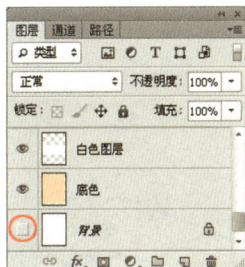

▶ 图 10-55　关闭"背景"层

▶ 图 10-56　合并图层

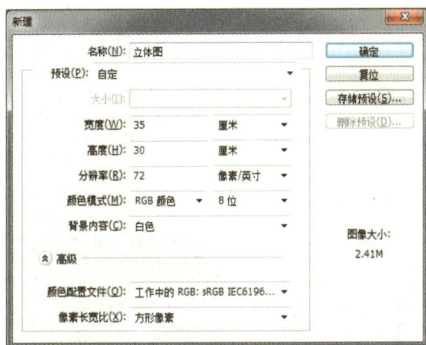

▶ 图 10-57　新建文件并设置参数

▶ 图 10-58　填充颜色

Step 40 切换到包装平面设计文件，激活工具箱中的"矩形选框"工具，在如图 10-59 所示红色部分绘制矩形选区，然后将其复制到立体图文件中。

Step 41 单击菜单"编辑"→"变换"→"扭曲"命令，调整其透视关系，效果如图 10-60 所示。

Step 42 用同样的方法绘制如图 10-61 所示红色部分选区，然后将其复制到立体图文件中，调整透视关系，效果如图 10-62 所示。

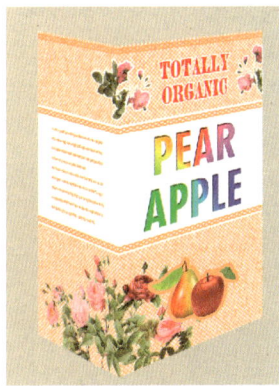

▶ 图 10-59　绘制矩形选区　　▶ 图 10-60　扭曲效果　　▶ 图 10-61　绘制选区并复制　　▶ 图 10-62　调整透视关系

Step 43 单击菜单"图像"→"调整"→"色阶"命令，在弹出的对话框中设置相应参数，如图 10-63 所示，目的是去掉一部分亮色阶，单击"确定"按钮，效果如图 10-64 所示。

Step 44 用同样的方法绘制如图 10-65 所示红色部分选区，然后将其复制到立体图文件中，调整透视关系，效果如图 10-66 所示。

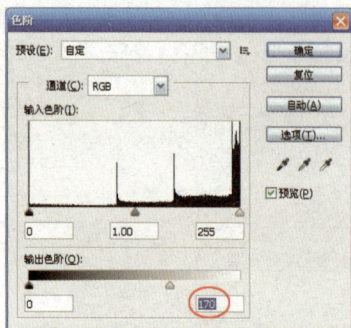

▶▶ 图 10-63　"色阶"对话框

▶▶ 图 10-64　调整效果

▶▶ 图 10-65　再次绘制选区并复制

Step 45 单击菜单"图像"→"调整"→"色阶"命令，在弹出的对话框中设置相应参数，如图 10-67 所示，目的是去掉一部分暗色阶。单击"确定"按钮，如图 10-68 所示，纸盒包装立体效果完成。

▶▶ 图 10-66　调整透视关系

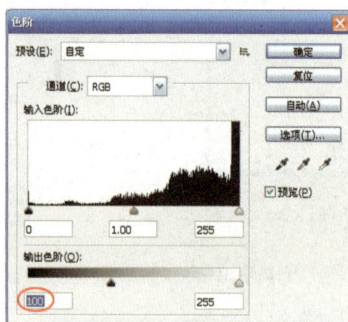

▶▶ 图 10-67　设置色阶参数

▶▶ 图 10-68　纸盒包装立体效果

Step 46 下面制作内包装。打开素材文件"罐头"，如图 10-69 所示，将该文件选择后复制到立体图文件中。

Step 47 按 Ctrl+T 组合键，将其旋转一定角度并放置在如图 10-70 所示位置。

Step 48 切换到包装平面设计文件，用同样的方法绘制如图 10-71 所示红色部分选区，然后复制到立体图文件中，调整透视关系，效果如图 10-72 所示。

▶▶ 图 10-69　素材"罐头"

▶▶ 图 10-70　复制并调整角度

▶▶ 图 10-71　绘制选区

Step 49 单击菜单"编辑"→"变换"→"旋转 90 度'顺时针'"命令，然后单击菜单"编辑"→"变换"→"变形"命令，如图 10-73 所示调整角度。

Step 50 在图层面板中，如图 10-74 所示，复制"图层 6"为"图层 6 副本"，将"图层 6 副本"层拖至"图层 6"层下面，关闭"图层 6"的眼睛，以"图层 6 副本"为当前选择层。

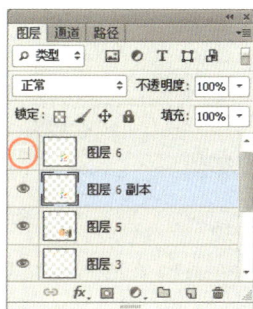

▶ 图 10-72　复制并调整透视关系　　▶ 图 10-73　"变形"效果　　▶ 图 10-74　复制并调整图层

Step 51 单击菜单"图像"→"调整"→"色阶"命令，在弹出的对话框中设置相应参数，如图 10-75 所示，单击"确定"按钮，效果如图 10-76 所示。

Step 52 在图层面板中，如图 10-77 所示，打开"图层 6"的眼睛，并以"图层 6"为当前选择层，点击面板下面的"添加图层蒙版"按钮。

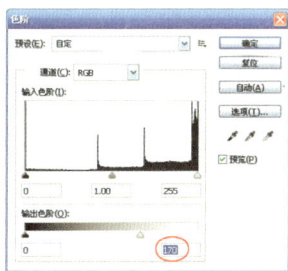

▶ 图 10-75　"色阶"对话框　　▶ 图 10-76　调整效果　　▶ 图 10-77　图层面板

Step 53 激活工具箱中的"渐变填充工具"，如图 10-78 所示，在其属性栏中选择"前景色到透明渐变"，渐变形态选择"对称渐变"。

Step 54 如图 10-79 所示，从起点到终点填充渐变效果，此时在图层面板的视窗中显示渐变效果，如图 10-80 所示。添加图层蒙版后的效果如图 10-81 所示。

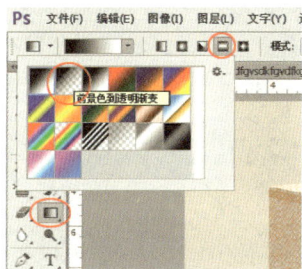

▶ 图 10-78　设置渐变色　　▶ 图 10-79　渐变起始位置

Step 55 在图层面板中，如图 10-82 所示，在"背景"层的上面新建"图层 7"，并以"图层 7"为当前层。

▶▶图 10-80　显示渐变效果

▶▶图 10-81　蒙版效果

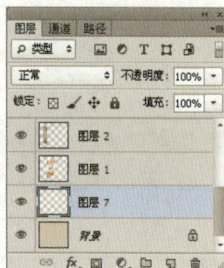
▶▶图 10-82　新建图层 7

Step 56 激活工具箱中的"多边形套锁"工具，在如图 10-83 所示位置绘制一个选区。

Step 57 激活工具箱中的"画笔"工具，在相应属性栏中选择合适的笔头大小，如图 10-84 所示，"不透明度"设置在 30% 左右，前景色设置为黑褐色，慢慢绘制出阴影效果。

Step 58 在图层面板中，如图 10-85 所示在"图层 3"的上面新建"图层 8"，并以"图层 8"为当前层。

▶▶图 10-83　绘制多边形选区

▶▶图 10-84　绘制阴影

▶▶图 10-85　新建图层 8

Step 59 激活工具箱中的"多边形套锁"工具，在如图 10-86 所示位置绘制一个选区；激活工具箱中的"画笔"工具，用同样的方法绘制阴影，效果如图 10-87 所示。此时图层面板如图 10-88 所示。整体效果完成，如图 10-1 所示。

▶▶图 10-86　再次绘制多边形选区

▶▶图 10-87　再次绘制阴影

▶▶图 10-88　所有图层

10.2.2　DVD 封面制作过程

Step 01　打开一幅"人像"图片，如图 10-89 所示。

Step 02　激活工具箱中的"裁剪"工具，按 Shift 键，如图 1-90 所示，裁剪脸的上半部分。

Step 03　调整裁剪范围后，双击鼠标左键，则裁剪后的效果如图 10-91 所示。

		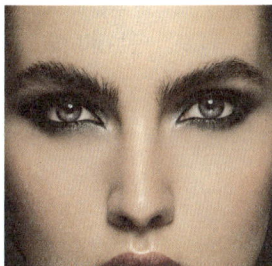
▶图 10-89　打开素材"人像"	▶图 10-90　裁减图像	▶图 10-91　裁减后图像

Step 04　如图 10-92 所示，在图层面板中复制"背景"层为"背景副本"。

Step 05　如图 10-93 所示，以"背景"层为当前层，激活"填充"工具将其填充为黑色。

Step 06　如图 10-94 所示，以"背景副本"层为当前层，点击面板底部的"添加图层蒙版"按钮。

▶图 10-92　复制背景层	▶图 10-93　填充颜色	▶图 10-94　添加图层蒙版

Step 07　激活工具箱中的"渐变填充"工具，在其相应的属性栏中单击"渐变编辑器"，在"渐变编辑器"对话框中设置渐变色（从黑到白到黑的渐变），如图 10-95 所示。

Step 08　仍以"背景副本"层为当前层，按住 Shift 键从上至下做渐变填充，此时图层面板效果如图 10-96 所示。

Step 09　如图 10-97 所示为画面添加图层蒙版后的效果。

	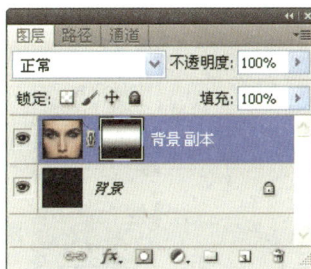	
▶图 10-95　设置渐变色	▶图 10-96　填充渐变色	▶图 10-97　添加蒙版的效果

Step 10 打开 "条纹花卉" 文件, 如图 10-98 所示。

Step 11 激活工具箱中的 "移动" 工具, 将条纹花卉图片拖入文件中, 生成 "图层 1", 调整位置, 如图 10-99 所示。

Step 12 在图层面板中, 如图 10-100 所示, 选择图层 1 的混合模式为 "叠加"。

Step 13 图片叠加的效果如图 10-101 所示。

Step 14 在图层面板中, 点击面板底部的 "添加图层蒙版" 按钮。激活渐变填充工具, 设置渐变填充为从白到黑的 "径向" 渐变。添加图层蒙版后, 条纹花卉图形自然地结合到人像脸部, 效果如图 10-102 所示。

Step 15 此时图层面板如图 10-103 所示。

▶ 图 10-98　打开素材
　　　　　"条纹花卉"

▶ 图 10-99　复制图像

▶ 图 10-100　改变图层模式

▶ 图 10-101　叠加效果

▶ 图 10-102　添加蒙版效果

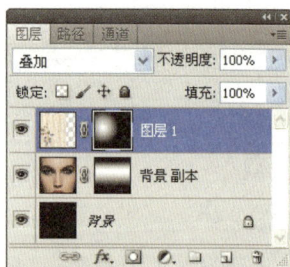

▶ 图 10-103　图层面板

Step 16 如图 10-104 所示, 在图层面板中新建 "图层 2"。

Step 17 激活工具箱中的 "自定形状" 工具, 在其相应的属性栏中单击 "填充像素" 选项, 并在形状选项中选择如图 10-105 所示的形状。

Step 18 点击属性栏中的 "填充像素" 按钮, 然后按住 Shift 键, 如图 10-106 所示, 在右眼位置绘制图形。

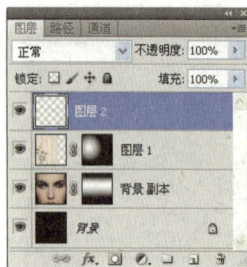

▶ 图 10-104　新建图层 2

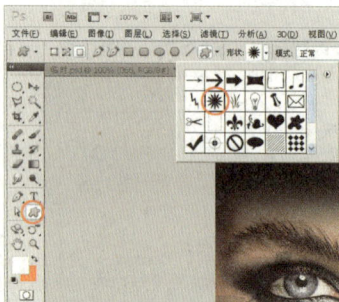

▶ 图 10-105　选择形状

▶ 图 10-106　绘制图形

Step 19 在图层面板中，如图 10-107 所示，设置图层 2 的混合模式为"色相"。

Step 20 设置混合模式后的效果如图 10-108 所示。

Step 21 如图 10-109 所示，复制"图层 2"为"图层 2 副本"，将混合模式设置为"正常"。

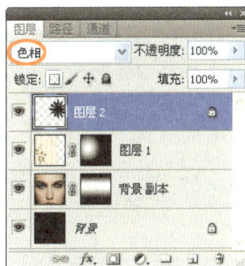

▶图 10-107　改变图层模式　▶图 10-108　设置图层模式的效果　▶图 10-109　复制图层 2

Step 22 按 Ctrl+T 组合键，然后按住 Shift+Alt 键，拖动边角放大图形，如图 10-110 所示，放大 3~4mm。

Step 23 在图层面板中，如图 10-111 所示，以"图层 2 副本"为当前层，然后按住 Ctrl 键点击"图层 2"窗口，载入"图层 2"的选区。

Step 24 载入"图层 2"的选区效果如图 10-112 所示。

▶图 10-110　放大图像　▶图 10-111　载入选区　▶图 10-112　载入选区效果

Step 25 按 Delete 键，删除选区内容，效果如图 10-113 所示。

Step 26 如图 10-114 所示，改变"图层 2 副本"的"不透明度"为 50%。左眼的装饰效果完成，如图 10-115 所示。

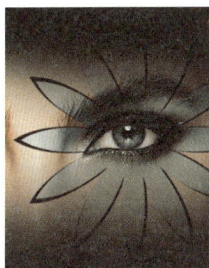

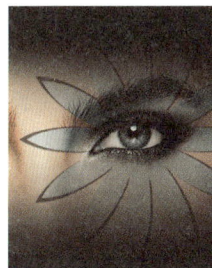

▶图 10-113　删除内容　▶图 10-114　改变不透明度　▶图 10-115　效果

Step 27 激活工具箱中的"横排文字"工具，前景色暂时设置为黄色，在画面中输入如图 10-116 所示英文字母。

Step 28 打开字符面板，设置如图 10-117 所示字体、大小和字间距。

Step 29 如图 10-118 所示，在图层面板中，新建"图层 3"。

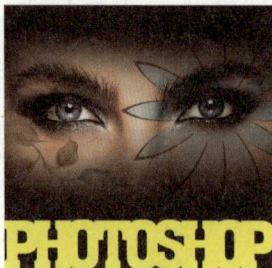
▶图 10-116　输入文字

▶图 10-117　调整字符

▶图 10-118　新建图层 3

Step 30 激活工具箱中的"圆角矩形"工具，在其属性栏中单击"填充像素"按钮，在如图 10-119 所示位置绘制一个圆角矩形，矩形与文字连接为一体。

Step 31 如图 10-120 所示，在图层面板中，按住 Ctrl 键加选文字层。

Step 32 点击鼠标右键，在弹出的快捷菜单中选择"合并图层"命令，如图 10-121 所示将两个图层合并。

Step 33 如图 10-122 所示，单击面板底部的"添加图层样式"按钮，选择"渐变叠加"选项。

Step 34 在弹出的"图层样式"对话框中，如图 10-123 所示，单击"渐变"，打开如图 10-124 所示的"渐变编辑器"，编辑渐变色。

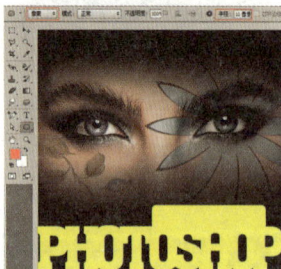
▶图 10-119　绘制圆角矩形

▶图 10-120　加选文字层

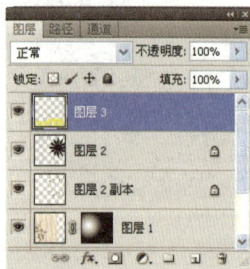
▶图 10-121　合并图层

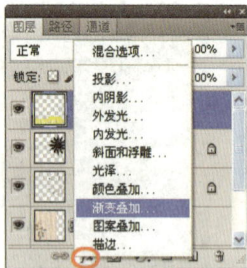
▶图 10-122　选择"渐变叠加"选项

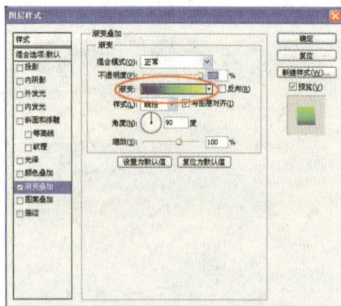
▶图 10-123　点击"渐变"

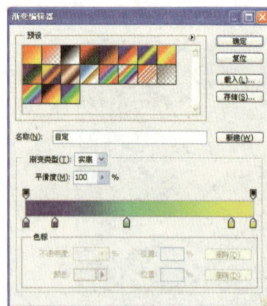
▶图 10-124　编辑渐变色

Step 35 在"渐变编辑器"对话框中设置渐变效果后，点击"新建"按钮命名存储，以备后用。

Step 36 选择"斜面和浮雕"选项，如图 10-125 所示设置参数，从而增加立体效果。

Step 37 选择"等高线"选项，等高线的形态选择如图 10-126 所示。

Step 38 在经过添加色彩渐变、斜面和浮雕、等高线图层样式后文字效果如图 10-127 所示。

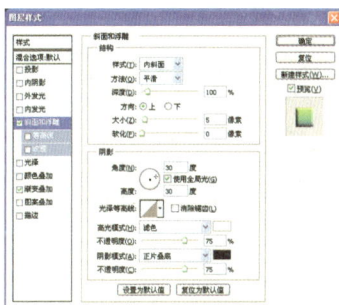
▶ 图 10-125 设置"斜面和浮雕"参数

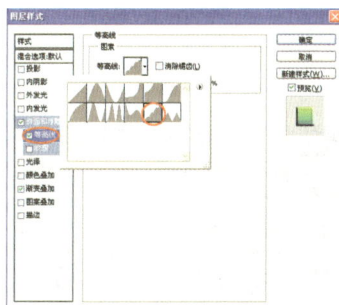
▶ 图 10-126 选择"等高线"选项

▶ 图 10-127 文字效果

Step 39 继续添加图层样式。选择"纹理"选项，选择如图 10-128 所示图案。

Step 40 设置深度数值，如图 10-129 所示。

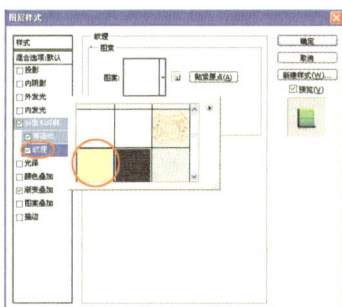
▶ 图 10-128 选择"纹理"选项

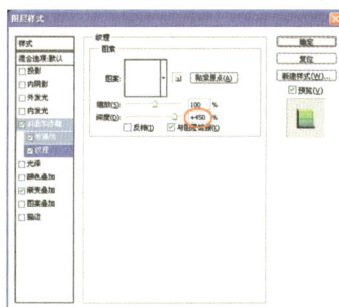
▶ 图 10-129 设置深度数值

Step 41 添加"纹理"图层样式后的文字效果如图 10-130 所示。

▶ 图 10-130 添加"纹理"图层样式后的文字效果

Step 42 激活工具箱中的"横排文字"工具，在如图 10-131 所示位置输入中文，并调整大小和字体。

Step 43 以文字层为当前层，单击鼠标右键，在弹出的快捷菜单中选择"栅格化文字"命令，如图 10-132 所示，将文字层转化为普通层。

▶▶图 10-131　输入文字

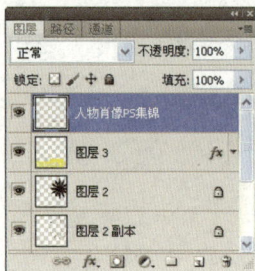

▶▶图 10-132　栅格化文字

Step 44 单击菜单"选择"→"载入选区"命令，在弹出的对话框中设置选项，如图 10-133 所示，单击"确定"按钮，载入选区。

Step 45 如图 10-134 所示，关闭文字图层的眼睛，然后以"图层 3"为当前选择层。

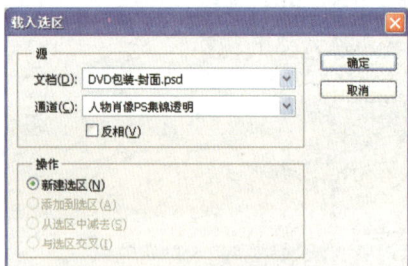

▶▶图 10-133　载入选区

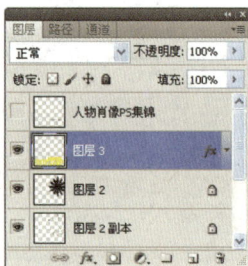

▶▶图 10-134　选择当前层

Step 46 按 Delete 键删除选区内容，效果如图 10-135 所示。

Step 47 打开"DVD 标志"文件，如图 10-136 所示。

▶▶图 10-135　删除选区内容的效果

▶▶图 10-136　打开素材"DVD 标志"

Step 48 激活工具箱中的"移动"工具，将标志拖入文件中。然后激活工具箱中的"魔术棒"工具，选取黑色底色部分，效果如图 10-137 所示。

Step 49 按 Delete 键删除选区内容，效果如图 10-138 所示。

Step 50 将标志缩小，调整至如图 10-139 所示位置，DVD 封面设计制作完成。此时图层面板如图 10-140 所示。

▶图 10-137　复制对象

▶图 10-138　删除黑色

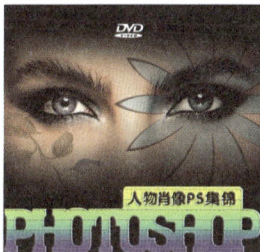

▶图 10-139　封面效果

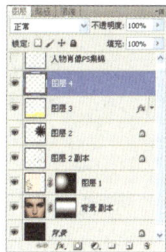

▶图 10-140　封面制作完成的图层面板

■ 10.2.3　封底设计

Step **01**　打开 DVD 封面文件，在图层面板中删除如图 10-141 所示图层以外的其他图层。

Step **02**　保留下来的图层效果如图 10-142 所示。

Step **03**　如图 10-143 所示，在图层面板中，以"背景副本"层为当前选择层。

▶图 10-141　图层面板

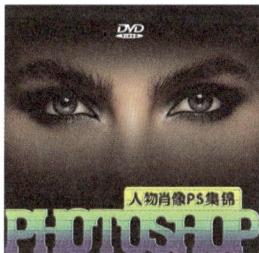

▶图 10-142　删除图层后的效果

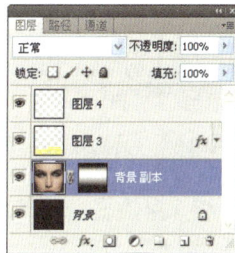

▶图 10-143　选择当前层

Step **04**　单击菜单"滤镜"→"滤镜库"→"素描"→"便条纸"命令，在弹出的对话框中设置参数，如图 10-144 所示。单击"确定"按钮，滤镜后的效果如图 10-145 所示。

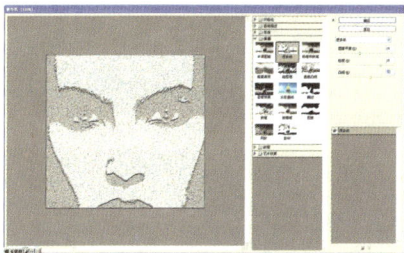

▶图 10-144　"便条纸"对话框

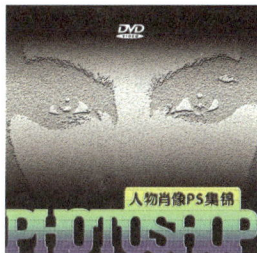

▶图 10-145　便条纸效果

Step 05 如图 10-146 所示，在图层面板中，以"图层 3"为当前选择层。

Step 06 激活工具箱中的"移动"工具，按住 Shift 键，如图 10-147 所示将文字垂直向上移动一定距离。

Step 07 激活工具箱中的"矩形选框"工具，在如图 10-148 所示位置绘制一个矩形选框。

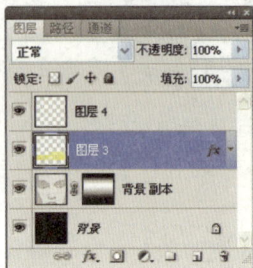

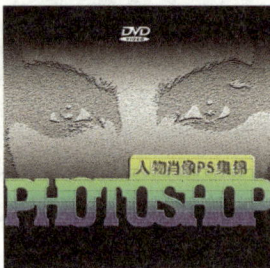

▶▶图 10-146　选择当前层　　▶▶图 10-147　调整文字位置　　▶▶图 10-148　绘制矩形选框

Step 08 填充任意一种颜色，得到如图 10-149 所示效果。

Step 09 双击"图层 3"，打开原来制作的图层样式，如图 10-150 所示，只保留"渐变叠加"样式，其他样式都关掉。

Step 10 单击"确定"按钮，调整后的图层样式效果如图 10-151 所示。

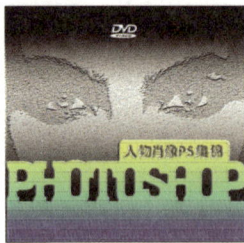

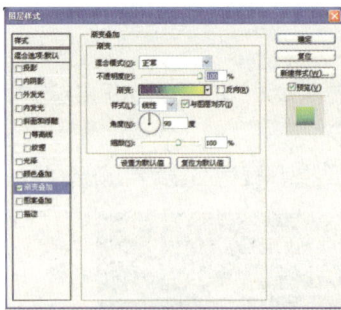

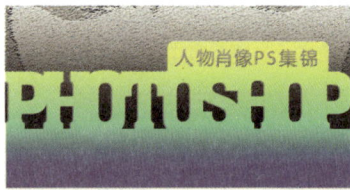

▶▶图 10-149　填充效果　　▶▶图 10-150　"图层样式"对话框　　▶▶图 10-151　"渐变叠加"效果

Step 11 如图 10-152 所示，在图层面板中，以"图层 4"为当前选择层。

Step 12 激活"移动"工具，将"图层 4"的标志移动到画面的左上角，效果如图 10-153 所示。

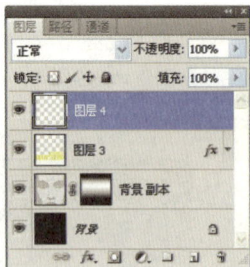

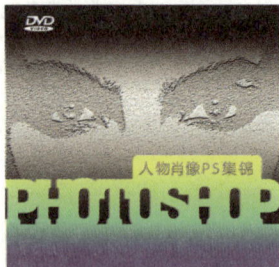

▶▶图 10-152　选择当前层　　　　▶▶图 10-153　调整图层效果

Step 13 激活"文字"工具，如图 10-154 所示，在标志右边输入相应文字。

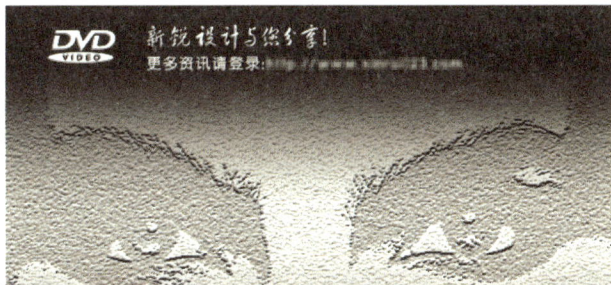

▶▶ 图 10-154 在标志右边输入文字

Step 14 如图 10-155 所示，在画面的下方输入相应的文字，然后点击面板下方的"图层样式"按钮，选择"投影"选项，在其对话框中设置参数，如图 10-156 所示。

Step 15 单击"确定"按钮，效果如图 10-157 所示。

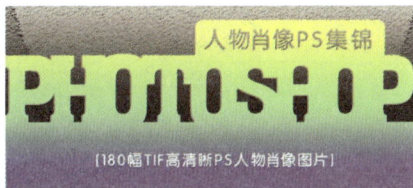

▶▶ 图 10-155 在画面下方输入文字

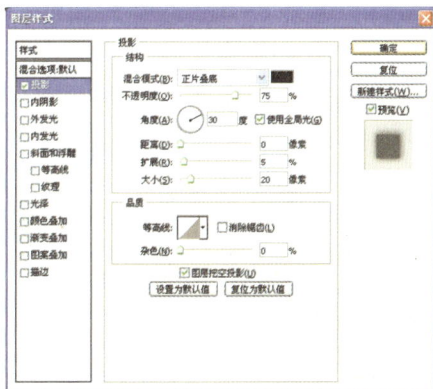

▶▶ 图 10-156 设置投影参数

▶▶ 图 10-157 "投影"效果

Step 16 DVD 包装封底制作完成，效果如图 10-158 所示。此时图层面板如图 10-159 所示。

▶▶ 图 10-158 封底效果

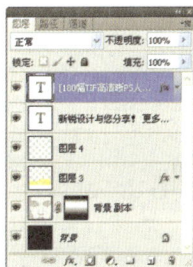

▶▶ 图 10-159 图层面板

10.2.4 展开图设计

Step 01 打开"DVD 包装封面"文件，将所有图层合并，此时图层面板如图 10-160 所示。

Step 02 单击菜单"图像"→"画布大小"命令，设置如图 10-161 所示参数（注意，"定位"选择右侧中间的模块）。

Step 03 单击"确定"按钮，更改画布后的效果如图 10-162 所示。

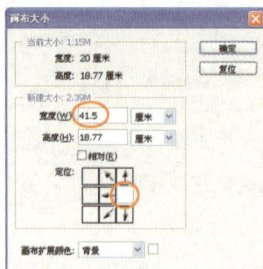

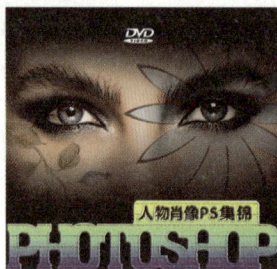

▶▶图 10-160　合并图层后的图层面板　　▶▶图 10-161　"画布大小"对话框　　▶▶图 10-162　改变尺寸

Step 04 打开"DVD 包装封底"文件，将所有图层合并，此时图层面板如图 10-163 所示。

Step 05 激活"移动"工具，将合并的封底图片拖动至封面文件中，并放置在如图 10-164 所示位置。

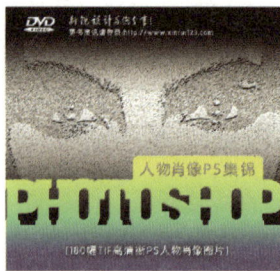

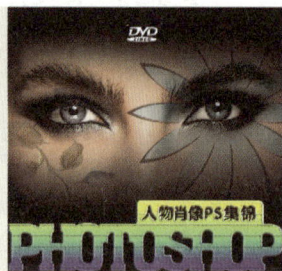

▶▶图 10-163　合并图层后的图层面板　　　　　　　　▶▶图 10-164　复制文件

Step 06 如图 10-165 所示，在图层面板中新建"图层 2"。

Step 07 激活工具箱中的"矩形选框"工具，如图 10-166 所示，在封面和封底之间空白的位置绘制矩形选框。

Step 08 设置前景色为黑色，激活"油漆桶"工具并填充黑色，效果如图 10-167 所示。

▶▶图 10-165　新建图层 2　　▶▶图 10-166　绘制矩形选框　　▶▶图 10-167　填充黑色

Step 09 激活工具箱中的"直排文字"工具，在画面中输入文字，调整字体和大小，效果如图 10-168 所示。

Step 10 从"封底"原文件（图层合并前）中，将 DVD 标志所在图层拖入文件中，并顺时针旋转 90 度，放置在如图 10-169 所示位置。

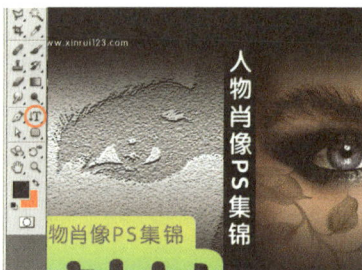

▶▶图 10-168　输入文字

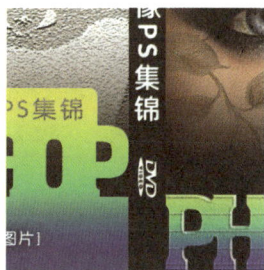

▶▶图 10-169　复制 DVD 标志

Step 11 如图 10-170 所示，在图层面板中，按住 Shift 键（按 Ctrl 键可以加选非连续性图层）加选文字层。

Step 12 将两个图层合并，此时图层面板如图 10-171 所示。

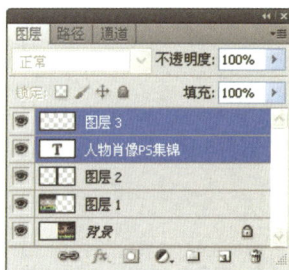

▶▶图 10-170　加选文字层

▶▶图 10-171　合并两个图层后的图层面板

Step 13 单击图层面板底部的"添加图层样式"按钮，选择"渐变叠加"选项，如图 10-172 所示，在渐变选项中，选择之前创建并存储的渐变效果。

Step 14 单击"确定"按钮，则添加"渐变叠加"图层样式的效果如图 10-173 所示。DVD 包装展开图效果制作完成，如图 10-174 所示。

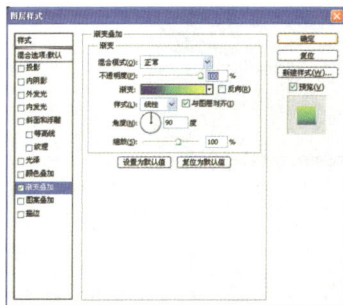

▶▶图 10-172　选择渐变效果

▶▶图 10-173　"渐变叠加"效果

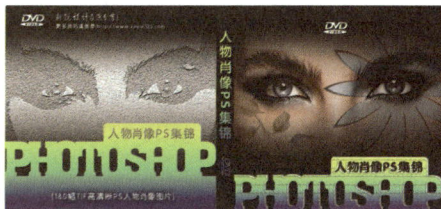

▶▶图 10-174　展开图效果

10.2.5 立体图设计

Step 01 激活工具箱中的"裁剪"工具，裁剪展开图并保留如图 10-175 所示部分。

Step 02 如图 10-176 所示，在图层面板中，复制"背景"层为"背景副本"层。

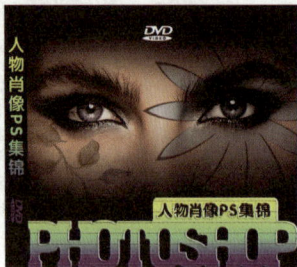

▶ 图 10-175 裁减展开图

▶ 图 10-176 复制背景层

Step 03 设置前景色为白色，全选背景层并填充白色，此时图层面板如图 10-177 所示。

Step 04 单击菜单"图像"→"画布大小"命令，在打开对话框中设置参数，如图 10-178 所示。

▶ 图 10-177 填充白色

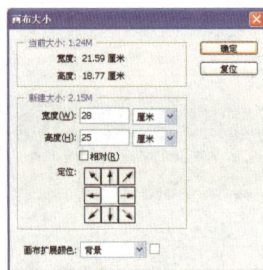

▶ 图 10-178 "画布大小"对话框

Step 05 单击"确定"按钮，画布更改大小后的效果如图 10-179 所示。

Step 06 激活工具箱中的"矩形选框"工具，如图 10-180 所示，选择侧封部分。

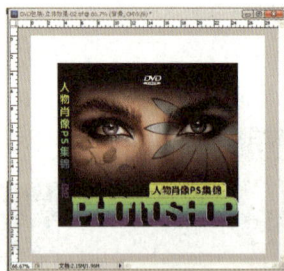

▶ 图 10-179 画布改变大小

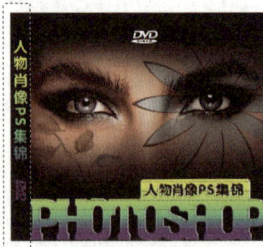

▶ 图 10-180 绘制选区

Step 07 单击菜单"编辑"→"剪切"命令，然后执行"编辑"→"粘贴"命令。如图 10-181 所示，在图层面板中，以"背景副本"为当前选择层。

Step 08 单击菜单"编辑"→"变换"→"扭曲"命令，调整 4 个角点，效果如图 10-182 所示。

Step 09 如图 10-183 所示，在图层面板中，以"图层 1"为当前选择层。

Step 10 单击菜单"编辑"→"变换"→"扭曲"命令，调整 4 个角点，效果如图 10-184 所示。

▶▶ 图 10-181　复制选区

▶▶ 图 10-182　扭曲图层

▶▶ 图 10-183　选择当前层

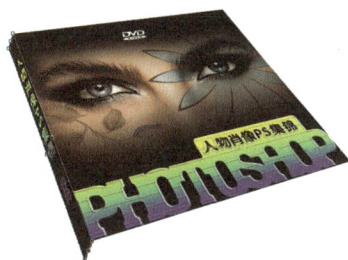

▶▶ 图 10-184　再次扭曲图层

Step ⑪　如图 10-185 所示，在"背景"层之上新建"图层 2"。

Step ⑫　激活工具箱中的"多边形套索"工具，在如图 10-186 所示位置绘制一个选区。

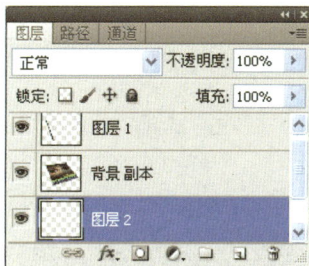

▶▶ 图 10-185　新建图层

▶▶ 图 10-186　绘制选区

Step ⑬　如图 10-187 所示，设置前景色为灰蓝色，背景色为白色。

Step ⑭　单击菜单"滤镜"→"渲染"→"云彩"命令，单击"确定"按钮，计算机自动生成如图 10-188　所示效果。如果云彩的效果不理想，可以重复几次。

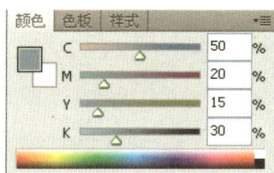

▶▶ 图 10-187　设置颜色

▶▶ 图 10-188　云彩效果

Step 15 使用"多边形套索"工具在图形的右上角绘制一个如图 10-189 所示的三角形选区。

Step 16 单击菜单"图像"→"调整"→"曲线"命令，如图 10-190 所示将曲线向上调整。

Step 17 单击"确定"按钮，调整曲线后的效果如图 10-191 所示。

Step 18 如图 10-192 所示，在图层面板中，选择除背景层外的所有图层。

▶ 图 10-189　绘制三角形选区

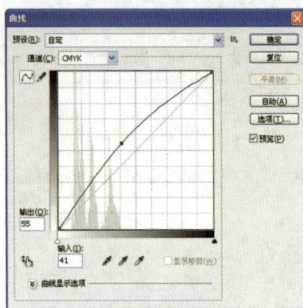

▶ 图 10-190　调整曲线

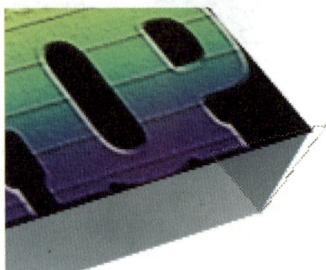

▶ 图 10-191　调整曲线效果

▶ 图 10-192　选择图层

Step 19 在所选图层面板上单击鼠标右键，在弹出的快捷菜单中选择"合并图层"选项，此时图层面板如图 10-193 所示。

Step 20 单击图层面板底部的"添加图层样式"按钮，在"投影"样式对话框中设置参数，如图 10-194 所示。

▶ 图 10-193　合并图层

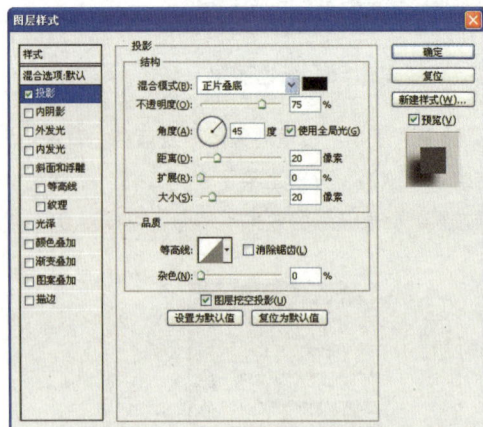

▶ 图 10-194　设置"投影"参数

Step 21 单击"确定"按钮，制作投影后的效果如图 10-195 所示。

Step 22 如图 10-196 所示，在图层面板中，以"背景"层为当前选择层。

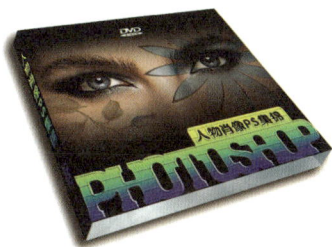

▶图 10-195　投影效果

▶图 10-196　选择当前层

Step 23 激活工具箱中的"渐变填充"工具，在其属性栏中单击"渐变编辑器"，如图 10-197 所示设置渐变色。

Step 24 在属性栏中选择"径向渐变"模式，如图 10-198 所示，以包装盒右上角位置为起点向文件边缘做渐变填充。

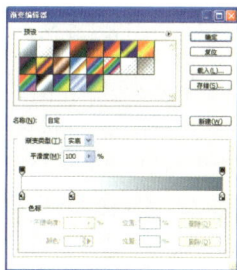

▶图 10-197　设置渐变色

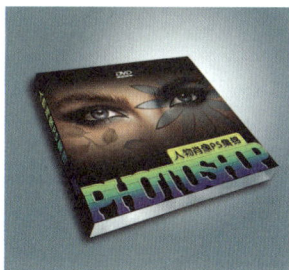

▶图 10-198　包装立体效果

■ 10.2.6　光盘设计

Step 01 新建文件，如图 10-199 所示设置参数，单击"确定"按钮。

Step 02 如图 10-200 所示，在图层面板中新建"图层 1"。

Step 03 激活工具箱中的"椭圆选框"工具，按住 Shift 键，如图 10-201 所示，在画面中绘制一个正圆选框。

Step 04 激活工具箱中的"渐变填充"工具，在其属性栏中单击"渐变编辑器"，如图 10-202 所示设置渐变色。

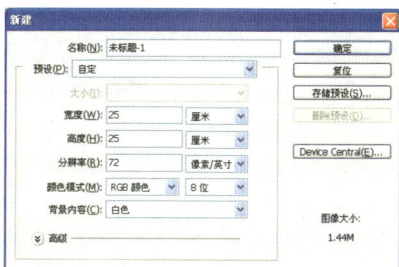

▶图 10-199　新建文件

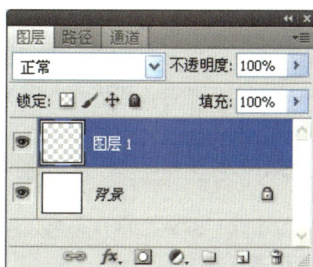

▶图 10-200　新建图层 1

Photoshop CC 案例教程

Step 05 自选区左上角至右下角拖动鼠标，效果如图 10-203 所示。

Step 06 按 Ctrl+T 组合键，调出自由变换框（通过此方法可以找到圆的中心点）。单击菜单"视图"→"标尺"命令，将辅助标尺调出。激活工具箱中的"移动"工具，从左边和上边标尺中分别拖出横、竖两条辅助线，并将交叉点汇集在圆的中心点上，效果如图 10-204 所示。

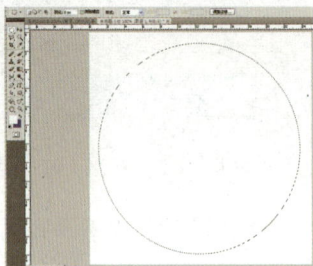

▶图 10-201　绘制正圆选区

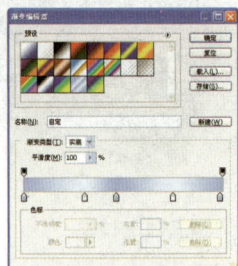

▶图 10-202　设置渐变色

▶图 10-203　渐变效果

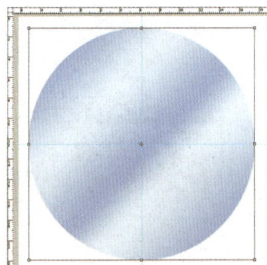

▶图 10-204　添加辅助线

Step 07 如图 10-205 所示，在图层面板中，复制"图层 1"为"图层 1 副本"，并单击"锁定"按钮。

Step 08 设置前景色为黄色，背景色为深蓝色。激活工具箱中的"渐变填充"工具，按住 Shift 键自上而下做线性渐变填充，效果如图 10-206 所示。

Step 09 按 Ctrl+T 组合键调出自由变换框，然后按住 Shift + Alt 键，拖动边角向内收缩一定距离，效果如图 10-207 所示。

▶图 10-205　复制图层 1

▶图 10-206　填充渐变色

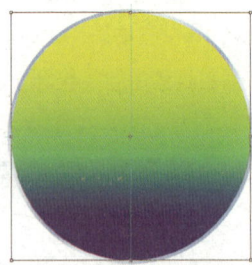

▶图 10-207　缩小对象

Step 10 激活工具箱中的"椭圆选框"工具，如图 10-208 所示，按住 Shift + Alt 键，以辅助线交叉点为起点绘制一个正圆选框。

Step 11 按 Delete 键删除选区内容，效果如图 10-209 所示。

Step 12 如图 10-210 所示，在图层面板中，以"图层 1"为当前选择层。

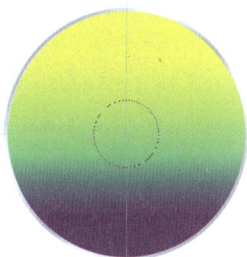

▶ 图 10-208　绘制正圆选框

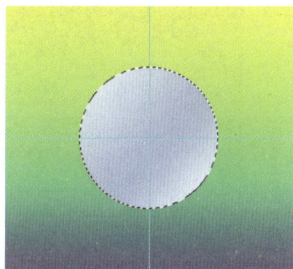

▶ 图 10-209　删除选区内容

▶ 图 10-210　选择当前层

Step 13 激活工具箱中的"椭圆选框"工具，按住 Shift + Alt 键，以辅助线交叉点为起点绘制一个正圆选框，如图 10-211 所示。

Step 14 设置前景色为白色，激活工具箱中的"油漆桶"工具，为选区填充白色，效果如图 10-212 所示。

Step 15 用同样的方法，如图 10-213 所示，再绘制一个小的正圆选区。

Step 16 如图 10-214 所示，按 Delete 键删除选区内容。为了便于观察刚才制作的结果，关掉背景层的眼睛。

Step 17 在图层面板中，单击底部的"添加图层样式"按钮，添加"投影"样式，如图 10-215 所示设置参数。

Step 18 单击"确定"按钮，则添加投影样式后的效果如图 10-216 所示。

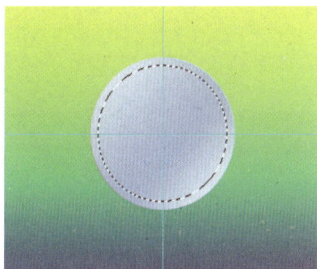

▶ 图 10-211　再次绘制正圆选框

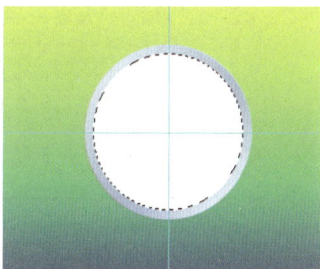

▶ 图 10-212　填充白色

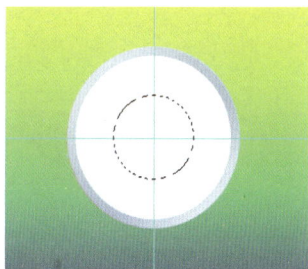

▶ 图 10-213　绘制小的正圆选区

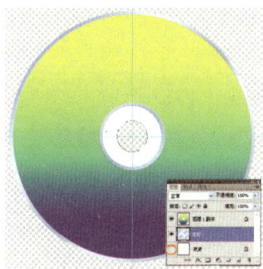

▶ 图 10-214　删除选区内容

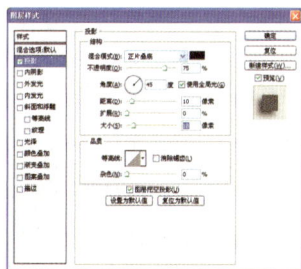

▶ 图 10-215　"图层样式"对话框

▶ 图 10-216　添加投影后的效果

Step 19 打开"DVD 封面"文件，如图 10-217 所示。

Step 20 在图层面板中，如图 10-218 所示，以"图层 3"为当前选择层。

Step 21 激活工具箱中的"移动"工具，将"图层 3"的文字拖入文件中，效果如图 10-219 所示。

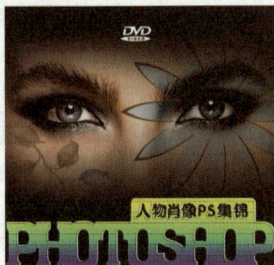

▶▶图 10-217　封面文件　　　　▶▶图 10-218　选择当前层　　　　▶▶图 10-219　复制文字图层

Step 22 按 Ctrl+T 组合键，调整大小与位置，效果如图 10-220 所示。

Step 23 在图层面板中，如图 10-221 所示，以"图层 2"为当前层。按住 Ctrl 键单击"图层 1 副本"预览窗，载入"图层 1 副本"的选区。

Step 24 单击菜单"选择"→"反选"命令，然后按 Delete 键删除选区内容，使文字与盘面结合更真实，效果如图 10-222 所示。

▶▶图 10-220　调整大小和位置　　　　▶▶图 10-221　载入选区　　　　▶▶图 10-222　删除选区内容

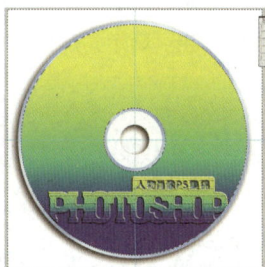

Step 25 取消选区。打开文字原来添加的"渐变叠加"图层样式，在"渐变编辑器"中添加一个紫色的色带，如图 10-223 所示。

Step 26 单击"确定"按钮，则改变"渐变叠加"图层样式后的效果如图 10-224 所示。

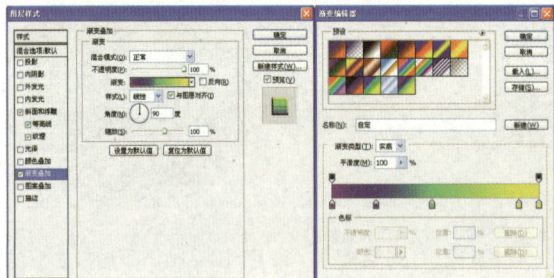

▶▶图 10-223　添加色带　　　　▶▶图 10-224　改变"渐变叠加"效果

Step 27 如图 10-225 所示，在图层面板中新建"图层 3"。

Step 28 激活工具箱中的"圆角矩形"工具，设置前景色为深蓝色，在其相应的属性栏中单击"填充像素"按钮，半径设置为 20Px，绘制如图 10-226 所示矩形。

Step 29 在图层面板中，按住 Ctrl 键单击"图层 1 副本"预览窗位置，载入"图层 1 副本"的选区，然后"反选"并按 Delete 键删除多余部分，效果如图 10-227 所示。

▶图 10-225　新建图层 3

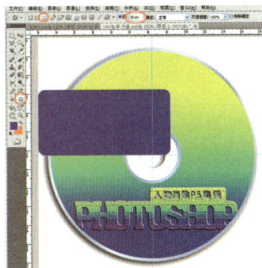

▶图 10-226　绘制圆角矩形

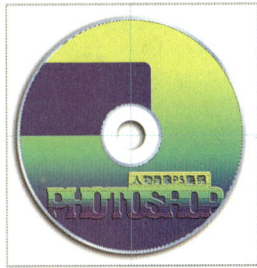

▶图 10-227　删除选区内容

Step 30 打开"人像"图片，如图 10-228 所示。

Step 31 激活工具箱中的"圆角矩形"工具，在其相应的属性栏中单击"路径"按钮，设置相应参数后，在眼部绘制一个如图 10-229 所示矩形。

Step 32 如图 10-230 所示，在路径面板中，单击底部的"将路径作为选区载入"按钮。

▶图 10-228　打开"人像"图片

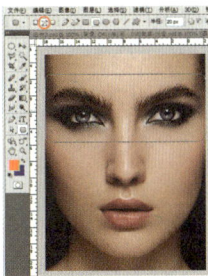

▶图 10-229　绘制矩形

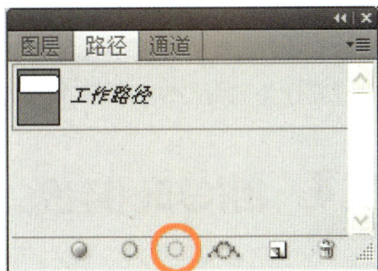

▶图 10-230　载入选区

Step 33 路径转换成选区后效果如图 10-231 所示。

Step 34 激活"移动"工具，将选区部分拖入文件中，如图 10-232 所示，调整大小和位置。

Step 35 通过载入选区的方法将多余的部分删除（同步骤 29），效果如图 10-233 所示。

Step 36 将"封面"文件中的标志图层拖入并安置在如图 10-234 所示位置。

Step 37 DVD 光盘制作完成，效果如图 10-235 所示。

▶图 10-231　生成选区

▶图 10-232　复制内容

▶图 10-233　删除多余部分

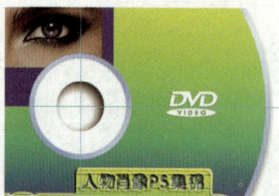

▶ 图 10-234　复制标志图层

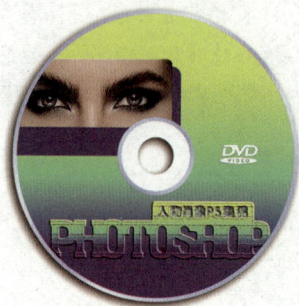

▶ 图 10-235　DVD 光盘效果

10.3　常用小技巧

巧妙运用 Photoshop 中的滤镜，可以创建出无数种精彩纷呈的背景特效，要点在于多尝试、多实践，熟悉各种滤镜能够达到的效果。本例用到的滤镜主要有镜头光晕、旋转扭曲和波浪，同时还对图像进行了去色、着色操作等。初学者比较容易掌握上述技巧，可以将其作为滤镜与图像调整的入门练习。

10.4　相关知识链接

1．商品包装的主要要素

包装设计即指选用合适的包装材料，运用巧妙的工艺手段，为包装商品进行的容器结构造型和包装的美化装饰设计。从中可以看到包装设计的三大构成要素。

1）外形要素

外形要素就是商品包装展示面的外形，包括展示面的大小、尺寸和形状。日常生活中我们所见到的形态有三种，即自然形态、人造形态和偶发形态。但我们在研究产品的形态构成时，必须找到一种适用于任何性质的形态，即把共同的规律性的东西抽出来，称之为抽象形态。

我们知道，形态构成就是外形要素，或称之为形态要素，就是以一定的方法、法则构成的各种千变万化的形态。形态是由点、线、面、体这几种要素构成的。包装的形态主要有圆柱体类、长方体类、圆锥体类和各种形体以及有关形体的组合及因不同切割构成的各种形态。包装形态构成的新颖性对消费者的视觉引导起着十分重要的作用，奇特的视觉形态能给消费者留下深刻的印象。包装设计者必须熟悉形态要素本身的特性，并以此作为表现形式美的素材。

我们在考虑包装设计的外形要素时，还必须从形式美法则的角度去认识它。按照包装设计的形式美法则结合产品自身功能的特点，将各种因素有机、自然地结合起来，以求得完美统一的设计形象。如图 10-236、图 10-237 所示为两种商品包装。

▶ 图 10-236　商品包装（1）

▶ 图 10-237　商品包装（2）

2）构图要素

构图是将商品包装展示面的商标、图形、文字和组合排列在一起的一个完整的画面。这四方面的组合构成了包装装潢的整体效果。商品设计的构图要素商标、图形、文字和色彩运用得正确、适当、美观，就可称为优秀的设计作品。

（1）商标设计。

商标是一种符号，是企业、机构、商品和各项设施的象征形象。商标是一项商用工艺美术，它涉及政治、经济、法制以及艺术等各个领域。商标的特点是由它的功能、形式决定的。它要将丰富的传达内容以更简洁、更概括的形式，在相对较小的空间里表现出来，同时需要观察者在较短的时间内理解其内在的含义。商标一般可分为文字商标、图形商标以及文字图形相结合的商标三种形式。一个成功的商标设计，应该是创意表现有机结合的产物。创意是根据设计要

▶ 图 10-238　文字商标

求，对某种理念进行综合、分析、归纳、概括，通过哲理的思考，化抽象为形象，将设计概念由抽象的评议表现逐步转化为具体的形象设计。如图 10-238 所示为文字商标。

（2）图形设计。

包装装潢的图形主要指产品的形象和其他辅助装饰形象等。图形作为设计的语言，就是要把形象的内在、外在构成因素表现出来，以视觉形象的形式把信息传达给消费者。要达到此目的，图形设计的定位准确是非常关键的。定位的过程即是熟悉产品全部内容的过程，其中包括商品的信誉、商标、品名的含义及同类产品的现状等诸多因素，都要加以熟悉和研究。

图形就其表现形式可分为实物图形和装饰图形，如图 10-239、图 10-240 所示。

实物图形：需采用绘画手法、摄影写真等来表现。绘画是包装装潢设计的主要表现形式，根据包装整体构思的需要绘制画面，为商品服务。与摄影写真相比，它具有取舍、提炼和概括自由的特点。绘画手法直观性强，欣赏趣味浓，是宣传、美化、推销商品的一种手段。然而，商品包装的商业性决定了设计应突出表现商品的真实形象，要给消费者直观的形象，所以用摄影来表现真实、直观的视觉形象是包装装潢设计的最佳表现手法。

装饰图形：分为具象和抽象两种表现手法。具象的人物、风景、动物或植物的纹样作

为包装的象征性图形可用来表现包装的内容物及属性。抽象的手法多用于写意，采用抽象的点、线、面等几何形纹样、色块或肌理效果构成画面，简练、醒目，具有形式感，也是包装装潢的主要表现手法。通常，具象形态与抽象表现手法在包装装潢设计中并非孤立的，而是相互结合的。

▶▶ 图 10-239　实物图形

▶▶ 图 10-240　装饰图形

内容和形式的辩证统一是图形设计中的普遍规律。在设计过程中，根据图形内容的需要，选择相应的图形表现技法，使图形设计达到形式和内容的统一，创造出反映时代精神、民族风貌的实用、经济、美观的装潢设计作品，是包装设计者的基本要求。

（3）色彩设计。

色彩设计在包装设计中占据重要的位置。色彩是美化和突出产品的重要因素。包装色

▶▶ 图 10-241　色彩运用

彩的运用是与整个画面设计的构思、构图紧密联系着的。包装色彩要求平面化、匀整化，这是对色彩的过滤、提炼的高度概括。它以人们的联想和色彩的习惯为依据，进行高度的夸张和变色，是包装艺术的一种手段。同时，包装的色彩还必须受到工艺、材料、用途和销售地区等因素的限制，如图 10-241 所示。

包装装潢设计中的色彩要求醒目，对比强烈，有较强的吸引力和竞争力，以唤起消费者的购买欲望，促进销售。例如，食品类常用鲜明丰富的色调，以暖色为主，突出食品的新鲜、营养和味觉；医药类常用单纯的冷暖色调；化妆品类常用柔和的中间色调；小五金、机械工具类常用蓝、黑及其他沉着的色块，以表示坚实、精密和耐用的特点；儿童玩具类常用鲜艳夺目的纯色和冷暖对比强烈的各种色块，以符合儿童的心理和爱好；体育用品类多采用鲜明响亮色块，以增加活跃、运动的感觉……不同的商品有不同的特点与属性。设计者要研究消费者的习惯和爱好，以及国际、国内流行色的变化趋势，以不断增强色彩的社会学和消费者心理学意识。

（4）文字设计。

文字是传达思想、交流感情和信息，表达某一主题内容的符号。商品包装上的牌号、品名、说明文字、广告文字以及生产厂家、公司或经销单位等，反映了包装的本质内容。设计包装时必须把这些文字作为包装整体设计的一部分来统筹考虑，如图 10-242、图 10-243 所示。

▶▶图 10-242　识别性和审美性

▶▶图 10-243　文字的编排形式

包装装潢设计中的文字设计的要点有：

❖ 文字内容简明、真实、生动、易读、易记；
❖ 字体设计应反映商品的特点、性质，有独特性，并具备良好的识别性和审美功能；
❖ 文字的编排与包装的整体设计风格应和谐。

3）材料要素

材料要素是指商品包装所用材料表面的纹理和质感。它往往影响到商品包装的视觉效果。利用不同材料的表面变化或表面形状可以达到商品包装的最佳效果。包装用材料，无论是纸类材料、塑料材料、玻璃材料、金属材料、陶瓷材料、竹木材料以及其他复合材料，都有不同的质地肌理效果。运用不同材料，并妥善地加以组合配置，可给消费者以新奇、冰凉或豪华等不同的感觉。材料要素是包装设计的重要环节，它直接关系到包装的整体功能和经济成本、生产加工方式及包装废弃物的回收处理等多方面的问题。如图 10-244 和图 10-245 所示为塑料材料和复合材料。

▶▶图 10-244　塑料材料

▶▶图 10-245　复合材料

2．常见商品包装形式

随着社会的发展、科技的进步，包装的材料也在不断改进，包装材料多样化，包装的形式也各式各样，在日常生活中常见的有盒式包装、袋式包装、实物包装。

（1）盒式包装：是以硬纸板为材料，按照商品的不同和样式，经过折叠后，胶合成盒子式的包装形式。这个包装形式最为普通，如烟、酒、药品、计算机等。盒式包装的优点是简洁，占用空间少，运输方便，适用于硬物类的包装，如图 10-246 所示。

（2）袋式包装：这类包装主要用于食品等软物类，它的优点是密封式包装，对商品的保护性较好。手提袋也是这个类型中的一种，但不是密封的。袋式包装如图 10-247 所示。

（3）实物包装：指商品本身的包装，如润肤露、洗发水等产品本身的包装，如图 10-248 所示。

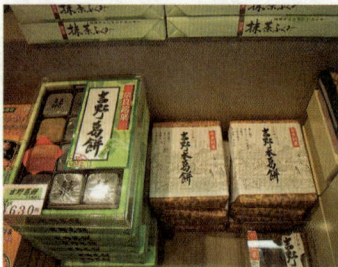

▶图 10-246　盒式包装　　　▶图 10-247　袋式包装　　　▶图 10-248　实物包装

包装材料主要有以下几种。

❖ 纸张：最普通的包装介质，一般用于产品的说明书或封皮外表包装设计，如 CD 盒等。

❖ 纸板：用于盒式包装较多。纸板有白板和铜板之分，白板和牛皮纸类的包装较普通，造价也低一些，铜板纸张的适合高级商品的包装。

❖ 塑料：它是袋式包装经常用的形式，如饼干包装。

❖ 陶瓷：工艺类的包装用的较多，如茅台酒包装。

❖ 木材：木材工艺性的商品用的也较多，如音箱包装。

❖ 金属：金属包装的用途也很广泛，在礼品和食品中应用较多，如易拉罐包装。

3. 商品包装设计的基本构成要素

商品包装设计的基本构成要素，应包括以下几个方面。

1）商标要素

商标作为企业或产品个性化的代言人，可以使商品与商品之间显出差异。当认识到商品的属性，就知道商标在包装设计中的重要性。构成包装设计形态设计的主要因素造型、色彩、图形、文字等，不论这些因素在设计过程中如何表现与组合，都不可能回避一个问题，即所有活动都要围绕商标展开。因为每一种包装形式在具体表现中，其色彩、造型、文字等都有可能重复或相似。但是，商标在受法律保护的前提下，它的专有属性可以使产品的包装设计与同类品牌相区别。所以，在设计过程中一定要注意商标在包装中的几个基本功能：①为新品牌创造一个既体现商品特性又与众不同的商标，它要引起消费者的好感，并且要易认、易记；②使原有商标得到改进与更新的能力；③在包装设计的整体形式上，确定商品信息传达的能力。

2）色彩要素

色彩作为激发人们情感的视觉生理现象，在现实生活以及众多学科领域中有着普遍意义。包装设计虽然是通过许多手段与技法所完成的创作活动，但色彩的专有属性，其价值和作用是不可替代的。由于色彩所特有的心理作用，要求设计者在包装装潢的过程中应具备对色彩审美价值的直觉判断力和把色彩作为一种视觉与表现技术的能力。虽然，对色彩生理作用的理解有时是抽象的、模糊的，但是，它所产生的色彩情感，可以使消费者对包装产生不同的联想。色彩作为一门独立的学科，有其基本的规律与属性，在此基础上，色彩产生的情感因素主要有主观情感和客观情感两部分。

3）图像要素

包装设计是通过商标、色彩、图形、文字及装饰等形成，组合起一个完整的视觉图形来传递商品信息的，从而引导消费者的注意力。设计者借助设计因素所组合的视觉图形，应当以图形的寓意能否表达出消费者对商品理想价值的要求来确定图形的形式。也就是依靠图形烘托感染力。当设计者选择图形的表现手法时，无论采用具象的图形、抽象的符号，还是夸张的绘画等，都要考虑能否创造一种具有心理联想的心理效果。要做到设计的图形具备说服力，在图形的素材选择与具体表现时应注意：

❖ 主题明确。任何产品都有其独特的个性语言，设计前应为其确定一个所要表达的主题定位。它可能是商标，也可能是产品、消费者或有寓意的图形。这样，才可以明确该商品的本质特征并与同类产品相区别。

❖ 简洁明确。在设计中，要针对商品主要销售对象的多方面特征和对图形语言的理解来选择表现手段。由于包装本身尺寸的限制，复杂的图像将影响图像的定位。所以，采取以一当十、以少胜多的方法运用图形，可更加有效地达到视觉信息传递准确的目的。

❖ 真实可靠。在图形的选择与运用上的手法很多，但关键的问题在于图像不能有任何的欺骗导向。带有误导行为的图像可能会暂时让消费者接受，但不可能长久地保持消费者的购物行为。只有诚实才能取得信任，信任是产品与消费者沟通的情感基础。

❖ 独特个性。商品有了独特性才有市场竞争力，保障有了独特性才能引起消费者的注意。所以，在设计图形的选择与表现过程中，体现图像的原创性语言，是包装设计成功的有力保证。

4）文字要素

向消费者解释商品内容最为直接的手段就是使用文字，包装上的文字通常要表现商标名称、商品名称、质量与容量、质量说明、用法说明、有关成分说明、注意事项、生产厂家的名称和地址、生产日期和其他文字介绍等。设计者在这方面所要发挥的作用，就是如何使这些说明文字能够有效、准确、清晰地传达出去，从包装设计的基本原则出发还要达到易读、易认、易记的要求。一般来说，包装上的文字，除了商标文字以外，其他所有的文字主要本着迅速向消费者解释商品内容的原则来安排和选择。文字的字体设计在包装装潢中应遵循以下原则：

❖ 按文字主次关系有区别地设计；

❖ 加强推销的作用，考虑销售地区的语言文字；

❖ 不应因为文字的识别特性，而忽视其视觉造型的表达能力；

❖ 美术字与印刷字的区别与运用；

❖ 文字造型审美性的鉴别能力；

❖ 服从产品的特性并引起消费者的注意。

字体设计在包装装潢中，要求既简明又清晰，同时还要有利于消费者的识别，并考虑排列、布局、大小、装饰等因素在字体设计中的重要性。

5）造型要素

由于产品的本身差异，使得包装设计中的造型呈现出多样性。以结构成分与应用范围等方式区别，包装的造型设计（或容器造型设计）必须从生产者、销售者、消费者三个不同的角度去理解。包装的设计目的，主要是创造一种特殊的个性，在货架陈列中能突出并能传达商品信息。但包装结构往往在技术上有几方面的限制，在设计时必须考虑到：

❖ 材料的特性，如生产技术、纸张的限制，玻璃、塑料的可塑性等；

❖ 装饰生产线，即有怎样的材料设备；

❖ 封装生产线，即有怎样的封盖设备；

❖ 标签封帖生产线，即标签封帖的材料和设备。当然，还有市场因素。总的来说包装结构设计取决于两个方面：材料设备和市场。

由于造型多指立体设计因素，所以在设计过程中应对不同的体面、主次、虚实等加以分析，体现造型设计（或容器设计）给消费者带来的不同视觉、触觉以及心理感受。造型设计作为包装装潢中的重要组成部分，在体现自身价值的同时，还要与其他要素相协调。在设计过程中要注意：造型与其他设计要素的主次关系；立体与平面的视觉效果相统一；包装与容器造型的统一性；发挥造型与容器设计独特的立体效果与触觉感受；造型设计要满足产品、运输、展示与消费的要求。

4．结语

设计从生产商到消费者之间都必须有最佳的视觉传递能力，设计必须能回答所有消费者愿意提出的信息要求和内容。

设计是信息传达的工具，用最佳的信息传达这种方法会有效地影响其功能。设计不是单纯地为了艺术，而是为了创造更多的销售机会。总之，造型作为包装设计中的组成部分，其设计的方法与表现的手段与其他因素不同，将商标、色彩、图形、文字、造型等因素有机地结合到一起，才能创造出一件好的包装作品。